CHUDENG SHUXUE
GUINAFA JIQI YINGYONG

初等数学归纳法及其应用

“数学王国里的孙悟空”丛书系列

彭璋甫　彭革◆编著

中山大學出版社
SUN YAT-SEN UNIVERSITY PRESS
·广州·

图书在版编目（CIP）数据

初等数学归纳法及其应用/彭璋甫，彭革编著. —广州：中山大学出版社，2020. 8

（“数学王国里的孙悟空”丛书系列）

ISBN 978-7-306-06929-0

Ⅰ. ①初…　Ⅱ. ①彭…　②彭…　Ⅲ. ①初等数学—归纳—教学参考资料　Ⅳ. ①O12

中国版本图书馆 CIP 数据核字（2020）第 152863 号

出 版 人：王天琪
策划编辑：曾育林
责任编辑：曾育林
封面设计：曾　斌
责任校对：唐善军
责任技编：何雅涛
出版发行：中山大学出版社
电　　话：编辑部 020-84111996，84113349，84111997，84110779
　　　　　发行部 020-84111998，84111981，84111160
地　　址：广州市新港西路 135 号
邮　　编：510275　　传真：020-84036565
网　　址：http：//www. zsup. com. cn　　E-mail：zdcbs@ mail. sysu. edu. cn
印 刷 者：广州市友盛彩印有限公司
规　　格：787mm×1092mm　1/16　14. 25 印张　325 千字
版次印次：2020 年 8 月第 1 版　2020 年 8 月第 1 次印刷
定　　价：45. 00 元

作者简介

彭璋甫 男，1940年6月23日生，江西省莲花县人，中共党员．1963年7月毕业于江西师范学院数学系本科，先后在江西省修水县文化教育局、江西省九江师范学校任函授教师、教研员、教研组长、教务主任、副校长．1987年被评为高级讲师，现已退休，退休前为中共九江师范学校（现九江职业大学）党委委员，主管教学的副校长．参加编写的著作有：《初中数学复习资料》《现代学生学习方法指导》（武汉大学出版社出版）．发表《公倍数、公约数常见题型举隅》《整数分解常见题型解法举隅》《题组教学的作用》《直观教学要注意科学性》等论文近十篇．

彭　革 男，1967年12月15日生，江西省莲花县人．1984年参加全国高中数学奥林匹克竞赛获二等奖．1990年7月毕业于复旦大学数学系本科，获学士学位．先后在江西省九江师范学校、广东省广告公司、南方计算机公司、深圳华为通信股份有限公司、深圳艾默生网络能源有限责任公司任教或任职．1996年被评为讲师．

邮编：511484

电话：13610215970

住址：广州市番禺区沙湾镇新碧路芷兰湾五街七座801

前　　言

但凡不愿学数学的人就是怕做数学题；然而，但凡喜欢数学的人，就是从酷爱做数学题开始．因为数学题浩如烟海、变幻莫测、精彩纷呈，畅游其中趣味无穷，让人留恋、让人痴迷．

其实，“变”是世界的“通性”．辩证唯物主义者认为，静止是相对的，而运动是绝对的．事物的运动就意味着变化．人类从原始社会到今天，不仅社会结构、生产方式在不断变化，而且人们的思想观念、生活方式也在变化．大自然的变化更是剧烈的．第四世纪冰川使恐龙等一些动物从地球上消失．3 万年前，北京是一片大海，由于海陆反复变迁，大约经过 1 万年，才成为陆地．位于我国长江入海口的崇明岛，是我国第三大岛．但崇明岛原来并不是岛．据史书记载，由于长江的江水中挟带泥沙，使长江在下游流速变缓，江水失去搬运泥沙的能力，加上海边潮水的顶托，泥沙便大量沉积下来，到了唐初始露出水面，遂成沙洲．之后泥沙越积越多，使沙洲变成了小岛，从小岛又变成了大岛．20 世纪七八十年代以来，由于长江上游森林遭到严重破坏，以及人工围垦造田等原因，水土流失使长江水中含沙量急剧增加，长江口有更多的泥沙沉积，崇明岛的面积由 1954 年的 600 多平方公里猛增到现在的 1000 多平方公里，几乎增大了一倍．

世界上的一切事物都在运动、变化中发展．数学作为反映事物发展规律的一门科学，它的变化自然也是无穷无尽的．

看过《西游记》的人对孙悟空的印象非常深刻．孙悟空辅佐唐僧上西天取经获得成功，除了对师父的一片真心之外，他超凡的功夫是一个重要因素．而这超凡的功夫，一是在太上老君的八卦炉中练就的火眼金睛；二是那一个筋斗就是十万八千里的筋斗云，三是七十二变．

如果我们拿学习数学与孙悟空辅佐唐僧上西天取经作一个类比，那么，你要做数学王国里的孙悟空，就必须热爱数学，必须掌握好数学的基础知识、思维方法和思想方法．因为，掌握好了数学的基础知识，就像有了孙悟空的火眼金睛，能看清事物的本质；掌握了数学的思维方法，就像孙悟空的筋斗云，站得高，看得远；而掌握了数学的思想方法，就有了孙悟空的七十

二变，掌握了分析、处理和解决数学问题的基本手段.

马克思讲，数学是思维的体操．体操是讲究变化的．所以，我们可以毫不夸张地说：学数学最根本的一点就是要学会“变”.

当然，数学的变化、发展有它自身的规律，就像孙悟空纵有七十二变，但万变不离其宗．有一回，孙悟空变成一座庙，它的尾巴变成一根旗杆，竖在庙的后面，结果被二郎神识别出来．因此，我们完全可以掌握解决数学问题的基本思想和方法.

作者认为解答初等数学难题的主要手段是“转化”（“变”）：即将问题化繁为简、化难为易、化未知为已知．其基本的思想方法一是初等数学变换，二是构造法，三是反证法，四是类比、归纳法．如果掌握了这些基本的思想方法，遇到较难的初等数学问题便迎刃而解.

《初等数学变换法及其应用》《初等数学构造法及其应用》和《初等数学反证法及其应用》这三本书里的数学问题，其研究对象元素的个数基本上都是有限个．解决这些数学问题的方法如果从逻辑这一角度来判断，就是同一种方法，即演绎推理法．面对变化多端的万千世界所提出的各种各样的数学问题，我们的数学大师们能否找出新的方法去解决它们呢？回答显然是肯定的．这本书我们就将继续研究解答较难的初等数学问题的另外两种方法：类比推理法（简称类比法）和归纳推理法（简称归纳法），特别是数学归纳法．类比是指在两类不同对象之间，由它们的某些属性相似推出另外的属性也相似．类比是由此及彼的过程，是特殊到特殊的逻辑推理．类比法是探索新问题和一些问题的结果的一种重要方法，是扩大知识范围，获取新知识的重要手段．在初等数学中，通过类比可以加深对某些知识的理解与记忆，探索一些新的命题及一些新问题的结果，还可找到一些数学问题的新的或更简捷的解答方法.

归纳是从个别的、特殊的事实推出一般性的结论的推理．常见的归纳推理有完全归纳法和不完全归纳法两种形式，而数学归纳法是归纳法中一种重要的方法．运用归纳法可以探索很多新的数学问题以及解决问题的方法．特别是有了数学归纳法，我们就可以用有限的手段来处理一些研究对象为无限的数学问题.

总之，在读了《初等数学变换法及其应用》《初等数学构造法及其应用》和《初等数学反证法及其应用》之后，接着读完这本书，我们就对解答较难的初等数学问题的思想方法有了一个比较全面的了解．然而，如果你能独立地解答这些书里的习题，那么，对于较难的初等数学问题，十有八九你都可以解答出来.

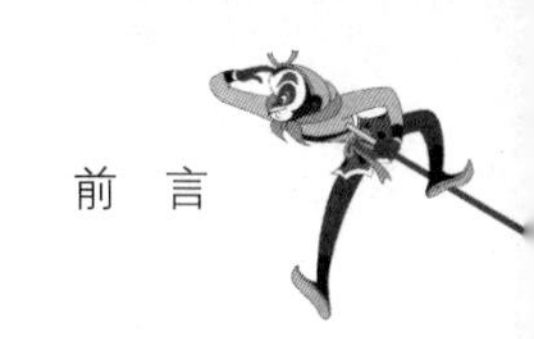

《初等数学归纳法及其应用》共分为三个部分：推理与证明、类比法和数学归纳法.

本书在编写过程中参考了许多书目及报纸杂志，除书末已列之外，难以一一列举，在此一并表示感谢. 由于作者水平有限，且有些问题尚在探索之中，书中错误和缺点必定不少，恳请广大读者多提出宝贵意见.

作 者

2018 年 12 月 20 日于顺德碧桂园

2019 年 7 月 11 日脱稿

目　　录

第一章　推理与证明 …… 1

§1－1　推理 …… 1

§1－2　证明 …… 9

§1－3　充分条件与必要条件 …… 13

习题一 …… 25

第二章　类比法 …… 30

§2－1　类比法的相关概念 …… 30

§2－2　类比法在初等数学中的应用 …… 43

习题二 …… 62

第三章　数学归纳法 …… 64

§3－1　什么是数学归纳法 …… 64

§3－2　数学归纳法的应用技巧 …… 95

§3－3　数学归纳法的应用 …… 117

习题三 …… 176

习题解答 …… 185

参考文献 …… 216

后　　记 …… 217

第一章　推理与证明

数学是推理的乐章

——约瑟夫·西尔维斯特(英国数学家)

在前言中我们讲到:《初等数学变换法及其应用》《初等数学构造法及其应用》和《初等数学反证及其应用》这三本书介绍的解答数学问题的方法，如果从逻辑学的角度来判断实际上是一种方法. 为什么这样说呢? 这一章我们就来研究这一问题.

§1-1　推　　理

一、推理

在《西游记》中，孙悟空降伏金晴山金晴洞的独角兕大王(牛魔王)，救出唐僧师徒三人的过程可谓错综复杂、惊心动魄. 而孙悟空根据金箍棒被妖怪用宝物套走、“妖精认得我”和阵上夸奖道:“真个闹天宫之类”等做出此妖精“绝不是凡间怪物”，定然是天上凶星的判断，进而做出“且须上界去勘查勘查”的决定，是这一次取得降伏妖魔成功的关键.

在日常生活和生产实践活动中，我们也会做出这样一些判断. 在数学研究中更是如此.

例1　线段垂直平分线上任意一点，到线段两端点的距离相等. 所以，到线段两端点距离不等的点，不在这条线段的垂直平分线上.

例2　观察下列各式:

$C_1^0=4^0$;

$C_3^0+C_3^1=4^1$;

$C_5^0+C_5^1+C_5^2=4^2$;

$C_7^0+C_7^1+C_7^2+C_7^3=4^3$;

……

照此规律，当 $n\in N^*$ 时，

$C_{2n-1}^0+C_{2n-1}^1+C_{2n-1}^2+\cdots+C_{2n-1}^{n-1}=$ $\underline{\quad 4^{n-1}\quad}$

(2015 年山东省高考理科数学试题 11 题)

例3 因为平行四边形的对角线互相平分，而正方形是平行四边形，所以，正方形的对角线互相平分.

例 1 中，根据“线段垂直平分线上任意一点，到线段两端点的距离相等”这一已知判断，推出“到线段两端点距离不等的点，不在这条线段的垂直平分线上”这一新判断，使我们对线段垂直平分线的性质有了更加深刻的认识. 例 2 中，从“$C_1^0=4^0$，$C_3^0+C_3^1=4^1$，$C_5^0+C_5^1+C_5^2=4^2$，$C_7^0+C_7^1+C_7^2+C_7^3=4^3\cdots$”等已知判断，得到了“$C_{2n-1}^0+C_{2n-1}^1+C_{2n-1}^2+\cdots+C_{2n-1}^{n-1}=4^{n-1}$”这个一般性的结论. 例 3 中，“平行四边形的对角线互相平分”和“正方形是平行四边形”是两个已知判断，而“正方形的对角线互相平分”是由两个已知判断推出来的.

如上述例子那样：从一个或几个已知判断推出另一个新判断的思维过程叫推理.

推理包含前提和结论两部分. 前提是推理所根据的判断，它可以是一个或几个. 例 1 只有一个前提：“线段垂直平分线上的任一点，到线段两端点的距离相等”. 例 2 的前提有很多：$C_0^1=4^0$，$C_3^1+C_3^1=4^1$，$C_5^0+C_5^1+C_5^2=4^2$，$C_7^0+C_7^1+C_7^2+C_7^3=4^3$，等等. 例 3 的前提有两个：“平行四边形的对角线互相平分”和“正方形是平行四边形”. 结论是根据前提推出的判断. 例 1 的结论是：“到线段两端点距离不等的点，不在这条线段的垂直平分线上”. 例 2 的结论是：“$C_{2n-1}^0+C_{2n-1}^1+C_{2n-1}^2+\cdots+C_{2n-1}^{n-1}=4^{n-1}$”. 例 3 的结论是：“正方形的对角线互相平分”.

逻辑思维对推理的基本要求就是推理要合乎逻辑，也就是要遵守推理规则.

推理“是寻求新结果的方法，由已知进到未知的方法”(恩格斯：《反杜林论》)，也是证明的工具.

根据前提的数量，推理可分为直接推理和间接推理两种. 只有一个前提的推理为直接推理. 如上例 1. 有两个或两个以前提组成的推理为间接推理. 如上例 2、例 3. 间接推理包含合情推理和演绎推理. 而合情推理中又包含类比推理和归纳推理两种.

二、类比推理

类比推理是由特殊到特殊的推理. 它是在两个(或两类)事物之间进行对比，找出若干相同或相似点之后，推测它们在其他方面也可能存在相同或相似之处的推理形式．例如，三角形是平面多边形中边数最少的几何图形，任一多边形都可以剖分为有限个三角形．四面体是空间多面体中面数最少的几何体，任一多面体都可以剖分为有限个四面体．四面体在空间多面体中的地位，类似于三角形在平面多边形中的地位．所以，可以根据三角形的性质，推出四面体的性质．例如，已知三角形的内角的平分线相交于一点，这一点是三角形内切圆的圆心．于是，可以推测四面体的二面角的平分面交于一点，这一点是四面体内切球的球心．直角三角形的三边的关系有勾股定理 $c^2=a^2+b^2$．具有三直角顶点的四面体的四个面的关系有空间商高定理 $D^2=A^2+B^2+C^2$.

类比推理的形式有如下两种：

(1) 甲对象具有属性 a，b，c，d

乙对象具有属性 a，b，c

乙对象可能具有属性 d

(2) 甲对象具有属性 a，b，c，d

乙对象具有属性 a'，b'，c'，分别与 a，b，c 相似

乙对象可能具有与 d 相似的属性 d'

类比推理所得到的结果不一定是真实的，需要从实践中或理论上来检验. 但类比推理在人们的认识活动中、科学研究上有着重大的作用．科学上不少重要的假说，数学中很多重大发现，乃至生产和科学实验中许多发明创造，都是受到类比推理的启发而产生的.

三、归纳推理

归纳推理是由个别的、特殊的到一般的推理．也就是从特殊的、具体的认识推进到一般的、抽象的认识的思维过程.

归纳推理常见的两种形式为：完全归纳法和不完全归纳法.

完全归纳法是研究了某类事物的每一个对象都具有某一性质，然后概括出这类事物具有这一性质的推理方法.

完全归纳法的推理形式是：

S_1 具有（或不具有）性质 P；

S_2 具有（或不具有）性质 P；

……

S_n 具有（或不具有）性质 P.

（S_1，S_2，…，S_n 是 A 类事物所有的对象）

所以，A 类事物具有（或不具有）性质 P.

例如：因为圆锥曲线包含圆、椭圆、双曲线和抛物线四种，由圆是二次曲线，椭圆是二次曲线，双曲线是二次曲线以及抛物线是二次曲线，归纳出圆锥曲线是二次曲线，就是完全归纳法.

但是，因为完全归纳法要无一遗漏地考察所有的特例，特别是当研究的对象为无限个时，用这种方法是办不到的.

不完全归纳法是通过对某类事物的部分对象的研究，确定每一对象都具有某一性质，从而概括出这类事物具有这一性质的推理方法.

不完全归纳法的推理形式是：

S_1 具有(或不具有)性质 P；

S_2 具有(或不具有)性质 P；

……

S_n 具有(或不具有)性质 P.

(S_1，S_2，…，S_n 是 A 类事物的部分对象，在考察过程中没有遇到矛盾的情况)

所以，A 类事物具有(或不具有)性质 P.

由于不完全归纳法仅列举考察对象的一小部分进行研究，所以，得出的结论并不完全可靠．但是在科学研究中，还是有重要作用．当面临一个生疏的或者非常规的数学问题时，运用不完全归纳法，建立猜想，常常是探索解决问题的方法的好途径．因此，培养归纳、猜想的能力是十分重要的. 历届高考题中有不少这样的题目，现举例如下：

例4　古希腊人用小石子在沙滩上摆成各种形状来研究数，例如：

图1－1　　　　图1－2

他们研究过图1－1的1，3，6，10，…，由于这些数能够表示成三角形，将其称为三角形数；类似地，称图1－2中的1，4，9，16，…这样的数为正方形数，下列数中既是三角形数又是正方形数的是(　).

A. 289　　B. 1024　　C. 1225　　D. 1378

(2009年湖北省高考理科数学试题10题)

解：由图形可得三角形数构成的数列通项为 $a_n=\frac{n}{2}(n+1)$，同理可得正方形数构成的数列通项为 $b_n=n^2$.

则由 $b_n=n^2\quad(n\in N^*)$ 可排除D，又由 $a_n=\frac{n}{2}(n+1)$，$\frac{n}{2}(n+1)=289$ 与 $\frac{n}{2}(n+1)=1024$ 无正整数解，故选C.

例5　设函数 $f(x)=\frac{x}{x+2}(x>0)$，观察：

$f_1(x)=f(x)=\frac{x}{x+2}$，$f_2(x)=f(f_1(x))=\frac{x}{3x+4}$，$f_3(x)=f(f_2(x))=\frac{x}{7x+8}$，$f_4(x)=f(f_3(x))=\frac{x}{15x+16}$，…

根据上述事实，由归纳推理可得：

当 $n\in N^*$ 且 $n\geqslant 2$ 时，$f_n(x)=f(f_{n-1}(x))=$__________.

(2011年山东省高考理科数学试题15题)

解：$f_2(x)=f(f_1(x))=\frac{x}{(2^2-1)x+2^2}$，$f_3(x)=f(f_2(x))=\frac{x}{(2^3-1)x+2^3}$

$f_4(x)=f(f_3(x))=\frac{x}{(2^4-1)x+2^4}$，以此类推 $f_n(x)=f(f_{n-1}(x))=\frac{x}{(2^n-1)x+2^n}$.

所以，答案应填 $\frac{x}{(2^n-1)x+2^n}$.

例6　若数列 $\{a_n\}$ 满足：对任意的 $n\in N^*$，只有有限个正整数 m，使得 $a_m<n$ 成立，记这样的 m 的个数为 $(a_n)^+$，则得到一个新数列 $\{(a_n)^+\}$，例如，若数列 $\{a_n\}$ 是1，2，3，…，n，…，则数列 $\{(a_n)^+\}$ 是0，1，2，…，$n-1$，…，已知对任意的 $n\in N^*$，$a_n=n^2$，则 $(a_5)^+=$_____，$((a_5)^+)^+=$__________.

(2010年湖南省高考理科数学试题15题)

解：$\because a_m<5$，而 $a_n=n^2$，$\therefore m=1,\ 2$，$\therefore (a_5)^+=2$.

$\because (a_1)^+=0$，　$(a_2)^+=1$，　$(a_3)^+=1$，　$(a_4)^+=1$.

$(a_5)^+=2$，　$(a_6)^+=2$，　$(a_7)^+=2$，　$(a_8)^+=2$.

$(a_9)^+=2$，　$(a_{10})^+=3$，　$(a_{11})^+=3$，　$(a_{12})^+=3$.

$(a_{13})^+=3$，　$(a_{14})^+=3$，　$(a_{15})^+=3$，　$(a_{16})^+=3$.

$\therefore ((a_1)^+)^+=1$，$((a_2)^+)^+=4$，$((a_3)^+)^+=9$，$((a_4)^+)^+=16$.

猜想：$((a_n)^+)^+=n^2$.

例7　设整数 $n\geqslant 4$，$p(a,\ b)$ 是平面直角坐标系 xOy 中的点，其中 a，

$b\in\{1,2,\cdots,n\}$，$a>b$，

(1) 记 A_n 为满足 $a-b=3$ 的点 P 的个数，求 A_n；

(2) 记 B_n 为满足 $\frac{1}{3}(a-b)$ 是整数的点 P 的个数，求 B_n.

(2011 年江苏省高考理科数学试题 23 题)

解：(1) 因为满足 $a-b=3$，a，$b\in\{1,2,\cdots,n\}$，$a>b$ 的每一组解构成一个点 P，所以，$A_n=n-3$.

(2) 设 $\frac{1}{3}(a-b)=k\in N^*$，则 $a-b=3k$，$0<3k\leqslant n-1$，$\therefore 0<k\leqslant\frac{n-1}{3}$.

对每一个 k 对应的解数为：$n-3k$，构成以 3 为公差的等差数列.

当 $n-1$ 被 3 整除时，解数一共有：

$$1+4+\cdots+n-3=\frac{1+n-3}{2}\times\frac{n-1}{3}=\frac{(n-1)(n-2)}{6}.$$

当 $n-1$ 被 3 除余 1 时，解数一共有：

$$2+5+\cdots+n-3=\frac{2+n-3}{2}\times\frac{n-2}{3}=\frac{(n-2)(n-1)}{6}.$$

当 $n-1$ 被 3 整除余 2 时，解数一共有：

$$3+6+\cdots+n-3=\frac{3+n-3}{2}\times\frac{n-3}{3}=\frac{(n-3)n}{6}.$$

$$\therefore B_n=\begin{cases}\frac{(n-1)(n-2)}{6} & n=3k+1 \text{ 或 } n=3k+2\\ \frac{(n-3)n}{6} & n=3k+3\end{cases}\quad(k\in N^*)$$

例 8 数列 $\{a_n\}(n\in N^*)$ 中，$a_1=a$，a_{n+1} 是函数 $f_n(x)=\frac{1}{3}x^3-\frac{1}{2}(3a_n+n^2)x^2+3n^2a_nx$ 的极小值点.

(Ⅰ) 当 $a=0$ 时，求通项 a_n；

(Ⅱ) 是否存在 a，使数列 $\{a_n\}$ 是等比数列？若存在，求 a 的取值范围；若不存在，请说明理由.

(2010 年湖南省高考理科数学试题 21 题)

(Ⅰ) **解**：当 $a=0$ 时，$a_1=0$，则 $3a_1<1^2$，

由题设知 $f_n'(x)=x^2-(3a_n+n^2)x+3n^2a_n$

令 $f_n'(x)=0$，得 $x_1=3a_n$，$x_2=n^2$

若 $3a_n<n^2$，则

当 $x<3a_n$ 时，$f_n'(x)>0$，$f_n(x)$ 单调递增.

当 $3a_n < x < n^2$ 时，$f_n'(x) < 0$，$f_n(x)$ 单调递减，

当 $x > n^2$ 时，$f_n'(x) > 0$，$f_n(x)$ 单调递增.

故 $f_n(x)$ 在 $x = n^2$ 时取得极小值，所以 $a_2 = 1^2 = 1$.

因为 $3a_2 = 3 < 2^2$，则 $a_3 = 2^2 = 4$.

因为 $3a_3 = 12 > 3^2$，则 $a_4 = 3a_3 = 3 \times 4$.

又因为 $3a_4 = 36 > 4^2$，则 $a_5 = 3a_4 = 3^2 \times 4$.

由此猜测，当 $n \geqslant 3$ 时，$a_n = 4 \times 3^{n-3}$.

[此猜测的数学归纳法证明及(Ⅱ)解略]

例 9　设 $b > 0$，数列 $\{a_n\}$ 满足 $a_1 = b$，$a_n = \dfrac{nba_{n-1}}{a_{n-1} + 2n - 2}(n \geqslant 2)$.

(1) 求数列 $\{a_n\}$ 的通项公式；

(2) 证明：对一切正整数 n，$a_n < \dfrac{b^{n+1}}{2^{n+1}} + 1$.

(2011 年广东省高考理科数学试题 20 题)

(1)**解**：$\because \dfrac{a_n}{n} = \dfrac{ba_{n-1}}{a_{n-1} + 2(n-1)}$，得 $\dfrac{n}{a_n} = \dfrac{a_{n-1} + 2(n-1)}{ba_{n-1}} = \dfrac{1}{b} + \dfrac{2}{b} \cdot \dfrac{n-1}{a_{n-1}}$.

设 $\dfrac{n}{a_n} = b_n$，则 $b_n = \dfrac{2}{b}b_{n-1} + \dfrac{1}{b}(n \geqslant 2)$.

①当 $b = 2$ 时，$\{b_n\}$ 是以 $\dfrac{1}{2}$ 为首项，$\dfrac{1}{2}$ 为公差的等差数列．即 $b_n = \dfrac{1}{2} + (n-1) \times \dfrac{1}{2} = \dfrac{1}{2}n$，$\therefore a_n = 2$.

② 当 $b \neq 2$ 时，$a_1 = b$，$a_2 = \dfrac{2b^2}{b+2} = \dfrac{2b^2(b-2)}{b^2 - 2^2}$，$a_3 = \dfrac{3b^3}{b^2 + 2b + 4} = \dfrac{3b^3(b-2)}{b^3 - 2^3}$.

猜想 $a_n = \dfrac{nb^n(b-2)}{b^n - 2^n}$.

[猜想的数学归纳法证明及(2)证明略]

例 10　已知数列 $\{a_n\}$ 的各项均为正数，$b_n = n\left(1 + \dfrac{1}{n}\right)^n a_n(n \in N^+)$，$e$ 为自然对数的底数.

(1) 求函数 $f(x) = 1 + x - e^x$ 的单调区间，并比较 $\left(1 + \dfrac{1}{n}\right)^n$ 与 e 的大小；

(2) 计算 $\dfrac{b_1}{a_1}$，$\dfrac{b_1b_2}{a_1a_2}$，$\dfrac{b_1b_2b_3}{a_1a_2a_3}$，由此推测计算 $\dfrac{b_1b_2\cdots b_n}{a_1a_2\cdots a_n}$ 的公式，并给出证

明；

(3)令 $C_n=(a_1a_2\cdots a_n)^{\frac{1}{n}}$，数列$\{a_n\}$，$\{c_n\}$的前$n$项和分别记为$S_n$，$T_n$，证明：$T_n<eS_n$.

(2015年湖北省高考理科数学试题22题)

(2)解：$\frac{b_1}{a_1}=1\cdot\left(1+\frac{1}{1}\right)^1=1+1=2$，$\frac{b_1b_2}{a_1a_2}=\frac{b_1}{a_1}\cdot\frac{b_2}{a_2}=2\cdot2\left(1+\frac{1}{2}\right)^2=(2+1)^2=3^2$，$\frac{b_1b_2b_3}{a_1a_2a_3}=\frac{b_1b_2}{a_1a_2}\cdot\frac{b_3}{a_3}=3^2\cdot3\left(1+\frac{1}{3}\right)^3=4^3$

由此推测$\frac{b_1b_2\cdots b_n}{a_1a_2\cdots a_n}=(n+1)^n$.

[推测的数学归纳法证明及(1)解、(3)的证明略]

从上面几个例子可以看到，运用不完全归纳法的关键是要观察所给数或式或图形之间的特征，特别是结构方面的特征．如果所给数或式或图形之间的特征是隐性的，则必须通过适当的变换或分类探讨，使这种特征显现出来，这样才能归纳出一般性的结论．当然，考察的特例越多，得出的结论也就越可靠.

四、演绎推理

演绎推理是由一般性命题推出特殊性命题的推理．演绎推理的形式比较多．有三段论、假言推理、选言推理等等．而中学数学中用得比较多的是三段论推理.

三段论推理是由大前提、小前提推出结论的推理.

例 11 任何一个实数都可以用数轴上的点表示(大前提)；

无理数是实数(小前提)；

所以，无理数可以用数轴上的点表示(结论).

例 12 不能被2整除的数不是2的倍数(大前提)；

5不能被2整除(小前提)；

所以，5不是2的倍数(结论).

三段论推理常用的一种格式为：

$$\begin{array}{c} M\text{——}P \\ \underline{S\text{——}M} \\ S\text{——}P \end{array}$$

意思就是：M是P，而S是M，所以S是P. 如果用集合论的观点来解释，就是若M是P的子集，S是M的子集，那么S是P的子集.

三段论有三个并且只有三个判断．第一个判断是反映一般原理的判断叫大前提．第二个判断是反映个别对象与一般原理联系的判断叫小前提．由上述两个判断联合起来，揭示一般原理和个别对象的内在联系，从而产生第三个判断谓之结论.

在一个三段论中，有且只有三个不同的概念做主项和谓项．例 11 中三个不同的概念是："实数""用数轴上的点表示""无理数"；例 12 中三个不同的概念是："不被 2 整除的数""2 的倍数""5"．在大、小前提中各出现一次，而在结论中不出现的概念叫中项．如例 11 的"实数"，例 12 的"不被 2 整除的数"．中项起着媒介的作用，把其他两个概念联系起来，提供推出结论的条件.

演绎推理的前提和结论之间存在必然的联系．只要前提是真的，推理合乎逻辑，就一定能得到正确的结论．因此，演绎推理不仅可以获取一些新的知识，而且可以作为数学中严格证明的工具.

归纳、类比都是具有创造性的或然推理．不论是由大量的特例，经过分析、概括，发现其规律的归纳法，还是由两个系统的已知属性，通过比较、联想而发现未知属性的类比法，它们的共同特点是，结论往往超出前提控制的范围．所以这是一种"开拓型"的思维方法，也正因为结论超出了前提所控制的范围，前提就不能保证结论必真，所以归纳、类比所得到的结论不一定是真实的．而演绎推理所得到的结论完全蕴涵于前提之中，所以，它是一种"封闭型"或"收敛型"的推理方法．只要前提真实，推理合乎逻辑，得出的结论必然是真实的．另外，因为归纳推理和演绎推理反映了认识的两个过程，一个是由特殊到一般，另一个则是由一般到特殊，所以，它们之间的关系是：演绎以归纳为基础，归纳为演绎准备条件；归纳以演绎为指导，演绎给归纳提供理论根据．归纳和演绎是互相渗透、互相联系、互相补充的，是辩证的统一．在实践中，这两种方法往往结合使用．由归纳获得猜想，然后给予演绎证明.

§1－2　证　　明

一、证明的相关概念

数学中的一些比较简单的命题，可以通过观察加以验证．但是，对于大多数比较复杂的数学命题是难以或不能通过观察或测量来确定其结论的正确性的.

例1　等边三角形的每个内角都等于60°.

这个命题通过观察难以得出结论．当然，也可以采用一些辅助的方法，比如用纸板做一个等边三角形，然后按图1－3那样沿虚线剪开，把三个角叠在一起，看看是否完全重合，再把三个角按照图1－4那样摆放，看两侧的角的下一条边是否在一条直线上构成一个平角；或者直接用量角器量三角形的三个角.

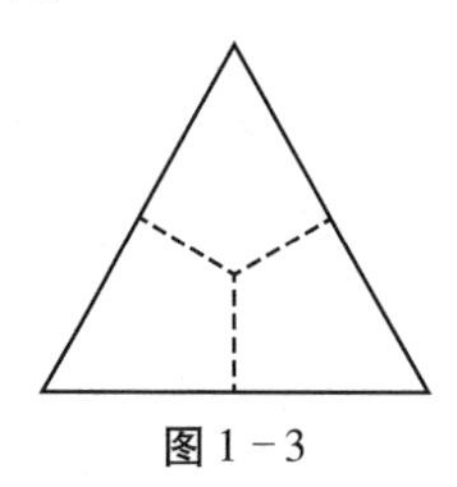

图1－3

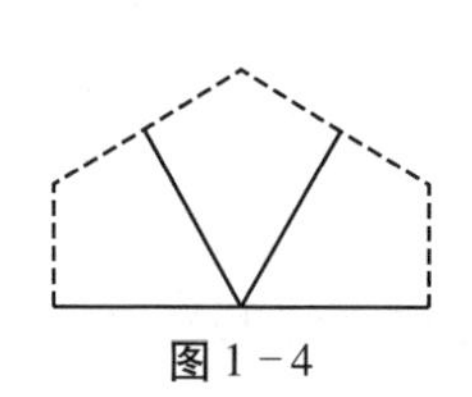

图1－4

上述两种方法对于验证这个命题的正确性有一定的效果，但是，因为制作和测量不可能做到绝对精确，所以，只能提供一个近似的答案．而数学是一门精确的科学，因此，在数学中常常利用已知的公理、定义、定理，通过逻辑推理的方法，来确定命题的真实性．下面我们给出上述命题的证明.

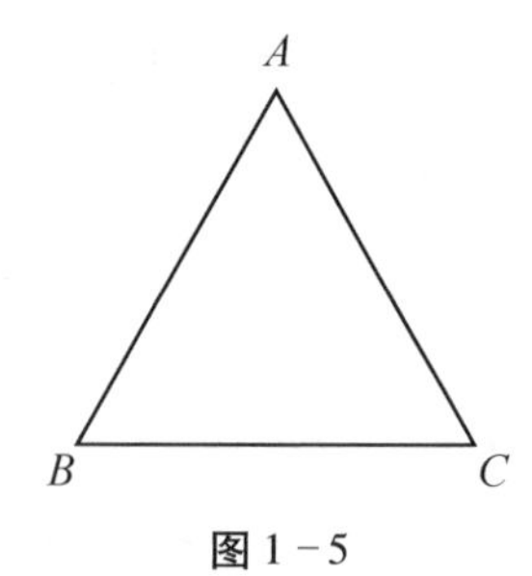

图1－5

已知：$\triangle ABC$是一个等边三角形(图1－5).

求证：$\angle A=\angle B=\angle C=60°$.

证明：$\because AB=AC$(已知)

$\therefore \angle B=\angle C$(等腰三角形底角相等)

又$\because AB=BC$(已知)

$\therefore \angle C=\angle A$(等腰三角形底角相等)

$\therefore \angle A=\angle B=\angle C$

但$\angle A+\angle B+\angle C=180°$(三角形的内角和等于180°)

$\therefore 3\angle A=180°$，$\angle A=60°$

故$\angle A=\angle B=\angle C=60°$.

从这个例子可以看到：证明就是运用一些真实的命题来确定某一命题的真实性的推理过程.

从逻辑结构上看，证明由论题、论据、论证三部分组成.

论题就是要确定其真实性的那个命题．上例中，论题就是"等边三角形的每一个内角都等于60°".

论题包含条件和结论两个方面．上例的条件是"$\triangle ABC$是一个等边三角形"，结论是"$\angle A=\angle B=\angle C=60°$".

论据就是用来证明论题的理由．数学中的公理、定义、定理、性质等都可以作为有关证明的论据．上例中的论据是：等腰三角形的底角相等，三角形的内角和等于180°.

论证就是证明的推理过程，是指从论据推出论题的过程.

证明和推理既有联系又有区别．所谓联系，因为从本质上来说，证明就是推理，是一种特殊形式的推理．而不同的是，推理包含前提和结论两个部分，证明由论题、论据、论证三部分组成.

证明有不同的分类．①按推理的方法来分，证明分为演绎证明和归纳证明两种．演绎证明就是用演绎推理来证明论题的方法．在《初等数学变换法及其应用》和《初等数学构造法及其应用》两书中的证明题，基本上都是运用演绎证明；而归纳证明在本书第三章中将做专门研究．②按直接从原题入手或间接从它的等效命题入手来分，证明的方法又分为直接证明和间接证明两种．上述两书中很多证明题就是采用直接证明．而《初等数学反证法及其应用》一书则专门介绍了间接证明的一种——反证法．③按思维方式来分，证明又可分为分析法和综合法两种.

二、分析法与综合法

分析法就是从要证的命题的结论开始，一步一步地探索下去，最后归纳为命题的已知条件或归结为定义、公理、定理的一种证明方法．假如要证明的命题为“若 A 则 B”，那么分析法的思路可用下图表示：

$B\Leftarrow C\Leftarrow D\Leftarrow\cdots\Leftarrow A.$

结论$\xrightarrow{\text{执果索因}}$条件

简单地说，就是执果索因.

例2　求证：$(y-z)^3+(z-x)^3+(x-y)^3=3(x-y)(y-z)(z-x)$.

证明：用分析法

要证$(y-z)^3+(z-x)^3+(x-y)^3=3(x-y)(y-z)(z-x)$成立，

只需证$(x-y)^3+(y-z)^3+(z-x)^3-3(x-y)(y-z)(z-x)=0$成立，

即需证$-[(z-x)+(y-z)]^3+(y-z)^3+(z-x)^3+3(y-z)(z-x)(z-x+y-z)=0$成立，

即需证$-[(z-x)^3+3(z-x)^2(y-z)+3(z-x)(y-z)^2+(y-z)^3]+(y-z)^3+(z-x)^3+3(y-z)(z-x)(z-x+y-z)=0$成立，

亦即需证$-[(y-z)^3+(z-x)^3+3(y-z)(z-x)(z-x+y-z)]+(y-z)^3+(z-x)^3+3(y-z)(z-x)(z-x+y-z)=0$成立，

而此式显然成立，故原命题成立.

例3 设 a，b，c 都是正数，且 $ab+bc+ca=1$，求证：$a+b+c\geqslant\sqrt{3}$.

证明：用分析法

要证 $a+b+c\geqslant\sqrt{3}$，

即证 $(a+b+c)^2\geqslant3$，而 $ab+bc+ca=1$，所以，只需证 $(a+b+c)^2\geqslant3(ab+bc+ca)$.

于是，只需证 $(a+b+c)^2-3(ab+bc+ca)\geqslant0$.

即需证 $a^2+b^2+c^2-ab-bc-ca\geqslant0$.

即需证 $\frac{1}{2}[(a^2+b^2-2ab)+(b^2+c^2-2bc)+(c^2+a^2-2ca)]\geqslant0$.

亦即需证 $\frac{1}{2}[(a-b)^2+(b-c)^2+(c-a)^2]\geqslant0$.

而此式显然成立，故原式成立.

从上述两例可以看出，用分析法来证明某一命题，实际上是寻找这一命题成立的充分条件.

综合法就是从要证的命题的条件开始，经过逐步的逻辑推理，最后达到要证命题的结论的一种证明方法. 假如要证的命题为“若 A 则 B”，那么综合法证题的思路可用下图表示.

$A\Rightarrow C\Rightarrow D\Rightarrow\cdots\Rightarrow B$.

条件$\xrightarrow{\text{由因导果}}$结论

简单地说，就是由因导果.

例4 设 $a>b>c>0$，$b+c\neq a$，且 $\frac{b^2+c^2-a^2}{4bc}+\frac{a^2+b^2-c^2}{4ab}+\frac{a^2+c^2-b^2}{2ac}=1$，求证：$a$，$b$，$c$ 成等差数列.

证明：以 $4abc$ 乘等式两边，得

$a(b^2+c^2-a^2)+c(a^2+b^2-c^2)+2b(a^2+c^2-b^2)-4abc=0$.

$(ab^2-a^3-ac^2+2ac^2)+(b^2c-a^2c-c^3+2a^2c)-2b(b^2-a^2-c^2+2ac)=0$.

$(ab^2-a^3-ac^2+2a^2c)+(b^2c-a^2c-c^3+2ac^2)-2b(b^2-a^2-c^2+2ac)=0$,

$a(b^2-a^2-c^2+2ac)+c(b^2-a^2-c^2+2ac)-2b(b^2-a^2-c^2+2ac)=0$,

即 $(a+c-2b)[b^2-(a-c)^2]=0$.

$\therefore(a+c-2b)(b+a-c)(b-a+c)=0$.

$\because b+a>c$，即 $b+a-c\neq0$，且 $b+c\neq a$，

$\therefore a+c=2b$，即 a，b，c 成等差数列.

例 5　过圆上两点 P，Q 的切线相交于点 T，自点 P 至平行于 PQ 的直径两端各作一直线，这两条直线分别交垂直于 PQ 的直径所在直线于点 R，S，求证：$|RT|=|ST|$.

证明：如图 1－6 所示，以圆心为原点，垂直于弦 PQ 的直线为 x 轴，建立直角坐标系. 设圆的半径为 1，则 $A(0,\ 1)$、$B(0,\ -1)$，又设点 $P(\cos\theta,\ \sin\theta)$，则切线 PT 的方程为 $x\cos\theta+y\sin\theta-1=0$.

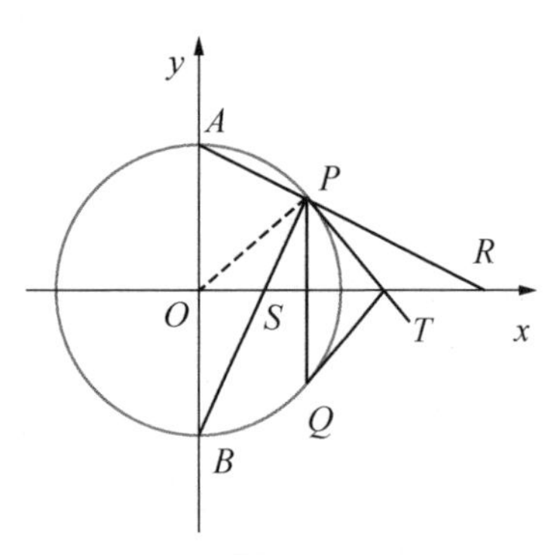

图 1－6

$\because T$ 在 x 轴上，$\therefore$ 点 T 的坐标为$\left(\dfrac{1}{\cos\theta},\ 0\right)$.

$\because PA$ 的方程是 $x(1-\sin\theta)+y\cos\theta-\cos\theta=0$，

且 R 在 x 轴上，$\therefore$ 点 R 的坐标为$\left(\dfrac{\cos\theta}{1-\sin\theta},\ 0\right)$，

$\because PB$ 的方程是 $x(1+\sin\theta)-y\cos\theta-\cos\theta=0$，

且点 S 在 x 轴上，$\therefore$ 点 S 的坐标为$\left(\dfrac{\cos\theta}{1+\sin\theta},\ 0\right)$，

$\therefore |RT|=\dfrac{\cos\theta}{1-\cos\theta}-\dfrac{1}{\cos\theta}=\mathrm{tg}\theta$，$|ST|=\dfrac{1}{\cos\theta}-\dfrac{\cos\theta}{1+\sin\theta}=\mathrm{tg}\theta$，

故 $|RT|=|ST|$.

从上述两例可以看出，用综合法来证明某一命题，实际上是寻找这个命题成立的必要条件.

§1－3　充分条件与必要条件

一、充分条件与必要条件的相关概念

如果“若 p 则 q”形式的命题为真命题. 也就是说，由条件 p 可以得到结论 q，通常记作：$p\Rightarrow q$，这时就称 p 是 q 的充分条件.

例如：若实数 a 与 b 不相等，则 $(a-b)^2>0$.“数 a 与 b 不相等”是“$(a-b)^2>0$”成立的充分条件. 又如：若四边形的一组对边平行且相等，则这个四边形为平行四边形. “四边形一组对边平行且相等”是“四边形为平行四边形”成立的充分条件.

中学数学的判定定理中，条件是结论的充分条件.

如果“若 p 则 q”形式的命题为真命题．即 $p\Rightarrow q$，称 p 是 q 的充分条件，同时称 q 是 p 的必要条件．例如上述两例中，“$(a-b)^2>0$”是“实数 a 与 b 不相等”成立的必要条件．“四边形为平行四边形”是“四边形的一组对边平行且相等”成立的必要条件.

在性质定理中，结论是条件的必要条件．如果“若 p 则 q”形式的命题是真命题，即 $p\Rightarrow q$，而且“若 q 则 p”形式的命题也是真命题，即 $q\Rightarrow p$. 也就是说，既有“$p\Rightarrow q$”又有“$q\Rightarrow p$”，则称 p 是 q 的充分必要条件，简称充要条件，记为 $p\Leftrightarrow q$.

例如，上例中的“四边形的一组对边平行且相等，则这个四边形为平行四边形”．这是平行四边形的判定定理，是真命题；而“若四边形为平行四边形，则这个四边形的一组对边平行且相等”是平行四边形的性质定理，同样也是真命题，所以，“四边形的一组对边平行且相等”是“四边形为平行四边形”的充要条件．又如“在一元二次方程 $ax^2+bx+c=0(a\neq 0)$ 中，若 $b^2-4ac>0$，则这个一元二次方程有两个不同的实根”是真命题. 同样地，“若一元二次方程 $ax^2+bx+c=0(a\neq 0)$ 有两个不同的实根，则 $b^2-4ac>0$”也是一个真命题，因此，在一元二次方程 $ax^2+bx+c=0(a\neq 0)$ 中，“$b^2-4ac>0$”是“这个一元二次方程有两个不同实根”的充要条件.

在数学中，“p 是 q 的充要条件”“p 当且仅当 q”“p 必须且只须 q”这三种表述是等价的.

例如：

多项式 $f(x)$ 能够被 $x-a$ 整除的充要条件是 $f(a)=0$；

当且仅当 $f(a)=0$ 时，多项式 $f(x)$ 能够被 $x-a$ 整除；

要使多项式 $f(x)$ 能够被 $x-a$ 整除，必须且只须 $f(a)=0$.

上面这三种表达方式是等价的.

由此可以看出，要判断命题“若 p 则 q”的条件 p 是结论 q 的充要条件，必须从两个方面考虑：一方面从条件 p 出发，经过适当的推理，推出结论 q（$p\Rightarrow q$），亦称充分性；另一方面把结论 q 当作已知条件，从 q 出发推导到 p 成立（$p\Rightarrow q$），亦称必要性．只有这两者都成立，才能做出 p 是 q 的充要条件这一结论.

当然，并不是所有的数学命题都能得出这样的结论.

如果“若 p 则 q”形式的命题中，“若 p 则 q”是真命题，而“若 q 则 p”是假命题．即“$p \Rightarrow q$”成立，但“$q \Rightarrow p$”不成立，这时就称 p 是 q 的充分不必要条件．例如，“若 $x>0$，$y<0$，则 $x^2+y^2>0$”，这是一个真命题；但“若 $x^2+y^2>0$，则 $x>0$，$y<0$”这个命题就非真．所以，“$x>0$，$y<0$”是“$x^2+y^2>0$”的充分不必要条件．又如，如果一个角的两边分别与另一个角的两边平行，那么这两个角相等或互补，这是一个真命题；但是，若两个角相等或互补，则这两个角的两边就不一定是对应平行．如等腰三角形的两个底角相等，这两个角相对的一边重合，另一边则相交．所以，“如果两个角相等，那么这两个角的对应边分别平行”是一个假命题．因此，“一个角的两边分别与另一个角的两边分别平行”是“这两个相等或互补”的充分不必要条件.

如果在“若 p 则 q”形式的命题中，“$p \Rightarrow q$”为假命题，而“$q \Rightarrow p$”为真命题，那么就称 p 是 q 的必要不充分条件．例如，若 p：$x^2-3^2=0$；q：$x-3=0$，那么，由 $x^2-3^2=(x+3)(x-3)=0$ 可得 $x=3$ 或 $x=-3$，所以，“$p \Rightarrow q$”不成立；而由“$x-3=0$”可得“$x^2-3^2=0$”，即“$q \Rightarrow p$”成立．因此，“$x^2-3^2=0$”是“$x-3=0$”的必要不充分条件．又如，若 p：四边形对角线相等；q：四边形是矩形．那么，由“四边形是矩形”可以得出“四边形对角相等”，即“$q \Rightarrow p$”成立；但由“四边形的对角线相等”就不一定能得出“四边形是矩形”，如等腰梯形的两条对角线相等，但它不是矩形．所以“$p \Rightarrow q$”不成立．因此，“四边形对角线相等”是“四边形是矩形”的必要不充分条件.

如果有命题 p 和 q，“$p \Rightarrow q$”不成立且“$q \Rightarrow p$”也不成立，那么，就称 p 既不是 q 的充分条件，也不是 q 的必要条件．例如，p：$x\sqrt{2x+3}=x^2$；q：$2x+3=x^2$. 那么，$\because x\sqrt{2x+3}=x^2$ 的解集是 $\{0, 3\}$，而 $2x+3=x^2$ 的解集是 $\{-1, 3\}$，$\therefore$“$p \nRightarrow q$”且“$q \nRightarrow p$”，因此，p 是 q 的既不充分也不必要条件.

二、应用举例

例 1　如果 A 是 B 的必要不充分条件，B 是 C 的充要条件，D 是 C 的充分不必要条件，那么，D 是 A 的(　　).

(1) 充要条件　　(2) 充分不必要条件

(3) 必要不充分条件　　(4) 既不必要也不充分条件

解：由已知条件可得

$A \Leftarrow B \Leftrightarrow C \Leftarrow D$ 于是有 $A \nRightarrow D$，但 $D \Rightarrow A$，

$\therefore D$ 是 A 的充分而不必要条件.

故选(2).

例2 设 U 为全集，A，B 是集合，则"存在集合 C，使得 $A\subseteq C$，$B\subseteq C_UC$"是"$A\cap B=\phi$"的(　　).

A. 充分而不必要条件　　B. 必要而不充分条件

C. 充要条件　　D. 既不充分也不必要条件

(2014 年湖北省高考理科数学试题 3 题)

解：由题意 $A\subseteq C$，则 $C_UC\subseteq C_UA$，当 $B\subseteq C_UC$，可得 $A\cap B=\phi$. 若 $A\cap B=\phi$. 不妨设 $C=A$，显然满足 $A\subseteq C$，$B\subseteq C_UC$，故满足条件的集合 C 是存在的. $\therefore U$ 为全集，A，B 是集合，则"存在集合 C，使得 $A\subseteq C$，$B\subseteq C_UC$"是 $A\cap B=\varphi$ 的充分必要条件，故选 C.

例3 设 a，b 都是不等于 1 的正数，则"$3^a>3^b>3$"是"$\log_a3<\log_b3$"的(　　).

A. 充要条件　　B. 充分不必要条件

C. 必要不充分条件　　D. 既不必要也不充分条件

(2015 年四川省高考理科数学试题 8)

解：条件 $3^a>3^b>3$ 等价于 $a>b>1$，

当 $a>b>1$ 时，$\log_3a>\log_3b>0$，所以$\frac{1}{\log_3a}<\frac{1}{\log_3b}$，

即 $\log_a3<\log_b3$，所以，"$3^a>3^b>3$"是"$\log_a3<\log_b3$"的充分条件，但 $a=\frac{1}{3}$，$b=3$ 也满足 $\log_a3<\log_b3$，而不满足 $a>b>1$，所以，"$3^a>3^b>3$"是"$\log_a3<\log_b3$"的不必要条件，故选 B.

例4 "$\sin\alpha=\frac{1}{2}$"是"$\cos2\alpha=\frac{1}{2}$"(　　).

A. 充分而不必要条件　　B. 必要而不充分条件

C. 充要条件　　D. 既不充分也不必要条件

(2009 年湖北省高考文科数学试题 3 题)

解：由 $\cos2\alpha=\frac{1}{2}$可得 $\sin^2\alpha=\frac{1}{4}$.

$\because \sin\alpha=\frac{1}{2}$是 $\sin^2\alpha=\frac{1}{4}$成立的充分而不必要条件，故选 A.

例5 设 $a>0$，$a\neq1$，则"函数 $f(x)=a^x$ 在 R 上是减函数"是"函数 $g(x)=(2-a)x^3$ 在 R 上是增函数"的(　　).

A. 充分不必要条件　　B. 必要不充分条件

C. 充要条件　　D. 既不充分也不必要条件

(2012 年山东省高考理科数学试题 3 题)

解：$a>0$，$a\neq 1$，则由“函数 $f(x)=a^x$ 在 R 上是减函数”可得 $a\in(0,1)$；而由“函数 $g(x)=(2-a)x^3$ 在 R 上是增函数”可得 $a\in(0,2)$，所以，“函数 $f(x)=a^x$ 在 R 上是减函数”是“函数 $g(x)=(2-)x^3$ 在 R 上是增函数”的充分不必要条件.

故选 A.

例6　设 a_1，a_2，…，$a_n\in R$，$n\geqslant 3$. 若 p：a_1，a_2，…，a_n 成等比数列；q：$(a_1^2+a_2^2+\cdots+a_{n-1}^2)(a_2^2+a_3^2+\cdots+a_n^2)=(a_1a_2+a_2a_3+\cdots+a_{n-1}a_n)^2$，则(　).

A. p 是 q 的充分条件，但不是 q 的必要条件

B. p 是 q 的必要条件，但不是 q 的充分条件

C. p 是 q 的充要条件

D. p 既不是 q 的充分条件，也不是 q 的必要条件

(2015 年湖北省高考理科数学试题第 5 小题)

解：由 a_1，a_2，…，$a_n\in R$，$n\geqslant 3$ 运用柯西不等式可得：

$$(a_1^2+a_2^2+\cdots+a_{n-1}^2)(a_2^2+a_3^2+\cdots+a_n^2)\geqslant(a_1a_2+a_2a_3+\cdots+a_{n-1}a_n)^2$$

若 a_1，a_2，…，a_n 成等比数列，即有 $\dfrac{a_2}{a_1}=\dfrac{a_3}{a_2}=\cdots=\dfrac{a_n}{a_{n-1}}$，则 $(a_1^2+a_2^2+\cdots+a_{n-1}^2)(a_2^2+a_3^2+\cdots+a_n^2)=(a_1a_2+a_2a_3+\cdots+a_{n-1}a_n)^2$.

即由 p 推得 q.

但由 q 推不到 p，比如 $a_1=a_2=\cdots=a_n=0$，则 a_1，a_2，…，a_n 不成等比数列，所以，p 是 q 的充分不必要条件.

故选 A.

例7　已知直线 a，b 分别在两个不同的平面 α，β 内，则“直线 a 和直线 b 相交”是“平面 α 和平面 β 相交”的(　).

A. 充分不必要条件　　　B. 必要不充分条件

C. 充要条件　　　D. 既不充分也不必要条件

(2016 年山东省高考理科数学试题 6 题)

解：若“直线 a 和直线 b 相交”，$\because a\subset\alpha$，$b\subset\beta$，所以，直线 a 和直线 b 的交点既属于 α 又属于 β，即 α 与 β 有一个公共点，故 α 与 β 必相交. 反过来，若“平面 α 和平面 β 相交”，$a\subset\alpha$，$b\subset\beta$，则 a 与 b 重合或者 $a/\!/b$，直线 a 和直线 b 相交不成立.

故选 A.

例8　设平面 α 与平面 β 相交于直线 m，直线 a 在平面 α 内，直线 b 在平面 β 内，且 $b\perp m$，则“$\alpha\perp\beta$”是“$a\perp b$”的(　).

A. 充分不必要条件　　　B. 必要不充分条件

C. 充要条件　　　D. 既不充分也不必要条件

(2012 年安徽省高考理科数学试题 6 题)

解：由题意可知 $\alpha\perp\beta$，$b\perp m\Rightarrow a\perp b$

另一方面，如果 $a /\!/ m$，$a\perp b$ 如图 1－7 所示，显然，平面 α 与平面 β 不垂直.

所以，设平面 α 与平面 β 相交于直线 m，直线 a 在平面 α 内，直线 b 在平面 β 内，且 $b\perp m$，则“$\alpha\perp\beta$”是“$a\perp b$”的充分不必要条件，故选 A.

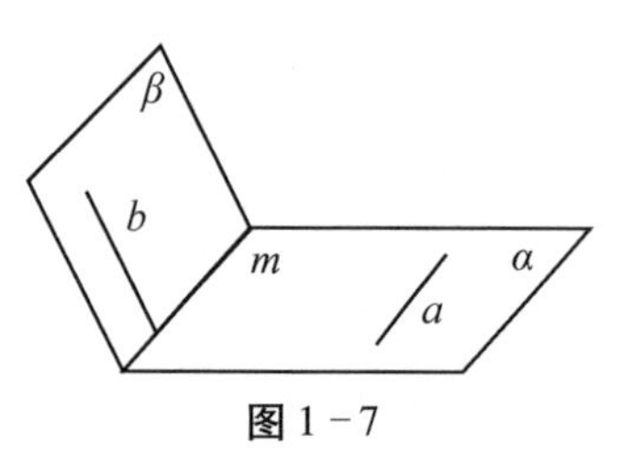

图 1－7

例 9　设：p：$x^2-x-20>0$，q：$\dfrac{1-x^2}{|x|-2}<0$，则 p 是 q 的(　).

A. 充分不必要条件　　　B. 必要不充分条件

C. 充要条件　　　D. 既不充分也不必要条件

(2006 年山东省高考理科数学试题 8 题)

解：当 p 成立时，即 $x^2-x-20>0$，解之得：$x>5$ 或 $x<-4$，当 $x>5$ 或 $x<-4$ 时，有 $1-x^2<0$，$|x|-2>0$，$\therefore \dfrac{1-x^2}{|x|-2}<0$，即 q 成立.

但当 q 成立时，即$\dfrac{1-x^2}{|x|-2}<0$，解之得 $-1<x<1$ 或 $x>2$ 或 $x<-2$，这时，$x^2-x-20>0$ 不一定成立，即 p 不一定成立，故选 A.

例 10　给定两个命题 p，q，若$\neg p$ 是 q 的必要而不充分条件，则 p 是$\neg q$ 的(　).

A. 充分而不必要条件　　　B. 必要而不充分条件

C. 充分条件　　　D. 既不充分也不必要条件

(2013 年山东省高考理科数学试题 7 题)

解：由 $q\Rightarrow\neg p$　且$\neg p\not\Rightarrow q$，可得 $p\Rightarrow\neg q$ 且$\neg q\not\Rightarrow p$ 所以，p 是$\neg q$ 的充分不必要条件.

故选 A.

例 11　设 $\boldsymbol{a}$，$\boldsymbol{b}$ 为非零向量，下列四个条件中，使$\dfrac{\boldsymbol{a}}{|\boldsymbol{a}|}=\dfrac{\boldsymbol{b}}{|\boldsymbol{b}|}$成立的充分条件是(　).

A. $\boldsymbol{a}=-\boldsymbol{b}$　　　B. $\boldsymbol{a}/\!/\boldsymbol{b}$

C. $\boldsymbol{a}=2\boldsymbol{b}$　　　D. $\boldsymbol{a}/\!/\boldsymbol{b}$ 且 $|\boldsymbol{a}|=|\boldsymbol{b}|$

(2012 年四川省高考理科数学试题 7 题)

解：因为$\frac{\boldsymbol{a}}{|\boldsymbol{a}|}=\frac{\boldsymbol{b}}{|\boldsymbol{b}|}$，则向量$\frac{\boldsymbol{a}}{|\boldsymbol{a}|}$与$\frac{\boldsymbol{b}}{|\boldsymbol{b}|}$是方向相同的单位向量，所以，$\boldsymbol{a}$与$\boldsymbol{b}$共线且同向，即使$\frac{a}{|a|}=\frac{b}{|b|}$成立的充分条件是C选项.

例12　若非空集合A，B，C满足$A\cup B=C$，且B不是A的子集，则(　).

A. "$x\in C$"是"$x\in A$"的充分条件但不是必要条件

B. "$x\in C$"是"$x\in A$"的充要条件但不是充分条件

C. "$x\in C$"是"$x\in A$"的充要条件

D. "$x\in C$"既不是"$x\in A$"的充分条件也不是"$x\in A$"的必要条件

(2008年湖北省高考理科数学试题2)

解：$\because A\cup B=C$，且B不是A的子集，

$\therefore x\in A\Rightarrow x\in C$，但$x\in C\not\Rightarrow x\in A$，

故选B.

例13　若数列$\{a_n\}$满足是$\frac{a_{n+1}^2}{a_n^2}=p$($p$为常数，$n\in N^*$)，则称$\{a_n\}$为"等方比数列".

甲：数列$\{a_n\}$是等方比数列；乙：数列$\{a_n\}$是等比数列．则(　).

A. 甲是乙的充分条件但不是必要条件

B. 甲是乙的必要条件但不是充分条件

C. 甲是乙的充要条件

D. 甲既不是乙的充分条件也不是乙的必要条件

(2007年湖北省高考理科数学试题6题)

解：由等比数列定义，若乙命题成立，设$\{a_n\}$的公比为q，即$\frac{a_{n+1}}{a_n}=q$，推出$\frac{a_{n+1}^2}{a_n^2}=q^2$. 则甲命题成立；反之，若甲命题成立，即$\frac{a_{n+1}^2}{a_n^2}=q^2$，则$\frac{a_{n+1}}{a_n}=\pm q$，即公比不一定是$q$，所以，命题乙不一定成立．故选B.

例14　设p：实数x，y满足$(x-1)^2+(y-1)^2\leqslant 2$，$q$：实数$x$，$y$满足

$$\begin{cases}y\geqslant x-1\\ y\geqslant 1-x\\ y\leqslant 1\end{cases}$$，则p是q的(　).

A. 必要不充分条件　　B. 充分不必要条件

C. 充要条件　　D. 既不充分也不必要条件

(2016年四川省高考理科数学试题7题)

解：如图1－8所示，

$(x-1)^2+(y-1)^2\leqslant 2$　①

表示圆心为(1，1)，半径为$\sqrt{2}$的圆内区域所有点(包括边界)

$$\begin{cases} y\geqslant x-1 \\ y\geqslant 1-x \\ y\leqslant 1 \end{cases} \quad ②$$

②表示$\triangle ABC$内部区域所有点(包括边界).

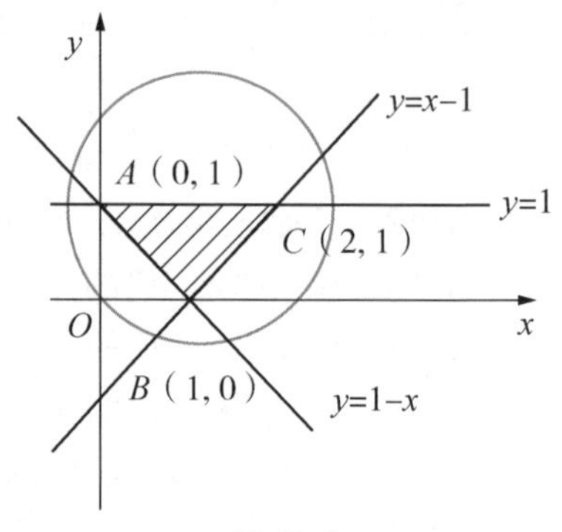

图1－8

实数x，y满足②则必然满足①，反之不成立，所以，p是q的必要不充分条件．故选A.

例15　记实数x_1，x_2，…，x_n中最大数为$\max\{x_1, x_2, \cdots, x_n\}$，最小数为$\min\{x_1, x_2, \cdots, x_n\}$，已知$\triangle ABC$的三边长为$a$，$b$，$c(a\leqslant b\leqslant c)$，定义它的倾斜度为$\lambda=\max\left\{\frac{a}{b}, \frac{b}{c}, \frac{c}{a}\right\}\times\min\left\{\frac{a}{b}, \frac{b}{c}, \frac{c}{a}\right\}$，则“$\lambda=1$”是“$\triangle ABC$为等边三角形”的(　).

A. 必要而不充分条件　　　　B. 充分而不必要条件

C. 充要条件　　　　　　　　D. 既不充分也不必要条件

(2010年湖北省高考理科数学试题10题)

解：(1)若$\triangle ABC$为正三角形，则$\lambda=1$；

(2)若$\lambda=1$，$\triangle ABC$不一定为正三角形.

例如，等腰直角三角形ABC，其腰长为1，设$a=b=1$，$c=\sqrt{2}$，那么$\frac{a}{b}=1$，$\frac{b}{c}=\frac{1}{\sqrt{2}}$，$\frac{c}{a}=\sqrt{2}$，则

$$\lambda=\max\left\{\frac{a}{b}, \frac{b}{c}, \frac{c}{a}\right\}\times\min\left\{\frac{a}{b}, \frac{b}{c}, \frac{c}{a}\right\}=\sqrt{2}\times\frac{1}{\sqrt{2}}=1,$$

虽然符合$\lambda=1$，却不是等边三角形，因此，“$\lambda=1$”是“$\triangle ABC$为等边三角形”的必要而不充分的条件．故选A.

例16　已知$\vec{a}$，$\vec{b}$，$\vec{c}$为非零的平面向量，甲：$\vec{a}\cdot\vec{b}=\vec{a}\cdot\vec{c}$；乙：$\vec{b}=\vec{c}$，则(　).

A. 甲是乙的充分条件但不是必要条件

B. 甲是乙的必要条件但不是充分条件

C. 甲是乙的充要条件

D. 甲既不是乙的充分条件也不是乙的必要条件

(2004 年湖北省高考理科数学试题 4 题)

解：命题甲：$\vec{a}\cdot\vec{b}=\vec{a}\cdot\vec{c}\Rightarrow\vec{a}\cdot(\vec{b}-\vec{c})=0\Rightarrow\vec{a}=0$(舍去)或$\vec{b}=\vec{c}$或$\vec{a}\perp(\vec{b}-\vec{c})$,

命题乙：$\vec{b}=\vec{c}$，因而乙$\Rightarrow$甲，但甲$\nRightarrow$乙，

所以，甲是乙的必要条件但不是充分条件，故选 B.

例 17　设 A，B 是两个集合，则"$A\cap B=A$"是"$A\subseteq B$"的(　).

A. 充分不必要条件　　　　B. 必要不充分条件

C. 充要条件　　　　　　　D. 既不充分也不必要条件

(2015 年湖南省高考理科数学试题 2 题)

解：A，B 是两个集合，则由"$A\cap B=A$"可得"$A\subseteq B$"，而由"$A\subseteq B$"也可得"$A\cap B=A$".

所以，A，B 是两个集合，则"$A\cap B=A$"是"$A\subseteq B$"的充要条件，故选 C.

例 18　设 $f(x)=\sin(\omega x+\varphi)$，其中 $\varphi>0$，则函数 $f(x)$ 是偶函数的充分必要条件是(　).

A. $f(0)=0$　　　　B. $f(0)=1$

C. $f'(0)=1$　　　　D. $f'(0)=0$

(2008 年四川省高考理科数学试题 10 题)

解：函数 $f(x)$ 是偶函数. 则 $\varphi=\dfrac{\pi}{2}+k\pi$，$f(0)=\pm1$，故排除 A，B，又 $f'(x)=\omega\cos(\omega x+\varphi)$，$\varphi=\dfrac{\pi}{2}+k\pi$，则 $f'(0)=0$，故选 D.

注：此为一般化思路，也可走特殊化思路，取 $\omega=1$，$\varphi=\dfrac{\pi}{2}$验证.

例 19　设$\{a_n\}$是首项大于零的等比数列，则"$a_1<a_2$"是"数列$\{a_n\}$是递增数列"的(　).

A. 充分而不必要条件　　　　B. 必要而不充分条件

C. 充要条件　　　　　　　　D. 既不充分也不必要条件

(2010 年山东省高考理科数学试题 9 题)

解：若已知 $a_1<a_2$，则设数列$\{a_n\}$的公比为 q，因为 $a_1<a_2$，所以有 $a_1<a_1q$，解得 $q>1$，又 $a_1>0$，所以，数列$\{a_n\}$是递增数列；反之，若数列$\{a_n\}$是递增数列，则公比 $q>1$，且 $a_1>0$，所以 $a_1<a_1q$，即 $a_1<a_2$.

所以，$a_1<a_2$ 是数列$\{a_n\}$是递增数列的充分必要条件，故选 C.

例20 设 a，b，c 分别△ABC 的三个内角 A，B，C 所对的边，则 $a^2=b(b+c)$ 是 $A=2B$ 的(　).

A. 充要条件

B. 充分而不必要条件

C. 必要而不充分条件

D. 既不充分也不必要条件

(2006 年四川省高考理科数学试题 11 题)

解: 设 a，b，c，分别是△ABC 的三个内角 A，B，C 所对的边，若 $a^2=b(b+c)$，因为 $a^2=b^2+c^2-2bc\cdot\cos A$，所以 $bc=c^2-2bc\cdot\cos A$，得出 $b=c-2b\cdot\cos A$，从而 $\sin B=\sin C-2\sin B\cdot\cos A$，得出 $\sin B=\sin C-[\sin(A+B)+\sin(B-A)]$，从而 $\sin B=\sin(A-B)$，

$\therefore A-B=B$，$A=2B$；

若△ABC 中，$A=2B$，由上可知，每一步都可以逆推回去，得到 $a^2=b(b+c)$.

所以，$a^2=b(b+c)$ 是 $A=2B$ 的充要条件，故选 A.

例21 已知双曲线 $\frac{x^2}{2}-\frac{y^2}{2}=1$ 的准线过椭圆 $\frac{x^2}{4}+\frac{y^2}{b^2}=1$ 的焦点，则直线 $y=kx+2$ 与椭圆至多有一个交点的充要条件是(　).

A. $k\in\left[-\frac{1}{2},\ \frac{1}{2},\right]$　　B. $k\in\left(-\infty,\ -\frac{1}{2}\right]\cup\left[\frac{1}{2},\ +\infty\right)$

C. $k\in\left[-\frac{\sqrt{2}}{2},\ \frac{\sqrt{2}}{2}\right]$　　D. $k\in\left(-\infty,\ -\frac{\sqrt{2}}{2}\right]\cup\left[\frac{\sqrt{2}}{2},\ +\infty\right)$

(2009 年湖北省高考理科数学试题 7 题)

解: 根据题意，双曲线 $\frac{x^2}{2}-\frac{y^2}{2}=1$ 中，$c^2=2+2=4$，则 $c=2$，易得准线方程是 $x=\pm\frac{a^2}{c}=\pm1$，所以椭圆的半焦距为 1，

所以，$a^2-b^2=4-b^2=1$，即 $b^2=3$.

所以，椭圆方程为 $\frac{x^2}{4}+\frac{y^2}{3}=1$，与 $y=kx+2$ 联立，可得：

$(3+4k^2)x^2+16kx+4=0$.

由 $\Delta\leqslant0$ 解得 $k\in\left[-\frac{1}{2},\ \frac{1}{2},\right]$，故选 A.

例22 若实数 a，b 满足 $a\geqslant0$，$b\geqslant0$，且 $ab=0$，则称 a 与 b 互补，记 $\varphi(a,\ b)=\sqrt{a^2+b^2}-a-b$，那么，$\varphi(a,\ b)=0$ 是 a 与 b 互补的(　).

A. 必要不充分要条件　　　　B. 充分不必要条件

C. 充要条件　　　　　　　　D. 既不充分也不必要条件

(2011 年湖北省高考地理科数学试题 4 题)

解：若 $\varphi(a,\ b)=\sqrt{a^2+b^2}-a-b=0$，则 $\sqrt{a^2+b^2}=(a+b)$.

两边平方解得 $ab=0$，故 a，b 至少有一个为 0，不妨令 $a=0$，则可得 $|b|-b=0$，故 $b\geqslant0$，即 a 与 b 互补；

而当 a 与 b 互补时，则 $ab=0$.

此时 $\sqrt{a^2+b^2}-a-b=0$，即 $\varphi(a,\ b)=0$.

所以，$\varphi(a,\ b)=0$ 是 a 与 b 互补的充要条件，故选 C.

例 23　若 $f_1(x)=3^{|x-p_1|}$，$f_2(x)=2\cdot3^{|x-p_2|}$，$x\in R$，p_1，p_2 为常数，且

$$f(x)=\begin{cases}f_1(x),\ f_1(x)\leqslant f_2(x)\\ f_2(x),\ f_1(x)>f_2(x)\end{cases}$$

(Ⅰ)求 $f(x)=f_1(x)$ 对所有实数成立的充要条件(用 p_1，p_2 表示)；

(Ⅱ)设 a，b 为两实数，$a<b$，且 p_1，$p_2\in(a,\ b)$，若 $f(a)=f(b)$，求证：$f(x)$ 在区间 $[a,\ b]$ 上的单调增区间的长度和为 $\dfrac{b-a}{2}$(闭区间 $[m,\ n]$ 的长度定义为 $n-m$).

(2008 年江苏省高考理科数学试题 20 题)

(Ⅰ)解：$f(x)=f_1(x)$ 恒成立 $\Leftrightarrow f_1(x)\leqslant f_2(x)\Leftrightarrow 3^{|x-p_1|}\leqslant 2\cdot3^{|x-p_2|}\Leftrightarrow$ $3^{|x-p_1|-|x-p_2|}\leqslant3^{\log_3 2}\Leftrightarrow|x-p_1|-|x-p_2|\leqslant\log_3 2$　(＊)

因为 $|x-p_1|-|x-p_2|\leqslant|(x-p_1)-(x-p_2)|=|p_1-p_2|$，

由于上述不等式可取等号，且(＊)恒成立，所以，必有 $|p_1-p_2|\leqslant\log_3 2$ (＊)恒成立.

综上所述，$f(x)=f_1(x)$ 对所有实数成立的充要条件是 $|p_1-p_2|\leqslant\log_3 2$.

(Ⅱ)证明略.

例 24　已知 $a>0$，函数 $f(x)=ax-bx^2$，(Ⅰ)当 $b>0$ 时，若对任意 $x\in R$ 都有 $|f(x)|\leqslant1$，证明：$a\leqslant2\sqrt{b}$；(Ⅱ)当 $b>1$ 时，证明：对任意 $x\in[0,\ 1]$，$|f(x)|\leqslant1$ 的充要条件是 $b-1\leqslant a\leqslant2\sqrt{b}$；(Ⅲ)当 $0<b\leqslant1$ 时，讨论对任意 $x\in[0,\ 1]$，$|f(x)|\leqslant1$ 的充要条件.

(2002 年江苏省高考理科数学试题 22 题)

(Ⅰ)证明略.

(Ⅱ)证明：必要性：对任意 $x\in[0,\ 1]$，$|f(x)|\leqslant1\Rightarrow-1\leqslant f(x)$，据此

可以推出 $-1\leqslant f(1)$，即 $a-b\geqslant -1$，$\therefore a\geqslant b-1$.

又对任意 $x\in[0,1]$，$f(x)\leqslant 1$，因为 $b>1$，可以推出 $f\left(\frac{1}{\sqrt{b}}\right)\leqslant 1$，即 $ax\frac{1}{\sqrt{b}}-1\leqslant 1$，$\therefore a\leqslant 2\sqrt{b}$ $\therefore b-1\leqslant a\leqslant 2\sqrt{b}$.

充分性：因为 $b>1$，$a>b-1$，对任意 $x\in[0,1]$，可以推出 $ax-bx^2\geqslant b(x-x^2)-x\geqslant -1$，即 $ax-bx^2\geqslant -1$.

因为 $b>1$，$a\leqslant 2\sqrt{b}$，对任意 $x\in[0,1]$，可以推出，$ax-bx^2\leqslant 2\sqrt{b}x-bx^2\leqslant 1$，即 $ax-bx^2\leqslant 1$，$\therefore\ -1\leqslant f(x)\leqslant 1$，

综上，当 $b>1$ 时，对任意 $x\in[0,1]$，$|f(x)|\leqslant 1$ 的充要条件是 $b-1\leqslant a\leqslant 2\sqrt{b}$.

(Ⅲ)解：因为 $a>0$，$0<b\leqslant 1$ 时，对任意 $x\in[0,1]$，$f(x)=ax-bx^2\geqslant -b\geqslant -1$，即 $f(x)\geqslant -1$，$f(x)\leqslant 1\Rightarrow f(1)\leqslant 1\Rightarrow a-b\leqslant 1$，即 $a\leqslant b+1$.

$a\leqslant b+1\Rightarrow f(x)\leqslant(b+1)x-bx^2\leqslant 1$，即 $f(x)\leqslant 1$.

所以，当 $a>0$，$0<b\leqslant 1$ 时，对任意 $x\in[0,1]$，$|f(x)|\leqslant 1$ 的充要条件是 $a\leqslant b+1$.

例 25　设数列 $\{a_n\}$，$\{b_n\}$，$\{c_n\}$ 满足：

$b_n=a_n-a_{n+2}$，$c_n=a_n+2a_{n+1}+3a_{n+2}(n=1,2,3,\cdots)$

证明：$\{a_n\}$ 为等差数列的充分必要条件是 $\{c_n\}$ 为等差数列且 $b_n\leqslant b_{n+1}$ $(n=1,2,3,\cdots)$.

(2006 年江苏省高考理科数学试题 21 题)

证明：必要性：设 $\{a_n\}$ 是公差为 d_1 的等差数列，则

$b_{n+1}-b_n=(a_{n+1}-a_{n+3})-(a_n-a_{n+2})=(a_{n+1}-a_n)-(a_{n+3}-a_{n+2})=d_1-d_1=0$.

所以，$b_n\leqslant b_{n+1}(n=1,2,3,\cdots)$ 成立.

$$\text{又 } c_{n+1}-c_n=(a_{n+1}-a_n)+2(a_{n+2}-a_{n+1})+3(a_{n+3}-a_{n+2})$$
$$=d_1+2d_1+3d_1=6d_1(\text{常数})(n=1,2,3,\cdots)$$

所以，数列 $\{c_n\}$ 为等差数列.

充分性：设数列 $\{c_n\}$ 是公差为 d_2 的等差数列，且 $b_n\leqslant b_{n+1}(n=1,2,3,\cdots)$.

因 $c_n=a_n+2a_{n+1}+3a_{n+2}$　①

故 $c_{n+2}=a_{n+2}+2a_{n+3}+3a_{n+4}$　②

①－②得 $c_n-c_{n+2}=(a_n-a_{n+2})+2(a_{n+1}-a_{n+3})+3(a_{n+2}-a_{n+4})=b_n+2b_{n+1}+3b_{n+2}$

因 $c_n - c_{n+2} = (c_n - c_{n+1}) + (c_{n+1} - c_{n+2}) = -2d_2$

故 $b_n + 2b_{n+1} + 3b_{n+2} = -2d_2$　③

从而有 $b_{n+1} + 2b_{n+2} + 3b_{n+3} = -2d_2$　④

④－③得 $(b_{n+1} - b_n) + 2(b_{n+2} - b_{n+1}) + 3(b_{n+3} - b_{n+2}) = 0$　⑤

因 $b_{n+1} - b_n \geqslant 0$，$b_{n+2} - b_{n+1} \geqslant 0$，$b_{n+3} - b_{n+2} \geqslant 0$

故由⑤得 $b_{n+1} - b_n = 0 (n = 1, 2, 3, \cdots)$.

由此不妨设 $b_n = d_3 (n = 1, 2, 3, \cdots)$，则

$a_n - a_{n+2} = d_3$(常数).

由此 $c_n = a_n + 2a_{n+1} + 3a_{n+2} = 4a_n + 2a_{n+1} - 3d_3$

从而 $c_{n+1} = 4a_{n+1} + 2a_{n+2} - 3d_3 = 4a_{n+1} + 2a_n - 5d_3$

两式相减得 $c_{n+1} - c_n = 2(a_{n+1} - a_n) - 2d_3$

因此 $a_{n+1} - a_n = \frac{1}{2}(c_{n+1} - c_n) + d_3 = \frac{1}{2}d_2 + d_3$(常数)$(n = 1, 2, 3, \cdots)$

所以，数列$\{a_n\}$是等差数列.

习　题　一

1. 根据所给条件，先写数列的前若干项，再猜所求的结论.

(1) $a_1 = 1$，且 s_n，s_{n+1}，$2s_1$ 成等差数列，则 s_2，s_3，s_4 分别为______，猜想 $s_n =$______；

(2) $f(x) = \frac{2x}{x+2}$，$x_1 = 1$，$x_n = f(x_{n-1}) (n \geqslant 2, n \in N^*)$，则 x_2，x_3，x_4，分别为______，判断$\left\{\frac{1}{x_n}\right\}$为______数列，$x_n =$______.

2. 已知数列 a_1，a_2，…，a_n，…和数列 b_1，b_2，…，b_n，…，其中 $a_1 = p$，$b_1 = q$，$a_n = pa_{n-1}$，$b_n = qa_{n-1} + rb_{n-1} (n \geqslant 2)$，($p$，$q$，$r$ 是已知常数且 $q \neq 0$，$p > r > 0$)，用 p，q，r，n 表示 b_n.

(1982 年全国高考理 2 类数学试题第九题改编).

3. 已知 $f(x) = \frac{x^n - x^{-n}}{x^n + x^{-n}}$，对于 $n \in N^*$，试比较 $f(\sqrt{2})$ 与 $\frac{n^2 - 1}{n^2 + 1}$ 的大小.

4. 设 $f(n) > 0$，$n \in N^*$，且 $f(n_1 + n_2) = f(n_1)f(n_2)$，$f(2) = 4$，试猜想出 $f(n)$ 的解析式.

5. 设正数数列$\{a_n\}$的前 n 项和为 $s_n = \frac{1}{2}\left(a_n + \frac{1}{a_n}\right)$，求 a_1，a_2，a_3，并由此猜出$\{a_n\}$的通项公式.

6. 设数列$\{a_n\}$满足：$a_{n+1}=a_n^2-na_n+1$，$n=1$，2，3，…，当$a_1=2$时，求a_2，a_3，a_4，并由此猜测a_n的通项公式.

(2002年全国高考理科数学试题22题改编)

7. 设$\{a_n\}$是正数组成的数列，其前n项和为s_n并且对所有的自然数n，a_n与2的等差中项等于s_n与2的等比中项，写出数列$\{a_n\}$的前3项并猜想数列$\{a_n\}$的通项公式.

(1994年全国高考理科数学试题25题改编)

8. 设$f(n)=2n+1$，

$$g(n)=\begin{cases}3, & n=1\\ f[g(n-1)], & n\geqslant 2\end{cases}$$

用n表示$g(n)$.

9. 已知数列$\{a_n\}$中$a_1=-\dfrac{2}{3}$，其前n项和s_n满足$a_n=s_n+\dfrac{1}{s_n}+2(n\geqslant 2)$，计算$s_1$，$s_2$，$s_3$，$s_4$；猜想$s_n$的表达式.

10. 用分析法求证：$(a+b+c)^3+(b+c-a)(c+a-b)(a+b-c)=4a^2(b+c)+4b^2(c+a)+4c^2(a+b)+4abc$.

11. 用分析法证明：如果a，b是互不相等的正数，那么：$a^3+b^3>a^2b+ab^2$.

12. 已知x，y，z成等差数列，求证：$x^2(y+z)$，$y^2(z+x)$，$z^2(x+y)$也成等差数列.

13. 自圆O上一点C向圆的直径AB引垂线，垂足为D，E为AB上一点，过D引CE的垂线与BC交于F，求证：$\dfrac{AD}{DE}=\dfrac{CF}{FB}$.

14. $x>1$是$\dfrac{1}{x}<1$的(　).

A. 充分不必要条件　　B. 必要不充分条件

C. 充要条件　　D. 既不充分也不必要条件

15. “p或q为真命题”是“p且q为真命题”的(　).

A. 充分不必要条件　　B. 必要不充分条件

C. 充要条件　　D. 既不充分也不必要条件

16. 条件甲：$P\cap Q=P$；条件乙：$P\subsetneqq Q$，那么，甲是乙的什么条件？乙是甲的什么条件？

17. 已知$m<n$，$(x-m)(x-n)>0$是$x<m$或$x>n$的(　).

A. 充分不必要条件　　B. 必要不充分条件

C. 充要条件　　　　　　　　　　D. 既不充分也不必要条件

18. 设集合 $M=\{1, 2\}$，$N=\{a^2\}$，则"$a=1$"是"$N\subseteq M$"的(　).

A. 充分不必要条件　　　　　　　B. 必要不充分条件

C. 充要条件　　　　　　　　　　D. 既不充分也不必要条件

(2011 年湖南省高考理科数学试题 2 题)

19. $a<0$ 是方程 $ax^2+2x+1=0$ 至少有一个负根的(　).

A. 必要不充分条件　　　　　　　B. 充分不必要条件

C. 充要条件　　　　　　　　　　D. 既不充分也不必要条件

(2008 年安徽省高考理科数学试题 7 题)

20. "$a=1$"是"函数 $f(x)=|x-a|$ 在区间 $[1, +\infty)$ 上为增函数"的(　).

A. 充分不必要条件　　　　　　　B. 必要不充分条件

C. 充要条件　　　　　　　　　　D. 既不充分也不必要条件

(2006 年湖南省高考理科数学试题 4 题)

21. 设 p：$1<x<2$，q：$2^x>1$，则 p 是 q 成立的(　).

A. 充分不必要条件　　　　　　　B. 必要不充分条件

C. 充要条件　　　　　　　　　　D. 既不充分也不必要条件

(2015 年安徽省高考理科数学试题 3 题)

22. 设 a，$b\in R$，已知命题 p：$a=b$；命题 q：$\left(\frac{a+b}{2}\right)^2\leqslant\frac{a^2+b^2}{2}$，则 p 是 q 成立的(　).

A. 必要不充分条件　　　　　　　B. 充分不必要条件

C. 充要条件　　　　　　　　　　D. 既不充分也不必要条件

(2006 年安徽省高考理科数学试题 4 题)

23. 设 l，m，n 均为直线，其中，m，n 在平面 α 内，则"$l\perp\alpha$"是"$l\perp m$ 且 $l\perp n$"的(　).

A. 充分不必要条件　　　　　　　B. 必要不充分条件

C. 充要条件　　　　　　　　　　D. 既不充分也不必要条件

(2007 年安徽省高考理科数学试题 2 题)

24. 对于非零向量 $\boldsymbol{a}$，$\boldsymbol{b}$，"$\boldsymbol{a}+\boldsymbol{b}=\boldsymbol{0}$"是"$\boldsymbol{a}/\!/\boldsymbol{b}$"的(　).

A. 充分不必要条件　　　　　　　B. 必要不充分条件

C. 充要条件　　　　　　　　　　D. 既不充分也不必要条件

(**2009** 年湖南省高考理科数学试题 **2** 题)

25. 函数 $f(x)$ 在点 $x=x_0$ 处有定义是 $f(x)$ 在点 $x=x_0$ 处连续的(　).

A. 充分而不必要条件　　B. 必要而不充分条件

C. 充要条件　　D. 既不充分也不必要条件

(2011 年四川省高考理科数学试题 5 题)

26. “$x<0$”是“$\ln(x+1)<0$”的(　).

A. 充分不必要条件　　B. 必要不充分条件

C. 充要条件　　D. 既不充分也不必要条件

(2014 年安徽省高考理科数学试题 2 题)

27. “$|x-1|<2$ 成立”是“$x(x-3)<0$ 成立”的(　).

A. 充分不必要条件　　B. 必要不充分条件

C. 充要条件　　D. 既不充分也不必要条件

(2008 年湖南省高考理科数学试题 2 题)

28. 对于函数 $y=f(x)$，$x\in R$，“$y=|f(x)|$的图像关于 y 轴对称”是“$y=f(x)$是奇函数”的(　).

A. 充分不必要条件　　B. 必要不充分条件

C. 充要条件　　D. 既不充分也不必要条件

(2011 年山东省高考理科数学试题 5 题)

29. 下列选项中，p 是 q 的必要不充分条件的是(　).

A. p：$a+c>b+d$；q：$a>b$ 且 $c>d$

B. p：$a>1$，$b>1$；q：$f(x)=a^x-b(a>0$ 且 $a\neq1)$的图像不过第二象限

C. p：$x=1$，q：$x^2=x$

D. p：$a>1$，q：$f(x)=\log_a x(a>0$ 且 $a\neq1)$在$(0,+\infty)$上为增函数

(2009 年安徽省高考理科数学试题 4 题)

30. “$a\leqslant0$”是函数 $f(x)=|(ax-1)x|$在区间$(0,+\infty)$内单调递增的(　).

A. 充分不必要条件　　B. 必要不充分条件

C. 充要条件　　D. 既不充分也不必要条件

(2012 年安徽省高考理科数学试题 4 题)

31. 函数 $f(x)=ax^3+x+1$ 有极值的充要条件是(　).

A. $a>0$　　B. $a\geqslant0$

C. $a<0$　　D. $a\leqslant0$

(2004 年湖北省高考理科数学试题 9 题)

32. 已知等差数列$\{a_n\}$的公差为 d，前 n 项和为 s_n，则“$d>0$”是“$s_4+s_6>2s_5$”的(　).

A. 充分不必要条件　　B. 必要不充分条件

C. 充要条件　　　　　　　　　　D. 既不充分也不必要条件

（**2017** 年浙江省高考理科数学试题 **6** 题）

33. 以 A 表示值域为 R 的函数组成的集合，B 表示具有如下性质的函数 $\varphi(x)$ 组成的集合：对于函数 $\varphi(x)$，存在一个正数 M，使得函数 $\varphi(x)$ 的值域包含于区间 $[-M, M]$. 例如，当 $\varphi_1(x)=x^3$，$\varphi_2(x)=\sin x$ 时 $\varphi_1(x)\in A$，$\varphi_2(x)\in B$. 现在有如下命题：

（**1**）设函数 $f(x)$ 的定义域为 D，则“$f(x)\in A$”的充要条件是“$\forall b\in R$，$\exists a\in D$，$f(a)=b$”；

（**2**）函数 $f(x)\in B$ 的充要条件是 $f(x)$ 有最大值和最小值.

试判断这两个命题的正确性.

（**2014** 年四川省高考理科数学试题 **15** 题改编）

34. 数列 $\{x_n\}$ 满足 $x_1=0$，$x_{n+1}=-x_n^2+x_n+c(n\in N^*)$.

（Ⅰ）证明：$\{x_n\}$ 是单调递减数列的充分必要条件是 $c<0$；

（Ⅱ）求 c 的取值范围，使 $\{x_n\}$ 是递增数列.

（**2012** 年安徽省高考理科数学试题 **21** 题）

35. 已知数列 $\{a_n\}$ 的各项均为正数，记 $A(n)=a_1+a_2+\cdots+a_n$，$B(n)=a_2+a_3+\cdots+a_{n+1}$，$C(n)=a_3+a_4+\cdots+a_{n+2}$，$n=1$，$2+\cdots$

（**1**）若 $a_1=1$，$a_2=5$，且对任意 $n\in N^*$，三个数 $A(n)$，$B(n)$，$C(n)$ 组成等差数列，求数列 $\{a_n\}$ 的通项公式；

（**2**）证明：数列 $\{a_n\}$ 是公比为 q 的等比数列的充分必要条件是：对任意 $n\in N^*$，三个数 $A(n)$，$B(n)$，$C(n)$ 组成公比为 q 的等比数列.

（**2012** 年湖南省高考理科数学试题 **19** 题）

第二章　类　比　法

波利亚说："类比是一个伟大的引路人……每当理智缺乏可靠论证的思路时，类比这个方法往往能指引我们前进."

在中学数学教材中，虽然"类比"没有作为一个重点内容加以研究，但是，在数学的发展史上，类比法却是发挥了很大的作用，并且类比法对于解答某些初等数学问题会给予很多启示，所以，在这一章我们将作专门介绍.

§2-1　类比法的相关概念

一、什么是类比法

大家知道，很多药物的研究要拿小白鼠做试验．为什么呢？因为小白鼠与人类的DNA差不多，而且小白鼠患的疾病与人类患的疾病也相近，所以，只要某种药物治疗小白鼠的某种疾病达到了一定的疗效，这种药物就可以用来治疗人类与小白鼠患的同一种病.

德国物理学家欧姆在**1926**年把电传导系统与热传导系统作比较，发现电流I与热量Q相当，电压V同温差ΔT相当，电阻R同比热C的倒数相当. 他从热传导系统中的关系式：$Q=mC\Delta T$（m是质量）得到：

$$I=\frac{1}{R}V$$

这就是著名的欧姆定律.

瑞士著名的数学家雅各布·贝努利临终都未能解决的一个问题：求自然数平方的倒数之和，即求$1+\frac{1}{2^2}+\frac{1}{2^2}+\cdots+\frac{1}{n^2}+\cdots$的和，后被瑞士另一位著名的数学欧拉给解决了.

他解决这一问题的思路是这样的：

设仅含偶次幂的代数方程：

$$b_0-b_1x^2+b_2x^4-\cdots+(-1)^nb_nx^{2n}=0 \tag{1}$$

有 $2n$ 个相异的根

$$\beta_1, -\beta_1, \beta_2, -\beta_2, \cdots, \beta_n, -\beta_n,$$

于是就有

$$\begin{aligned} & b_0 - b_1x^2 + b_2x^4 - \cdots + (-1)^n b_n x^{2n} \\ & = b_0\left(1 - \frac{x^2}{\beta_1^2}\right)\left(1 - \frac{x^2}{\beta_2^2}\right)\cdots\left(1 - \frac{x^2}{\beta_n^2}\right) \end{aligned} \tag{2}$$

比较系数即得

$$b_1 = b_0\left(\frac{1}{\beta_1^{\ 2}} + \frac{1}{\beta_2^{\ 2}} + \cdots + \frac{1}{\beta_n^2}\right) \tag{3}$$

对方程 $\sin x = 0$

或者

$$x - \frac{x^3}{3!} + \frac{x^5}{5!} - \frac{x^7}{7!} + \cdots = 0 \tag{4}$$

它应该有无穷多个根，即 0，π，$-\pi$，2π，-2π，3π，-3π，…当 $x \neq 0$ 时，用 x 除方程(4)的两边，得到

$$1 - \frac{x^2}{3!} + \frac{x^4}{5!} - \frac{x^6}{7!} + \cdots = 0 \tag{5}$$

它的根是 π，$-\pi$，2π，-2π，3π，-3π，…

把(5)与(1)作类比并注意到(2)，于是，可以猜想

$$1 - \frac{x^2}{3!} + \frac{x^4}{5!} - \frac{x^6}{7!} + \cdots = \left(1 - \frac{x^2}{\pi^2}\right)\left(1 - \frac{x^2}{4\pi^2}\right)\left(1 - \frac{x^2}{9\pi^2}\right)\cdots \tag{6}$$

再把(6)与(3)作类比，就有

$$\frac{1}{6} = \frac{1}{\pi^2} + \frac{1}{4\pi^2} + \frac{1}{9\pi^2} + \cdots$$

或者

$$1 + \frac{1}{4} + \frac{1}{9} + \frac{1}{16} + \cdots = \frac{\pi^2}{6}.$$

这就是自然数平方的倒数之和．欧拉用“这种新的并且还从来没有这样用过”的方法，解决了贝努利提出并且多年没有解决的数学难题.

从上面三个例子我们可以得出这样一个结论：所谓类比法就是利用类比推理来解决某些问题的一种方法.

下面再举几个中学数学中的例子．平面几何中的元素与立体几何中的元素可按以下对应进行类比：

直线⇔平面；角⇔二面角；三角形⇔三棱锥；平行四边形⇔(斜)四棱柱，等等.

将平面几何中的定理“一直线垂直于两平行直线中的一条，则它也垂直于另一条直线”类比推广到空间则有“一平面垂直于两平行平面中的一个，则它也垂直于另一个平面”.

平面几何中的“矩形的对角线的平方等于它的两边(长和宽)的平方和”，类比推广到立体几何中则有“长方体的对角线的平方等于从同一个顶点出发的三边(长、高、宽)的平方和.”

类比法可分为简单类比和复杂类比．所谓简单类比，就是具有明显性及直接性的类比．例如，由一元二次方程必有两个实根或复根(重根计算在内)，类比出一元三次方程也有三个实根或复根．而复杂类比则是建立在抽象分析基础上才能实现的类比．例如，由三角形的三个角的角平分线相交于一点，而且这个点是三角形内切圆的圆心，可类比联想以下猜测：四面体的六个二面角的平分面也相交于一点，而且这点就是四面体内切球的球心.

如果从寻求类比对象的主要方式来看，中学最常用的类比有：已知与未知，正面与反面，多元与少元，主元与次元，高维与低维，一般与特殊，局部与整体，数与形，相等与不等，常量与变量，运动与静止，有限与无限等. 例如，在学习一元一次(二次)不等式时，观察它的结构特征，便不难发现它与一元一次(二次)方程在形式上有很多相似之处，借助于已知与未知的类比得出解一元一次(二次)不等式的步骤，再由相等与不等的类比得出：不等式的解应表为不等式，即是一个确定的范围，而不是等式确定的数.

二、怎样应用类比法解答某些数学问题

应用类比法的基础是比较，关键是联想．要把所要解决的问题的已知条件和结论与已知的定理、公式或已解决的问题进行比较．不仅从已知条件或结论所展示的形式或结构进行比较，而且还要从它们所揭示的性质或关系方面来比较．有时要将已知条件或结论进行适当的变换才能进行比较．然后在此基础上进行发散性的思维．要根据问题的已知条件或结论的形式或结构去联想定理、公式或已解决的问题；从问题的数学元素的特征去联想相关命题、数学各分支之间的联系以及降维、降次或减元的情况；从问题所揭示的关系去联想一般与特殊的关系、对称关系、因果关系和其他有关规律与法则. 总之，要从多方面去联想，从中找到解决问题的方法．具体来讲，有以下几种方法：

1. 结构类比法．由所给问题的条件或结论的形式或结构与已知定理(公式)或已解决的问题的形式或结构极其相似，或者将所给问题的条件或结论的形式或结构经过适当的变换，使它与某一已知定理(公式)或已解决的问

题的形式或结构相似，然后将其进行类比，从而使问题得到解决.

例1　已知x，y，z为实数，且$xy\neq -1$，$yz\neq -1$，$zx\neq -1$，求证：$\frac{x-y}{1+xy}+\frac{y-z}{1+yz}+\frac{z-y}{1+zx}=\frac{x-y}{1+xy}\cdot\frac{y-z}{1+yz}\cdot\frac{z-y}{1+zx}$.

分析：此题的结论的结构特征是某三项之和等于这三项的积，因此可与"在非直角$\triangle ABC$中，$\mathrm{tg}A+\mathrm{tg}B+\mathrm{tg}C=\mathrm{tg}A\cdot\mathrm{tg}B\cdot\mathrm{tg}C$"相类比，用三角题的解法解答此题.

证明：令$x=\mathrm{tg}\alpha$，$y=\mathrm{tg}\beta$，$z=\mathrm{tg}\gamma$，则$\frac{x-y}{1+xy}=\mathrm{tg}(\alpha-\beta)$，$\frac{y-z}{1+yz}=\mathrm{tg}(\beta-\gamma)$，$\frac{z-x}{1+zx}=\mathrm{tg}(\gamma-\alpha)$.

$\because (\alpha-\beta)+(\beta-\gamma)=-(\gamma-\alpha)$.

两边取正切，得

$$\frac{\mathrm{tg}(\alpha-\beta)+\mathrm{tg}(\beta-\gamma)}{1-\mathrm{tg}(\alpha-\beta)\mathrm{tg}(\beta-\gamma)}=-\mathrm{tg}(\gamma-\alpha).$$

去分母整理得

$$\mathrm{tg}(\alpha-\beta)+\mathrm{tg}(\beta-\gamma)+\mathrm{tg}(\gamma-\alpha)=\mathrm{tg}(\alpha-\beta)\mathrm{tg}(\beta-\gamma)\mathrm{tg}(\gamma-\alpha).$$

即$\frac{x-y}{1+xy}+\frac{y-z}{1+yz}+\frac{z-x}{1+zx}=\frac{x-y}{1+xy}\cdot\frac{y-z}{1+yz}\cdot\frac{z-x}{1+zx}$.

例2　在$\triangle ABC$中，若$\sin^2 A+\sin^2 B+\sin^2 C=\sin B\sin C+\sin C\sin A+\sin A\sin B$，求证：$\triangle ABC$是正三角形.

分析：此题求证$A=B=C$，从命题的结构形状与命题"若$a^2+b^2+c^2=bc+ca+ab$，且a，b，c为实数，则$a=b=c$"类似，因此其证法可类比.

证明：由已知条件可得

$$(\sin B-\sin C)^2+(\sin C-\sin A)^2+(\sin A-\sin B)^2=0.$$

而上式左边三项均为非负数，所以

$$(\sin B-\sin C)^2=(\sin C-\sin A)^2=(\sin A-\sin B)^2.$$

$\therefore \sin A=\sin B=\sin C$.

又$\because A$，B，C为$\triangle ABC$的内角，不可能有$\pi-A=B$，$\pi-B=C$，$\pi-C=A$，即不可能有$A+B=\pi$，$B+C=\pi$，$C+A=\pi$的情形，$\therefore A=B=C$，

故$\triangle ABC$为正三角形.

2. 构造类比法．如果所给问题的数学元素与某已知命题的数学元素极其相似，那么，可构造一个与该数学元素相关的新命题，从而达到解答所给问题的目的.

例3　若$(z-x)^2-4(x-y)(y-z)=0$，则x，y，z成等差数列(1979年全国高考理科数学试题第1题).

分析：将已知条件与一元二次方程$ax^2+bx+c=0$的判别式$b^2-4ac=0$类比，构造一个一元二次方程，可得如下解法.

证明：$\because (z-x)^2-4(x-y)(y-z)=0.$

$\therefore$ 当$x-y\neq 0$时，关于t的一元二次方程$(x-y)t^2+(z-x)t+(y-z)=0$有等根.

又$(x-y)+(z-x)+(y-z)=0$

$\therefore$ 关于t的二次方程的等根为1，

根据韦达定理，两根之积$\dfrac{y-z}{x-y}=1$，即$2y=x+z$

故x，y，z成等差数列.

当$x-y=0$时，显然$z-x=0$，所以$x=y=z$，x，y，z成等差数列.

例4　已知数列$\{a_n\}$的项满足$a_1=b$，$a_{n+1}=ca_n+d$，其中，$c\neq 0$，$d\neq 0$，$b+\dfrac{d}{c-1}\neq 0$，证明：$a_n=\dfrac{bc^n+(d-b)c^{n-1}-d}{c-1}$.

证明：设$a_{n+1}+a=c(a_n+a)$，则$a_{n+1}=ca_n+(c-1)a$，与已知$a_{n+1}=ca_n+d$比较得$(c-1)a=d$，即$a=\dfrac{d}{c-1}$　$\therefore a_{n+1}+\dfrac{d}{c-1}=c\left(a_n+\dfrac{d}{c-1}\right)$.

当$c=0$时，$a_{n+1}=d$.

当$c\neq 0$时$\left\{a_n+\dfrac{d}{c-1}\right\}$是首项为$b+\dfrac{d}{c-1}$，公比为$c$的等比数列.

$\therefore a_n+\dfrac{d}{c-1}=\left(b+\dfrac{d}{c-1}\right)c^{n-1}$.

故$a_n=\dfrac{bc^n+(d-b)c^{n-1}-d}{c-1}$.

注：把递推式$a_{n+1}=ca_n+d$与等比数列的定义式$a_{n+1}=qa_n$类比，构造了关系式$a_{n+1}+a=c(a_n+a)$，然后与$a_{n+1}=ca_n+d$比较，求得$a=\dfrac{d}{c-1}$.

3. 简化类比法．简化意味着特殊化，从对一类对象的研究转向对包含于这一类中的部分对象的研究，然后，将部分对象的研究结果推广，从而使问题得到解决．简单地说，就是将一般情况与特殊情况类比，从中找出解答问题的方法．这其中包括降维、降次、减元等简化方法.

例5　证明正四面体的中心到各顶点的距离之和小于其他任意一点到各顶点距离之和.

分析：本题是平面几何定理“正三角形的中心到各顶点的距离之和小于三角形所在平面内任意一点到各顶点的距离之和”的推广．定理的证明思路是：如图2－1所示，分别经过A，B，C各点作对边的平行直线，得到一个外接正$\triangle A_1B_1C_1$，设O为正$\triangle ABC$的中心，若P为$\triangle A_1B_1C_1$的内部或边界上任意一点，则P点到$\triangle A_1B_1C_1$各边的距离之和

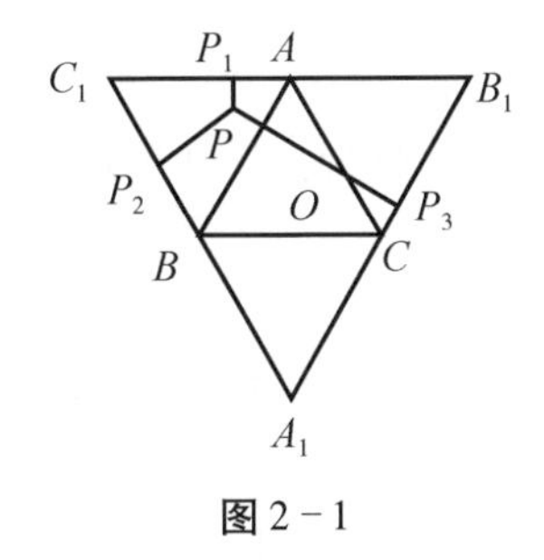

图2－1

$$PP_1 + + PP_2 + PP_3 = OA + OB + OC.$$

但因PA，PB，PC不全垂直于$\triangle A_1B_1C_1$的各对边，故

$$PA + PB + PC > PP_1 + PP_2 + PP_3,$$

即$PA + PB + PC > OA + OB + OC$.

若Q为$\triangle A_1B_1C_1$外部任意一点，则显然有

$$QA + QB + QC > OA + OB + OC.$$

仿此，可证明这一题.

证明：如图2－2所示，过正四面体$ABCD$的各顶点分别作相对界面的平行平面，封闭构成一个外接正四面体$A_1B_1C_1D_1$，设O为正四面体$ABCD$的中心，

若P为正四面体$A_1B_1C_1D_1$内部或边界上任意一点，则P点到正四面体$A_1B_1C_1D_1$各面的距离之和

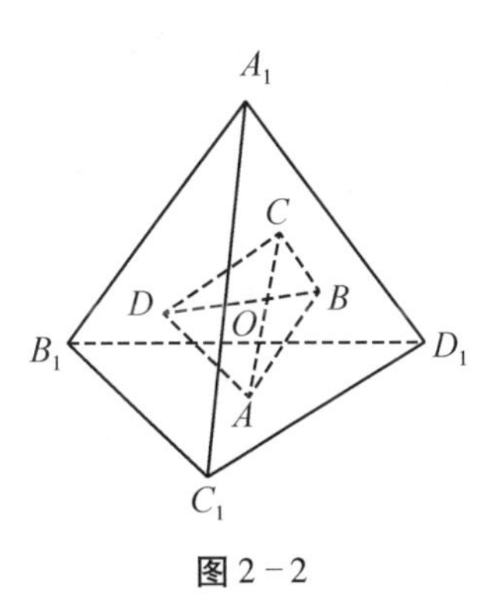

图2－2

$$PP_1 + PP_2 + PP_3 + PP_4 = OA + OB + OC + OD.$$

但因PA，PB，PC，PD不全垂直于正四面体$A_1B_1C_1D_1$的各对应面，故

$$PA + PB + PC + PD > PP_1 + PP_2 + PP_3 + PP_4,$$

即$PA + PB + PC + PD > OA + OB + OC + OD$.

若Q为正四面体$A_1B_1C_1D_1$外部任意一点，则显然有

$$QA + QB + QC + QD > OA + OB + OC + OD.$$

例 6　解方程组.

$$\begin{cases} x+y+z=3 & (1) \\ x^2+y^2+z^2=3 & (2) \\ x^3+y^3+z^3=3 & (3) \end{cases}$$

分析：降低未知量的次数，同时也减少未知数的个数，考虑解方程组

$$\begin{cases} x+y=2 & (1)^1 \\ x^2+y^2=2 & (2)^1 \end{cases}$$

$(2)^1-2(1)^1$，有

$$x^2+y^2-2x-2y+2=0.$$

即$(x-1)^2+(y-1)^2=0$.

求得方程组有唯一解 $x=y=1$. 类比可求得原方程组的解.

解：$(2)-2(1)$，有

$$x^2+y^2+z^2-2x-2y-2z+3=0.$$

即$(x-1)^2+(y-1)^2+(z-1)^2=0$.

$\therefore x=y=z=1$.

代入(3)析验，符合原方程.

故原方程组有唯一解 $x=y=z=1$.

4. 数形类比法．就是《初等数学变换法及其应用》一书中所讲的“数形变换法”或“形数变换法”．这里再举两个例子.

例 7　解方程组$\begin{cases} \sqrt{x+1}+\sqrt{y-2}=5 \\ x-y=12 \end{cases}$.

分析：将几何知识横向渗透到代数之中，数形类比，构造合适的几何图形，通过对图形的研究达到对方程组的求解.

解：将原方程变形为：

$$\begin{cases} \sqrt{x+1}+\sqrt{y-2}=5 & (1) \\ (\sqrt{x+1})^2-(\sqrt{y-2})^2=(\sqrt{15})^2 & (2) \end{cases}$$

不难发现 $\sqrt{x+1}>0$，$\sqrt{y-2}>0$，设

$\sqrt{x+1}=c$，$\sqrt{y-2}=b$，

将 b，c 与线段类比，则(2)式可与勾股定理类比，故构造直角三角形 ABC，如图 2－3 所示.

延长 CA 至 D，使 $AD=AB$，连 BD，由(1)式可知 $DC=5$，则

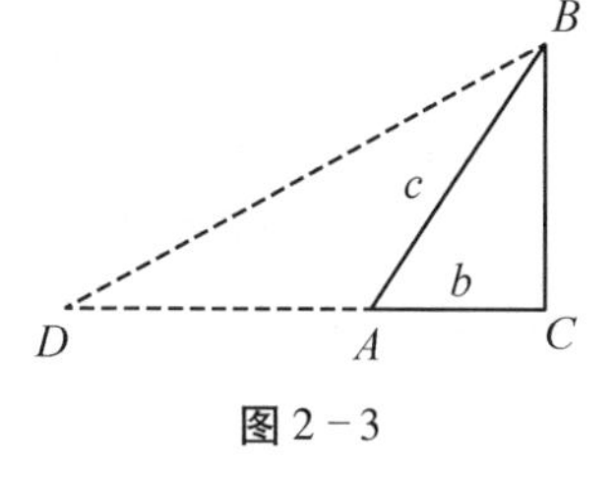

图 2－3

$BD=\sqrt{40}$，$AC=5-c$.

在 Rt△ABC 中，$\cos\angle BAC=\dfrac{5-c}{c}$，

在△BAD 中，$\cos\angle BAD=\dfrac{c^2-20}{c^2}$，

又有 $\cos\angle BAC=-\cos\angle BAD$.

$\therefore \dfrac{5-c}{c}=-\dfrac{c^2-20}{c^2}$.

解之得 $c=4$，则 $b=1$，由 $\sqrt{x+1}=4$ 得 $x=15$，由 $\sqrt{y-2}=1$ 得 $y=3$.

经检验$\begin{cases}x=15\\y=3\end{cases}$是原方程组的解，

注：此方法仅当方程组中的未知数为正数时适用.

例 8　如图 2-4 所示，△ABC 和△ADE 是两个不全等的等腰直角三角形，现固定△ABC 而将△ADE 绕 A 点在平面上旋转，试证：不论△ADE 旋转到什么位置，线段 EC 上必存在一点 M，使△BMD 为等腰直角三角形.（1987 年全国数学竞赛第二试题）

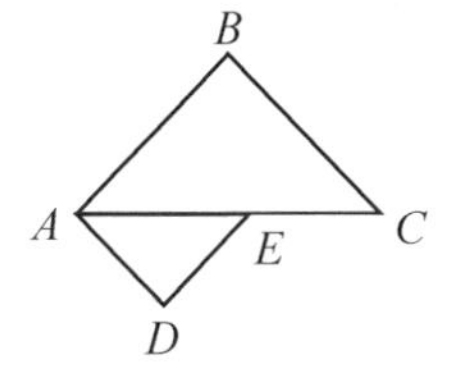

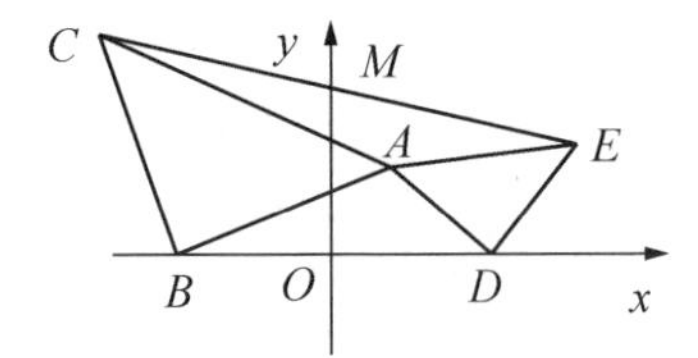

图 2-4

分析：本题若用纯几何方法解比较困难，形数类比，用复数证明.

证明：△ABC 与△ADE 不全等，∴ 无论△ADE 怎样绕 A 运动，BD，CE 必不重合. 若△ADE 旋转到图中位置，以 BD 所在直线为实轴，BD 的中垂线为虚轴建立复平面，设 $B(-a,0)$，$D(a,0)$，A 对应的复数为 z，则

$\overrightarrow{OE}=\overrightarrow{OD}+\overrightarrow{DA}(-i)=a+(z-a)(-i)=a-(z-a)i$.

$\overrightarrow{OC}=\overrightarrow{OB}+\overrightarrow{BA}i=-a+(z+a)i$.

CE 的中点 M 对应复数：$\dfrac{1}{2}(\overrightarrow{OC}+\overrightarrow{OE})=ai$.

$\therefore |OM|=|OB|=|OD|$.

即△BMD 为等腰直角三角形.

5. 对称类比法. 根据所给问题的两个对象的对称关系进行类比，从而

使问题得以解决的方法.

例9 在正$\triangle ABC$中求一点，使它到三顶点的距离之和最小.

解：如图2－5所示，设P为$\triangle ABC$内一点，使P在一条平行于BC的线段MN上移动，因为在底和高一定的三角形中，以等腰三角形周长最小，故当P变为MN的中点O时，$PB+PC$最小．这时PA恰为A到MN的距离也最小．可见当P在MN上移动时，O到三顶点距离之和最小的点必在中线AD上，由对称性，它也必在另外两条中线上，故知正$\triangle ABC$的中心即为所求的点.

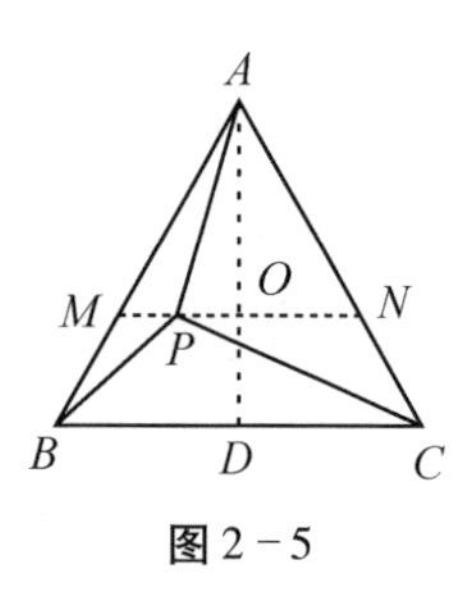

图2－5

例10 若$0\leqslant a, b, c\leqslant 1$，则$\frac{a}{b+c+1}+\frac{b}{c+a+1}+\frac{c}{a+b+1}+(1-a)(1-b)(1-c)\leqslant 1$(1980年美国竞赛题).

证明：所求证的不等式等价于

$$\frac{a}{b+c+1}+\frac{b}{c+a+1}+\frac{c}{a+b+1}-a-b-c+ab+bc+ca-abc\leqslant 0.$$

注意到对称性，将左端对称地分为三项

$$\frac{a}{b+c+1}-a+\frac{1}{2}a(b+c)-\frac{1}{3}abc,$$

$$\frac{b}{c+a+1}-b+\frac{1}{2}b(c+a)-\frac{1}{3}abc,$$

$$\frac{c}{a+b+1}-c+\frac{1}{2}c(a+b)-\frac{1}{3}abc.$$

由于这三项是对称的，只要证明其中之一非正即可.

而$\frac{a}{b+c+1}-a+\frac{1}{2}a(b+c)-\frac{1}{3}abc$

$$=\frac{a}{b+c+1}\left[-b-c+\frac{1}{2}(b+c)(b+c+1)-\frac{1}{3}bc(b+c+1)\right].$$

对于括号中的表达式，有

$$-b-c+\frac{1}{2}(b+c)(b+c+1)-\frac{1}{3}bc(b+c+1)$$

$$=\frac{1}{2}(-b-c+b^2+c^2)+\frac{1}{3}bc(2-b-c)$$

$$=\frac{1}{2}[b(b-1)+c(c-1)]+\frac{1}{3}bc(2-b-c)$$

$$\leqslant -\frac{1}{2}bc(2-b-c)+\frac{1}{3}bc(2-b-c)$$

$$=-\frac{1}{6}bc(2-b-c)\leqslant 0.$$

$$\therefore \frac{a}{b+c+1}-a+\frac{1}{2}a(b+c)-\frac{1}{3}abc\leqslant 0.$$

6. 正反类比法．解答原命题时，可类比与它互逆的命题，或其反面，从中找到解决问题的方法.

例 11　设$\triangle ABC$的外接圆半径为R，其垂心为H，如果$AH=R$，求证：$\angle BAC=60°$.

分析：它的逆命题为：设$\triangle ABC$的外接圆半径为R，其垂心为H，如果$\angle BAC=60°$，则$AH=R$，证法如下：

设外接圆圆心为0，$\angle BAC=60°$，则$\angle BOC=120°$，过O作$OD\perp BC$，则$\angle BOD=60°$，$\angle OBD=30°$，$\therefore OD=\frac{1}{2}R$，

但$OD=\frac{1}{2}AH$(三角形垂心到顶点的距离等于外心到对边距离的二倍)，故$AH=R$.

类似逆命题的证法，可得原命题的证法.

证明：如图 2－6 所示，过O作$OD\perp BC$，

由$OD=\frac{1}{2}AH$及$AH=R=OB$，得

$OD=\frac{1}{2}OB$. $\therefore \angle OBD=30°$，$\angle BOD=60°$.

故$\angle BAC=60°$.

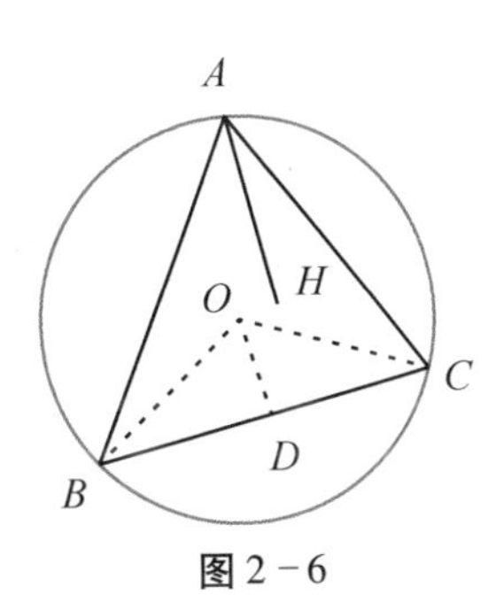

图 2－6

例 12　设三个方程

$x^2+4mx-4m+3=0$，

$x^2+(m-1)x+m^2=0$，

$x^2+2mx-2m=0$，

至少有一个方程有实根，试求m的范围.

分析：此题若从正面着手解决，情况比较复杂．注意到三个方程至少有一个方程有实根，我们从反面入手类比.

解：假定三个方程均无实根，则有

$$\begin{cases}\Delta_1 = 16m^2+16m-12<0\\ \Delta_2=(m-1)^2-4m^2<0\\ \Delta_3=4m^2+8m<0\end{cases}$$

解之，得 $-\frac{3}{2}<m<-1$.

故原三个方程至少有一个方程有实根，则 m 的范围是 $m\in\left(-\infty,-\frac{3}{2}\right]\cup[-1,+\infty)$.

7. 因果类比法．由两个对象在变化过程中具有相似原因推其相似结果；或由相似结果追溯相似原因，从而找到解决所给问题的方法.

例 13 已知：$e<a<b$，其中 e 是自然对数的底，证明：$a^b>b^a$（1983 年全国高考数学试题）

分析：该题与“求证：如果 $0<x_1<x_2<\frac{\pi}{2}$，那么 $\frac{\operatorname{tg}x_2}{\operatorname{tg}x_1}>\frac{x_2}{x_1}$”类似，而此题用分析法有：

$$\frac{\operatorname{tg}x_2}{\operatorname{tg}x_1}>\frac{x_2}{x_1}\Leftarrow\frac{\operatorname{tg}x_2}{x_2}>\frac{\operatorname{tg}x_1}{x_1},$$

引入辅助函数 $f(x)=\frac{\operatorname{tg}x}{x}\left(0<x<\frac{\pi}{2}\right)$.

$$\because f'(x)=\left(\frac{\operatorname{tg}x}{x}\right)'=\frac{(\operatorname{tg}x)'\cdot x-\operatorname{tg}x}{x^2}=\frac{x\sec^2x-\operatorname{tg}x}{x^2}=\frac{x-\frac{1}{2}\sin2x}{x^2\cos^2x}$$

又$\because 0<x<\frac{\pi}{2}$，有 $\sin x<x$，$\therefore \frac{1}{2}\sin2x<x$，

$\therefore f'(x)>0$，即 $f(x)=\frac{\operatorname{tg}x}{x}$ 在 $\left(0,\frac{\pi}{2}\right)$上是递增的.

而 $0<x_1<x_2<\frac{\pi}{2}$.

$\therefore \frac{\operatorname{tg}x_2}{x_2}>\frac{\operatorname{tg}x_1}{x_1}$，即$\frac{\operatorname{tg}x_2}{\operatorname{tg}x_1}>\frac{x_2}{x_1}$.

类似地，可得这一题的证法.

证明：$\because a^b>b^a\Leftarrow b\ln a>a\ln b\Leftarrow\frac{\ln a}{a}>\frac{\ln b}{b}$.

引入辅助函数 $g(x)=\frac{\ln x}{x}(e<x<+\infty)$.

$\because g'(x)=\left(\dfrac{\ln x}{x}\right)'=\dfrac{(\ln x)'\cdot x-\ln x}{x^2}=\dfrac{1-\ln x}{x^2}.$

$\because e<x<+\infty$，$\therefore \ln x>1$，$\therefore 1-\ln x<0.$

即 $g'(x)<0$，也就是说，函数 $g(x)=\dfrac{\ln x}{x}$在区间$(e,\ +\infty)$上是减函数.

而 $e<a<b$，$\therefore \dfrac{\ln a}{a}>\dfrac{\ln b}{b}.$

即 $a^b>b^a$.

8. 解题技巧类比法．由所给问题涉及的定理或公式应用中的技巧进行类比，从而找到解决所给问题的方法．例如，学过幂的运算公式$(a^m)^n=a^{mn}$和$(ab)^n=a^nb^n$ 后，计算 $8^{10}\cdot 9^{15}\div 6^{30}$.

解： $8^{10}\cdot 9^{13}\div 6^{30}=2^{30}\cdot 3^{30}\div 6^{30}=(2\times 3)^{30}\div 6^{30}=1.$

可用这种技巧解答如下两题.

例 14　解方程：$\left(\dfrac{2}{3}\right)^x\cdot\left(\dfrac{9}{8}\right)^x=\dfrac{27}{64}.$

解： 由$\left(\dfrac{2}{3}\right)^x\cdot\left(\dfrac{9}{8}\right)^x=\dfrac{27}{64}$可变为

$$\left(\frac{2}{3}\times\frac{9}{8}\right)^x=\frac{27}{64}\text{ 即}\left(\frac{3}{4}\right)^x=\left(\frac{3}{4}\right)^3$$

$\therefore x=3.$

例 15　解方程：$2^{3\text{tg}x}\cdot 5^{\text{tg}x}=1600.$

解： 原方程可变为$(2^3)^{\text{tg}x}\cdot 5^{\text{tg}x}=1600.$

即$(2^3\times 5)^{\text{tg}x}=40^2$，亦即 $40^{\text{tg}x}=40^2.$

$\therefore \text{tg}x=2$，故 $x=\text{arctg}2.$

三、应用类比法要注意的问题

类比是某种类型的相似性，因此，在应用时要注意如下两个问题：

1. 应用类比法得到的命题只具有相似性，是否正确需验证．例如，平面几何中有“圆的内接矩形以正方形的面积最大”，运用类比推理在立体几何中就有“球的内接长方体中以正方体的体积为最大”．这一命题可以证明是正确的.

但是，若在圆的内接正方形中，以垂直正方一边的直径为轴旋转一周得到球的等边圆柱，而由此运用类比推理推出如下三个命题：

命题一：球的内接圆柱中等边圆柱的侧面积有最大值；

命题二：球的内接圆柱中等边圆柱的全面积有最大值；

命题三：球的内接圆柱中等边圆柱的体积有最大值.

这三个命题就不一定都正确.

例 16 求半径为 R 的球内接圆柱的侧面积的最大值.

略解：如图 2-7 所示，为球的内接圆柱的轴截面图. EF 为圆柱的高 h，BE 为圆柱的底面半径 r，BO 为球的半径 R，设 $\angle BOE=\theta$，则

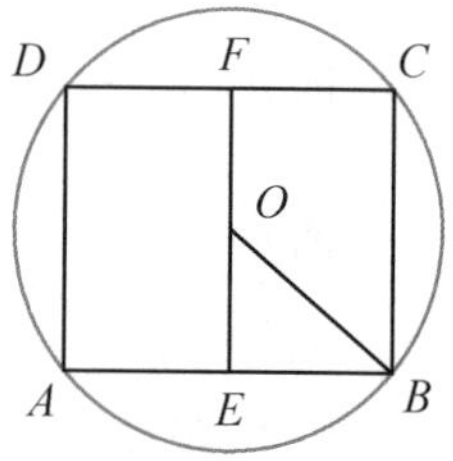

$$r=R\sin\theta,\ \frac{h}{2}=R\cos\theta,\ h=2R\cos\theta.$$

$$\therefore S_{侧}=2\pi rh=2\pi R\sin\theta\cdot 2R\cos\theta$$

$$=2\pi R^2\sin2\theta.$$

图 2-7

当 $\sin2\theta=1$，$2\theta=90°$，$\theta=45°$时 $S_{侧}$ 有最大值.

$$(S_{侧})_{max}=2\pi R^2.$$

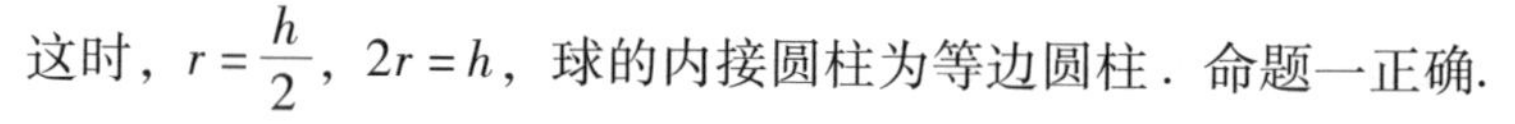

这时，$r=\frac{h}{2}$，$2r=h$，球的内接圆柱为等边圆柱. 命题一正确.

例 17 求半径为 R 的球内接圆柱的全面积的最大值.

略解：如图 2-7 所示

$$\begin{aligned}S_{全}&=2\pi r^2+2\pi rh\\&=2\pi R^2\sin^2\theta+2\pi R^2\sin2\theta\\&=2\pi R^2\left(\sin 2\theta+\frac{1-\cos2\theta}{2}\right)\\&=\pi R^2(1+2\sin2\theta-\cos2\theta)\\&=\pi R^2\left[1+\sqrt{5}\left(\sin2\theta\cdot\frac{2}{\sqrt{5}}-\cos2\theta\cdot\frac{1}{\sqrt{5}}\right)\right]\\&=\pi R^2[1+\sqrt{5}\sin(2\theta-\varphi)]\left(\varphi=\mathrm{arctg}\,\frac{1}{2}\right).\end{aligned}$$

当 $2\theta-\varphi=90°$时，$S_{全}$ 有最大值.

$(S_{全})_{\max}=(1+\sqrt{5})\pi R^2$. 显然，这时球的内接圆柱不是等边圆柱. 因而命题二不正确.

同样，可以证明命题三也不正确.

2. 波利亚说：一般说来，适合同样一套基本规律（公理）的对象，可以看作彼此类似，这种类比的意义是完全明确的.（《数学与猜想》第一卷 P. 28）所以，我们在应用类比法解答所给问题时，一定要考察两个类比的对象是否适合同一规律，否则，就要犯错误.

类比解题失误列举：

（1）忽视公式、法则成立的条件.

例 18　设 z_1，$z_2 \in C$，且 $2z_1^2 - 2z_1z_2 + z_2^2 = 0$，判断以 0，$z_1$，$z_2$ 为顶点的三角形的形状.

误解：由已知得 $(z_1 - z_2)^2 + z_1^2 = 0$

$\therefore z_1 = z_2 = 0$，于是 0，z_1，z_2 三点重合，不构成三角形.

剖析：本题是类比"非负数之和为 0，则这些数为 0"，这里的数是指实数而非复数，不能类比．正确结果是这个三角形是等腰直角三角形.

例 19　设 $z = -\dfrac{1}{2} - \dfrac{\sqrt{3}}{2}i$，求 z^5.

误解：$z^5 = (z^3)^{\frac{5}{3}} = 1^{\frac{5}{3}} = 1$.

剖析：这是类比"实数指数律"，犯与上题同样的错误．正确结果是 $z^5 = -\dfrac{1}{2} + \dfrac{\sqrt{3}}{2}i$.

(2) 概念不清、生搬硬套.

例 20　一动点到直线 $y = 2$ 的距离是它到点 (0，4) 的距离的一半，求动点的轨迹方程.

误解：∵ 所求轨迹是双曲线，焦点为 (0，4)，离心率 $e = 2$，准线为 $y = 2$，即 $\dfrac{a^2}{c} = 2$，

$\therefore a^2 = 2c = 8$，$b^2 = 8$.

故轨迹方程为 $\dfrac{y^2}{8} - \dfrac{x^2}{8} = 1$.

剖析：这是类比"双曲线的标准方程"．显然是曲解了双曲线的定义．正确的轨迹方程是

$$\frac{\left(y - \frac{4}{3}\right)^2}{\frac{16}{9}} - \frac{x^2}{\frac{16}{3}} = 1.$$

§2－2　类比法在初等数学中的应用

一、通过类比，加深对某些概念、公式或定理的理解和记忆

例 1　把等差数列与等比数列的通项公式进行类比

$a_n = a_1 \quad + \quad d(n-1)$

↕　↕　↕　↕　↕

$a_n = a_1 \quad \times \quad q^{\,n-1}$

组成这两个公式的字母(除 d 与 q 外)是一样的，而公式右边的运算，前者表示第一项加上 $(n-1)$ 个 d，是加法；而后者是表示第一项乘以 $(n-1)$ 个 q，是乘法，显然后者的运算更高一级. 通过类比，明确了这两个公式的异同，加深了记忆，更增强了一种美的享受.

例 2　初中学生由于受 π，$\sqrt{2}$，$\sqrt{3}$ 等无理数表面特征的影响，会错误认为：无理数就是无规律的数. 若从正面反复强调无理数的概念，其消除误解的效果仍不明显，而巧妙地运用正面与反面的类比，举一反例：0.2 1 2 1 1 2 1 1 1 2 … 是无理数吗？则能迅速澄清模糊概念，进而揭示无理数的本质是“无限不循环小数”.

二、通过类比，构造新的命题

例 3　初中平面几何有等比性质：

$$\frac{a}{b}=\frac{c}{d}=\cdots=\frac{m}{n}(b+d+\cdots+n\neq 0)\Rightarrow\frac{a+c+\cdots+m}{b+d+\cdots+n}=\frac{a}{b}.$$

把相等与不等关系类比可得高中代数的一个问题：

已知 $\frac{a_1}{b_1}<\frac{a_2}{b_2}<\cdots<\frac{a_n}{b_n}$，并且所有的字母都表示正数，求证：$\frac{a_1}{b_1}<\frac{a_1+a_2+\cdots+a_n}{b_1+b_2+\cdots+b_n}<\frac{a_n}{b_n}$.

两个题的证法也类似.

例 4　由 $1+2+3+\cdots+n=\frac{1}{2}n(n+1)$　(1)

$$1\cdot 2+2\cdot 3+3\cdot 4+\cdots+n(n+1)=\frac{1}{3}n(n+1)(n+2) \quad (2)$$

$$1\cdot 2\cdot 3+2\cdot 3\cdot 4+3\cdot 4\cdot 5+\cdots+n(n+1)(n+2)=\frac{1}{4}n(n+1)(n+2)(n+3) \quad (3)$$

类比归纳可得：对于任意的自然数 m，n

$$1\cdot 2\cdot 3\cdot\cdots\cdot m+2\cdot 3\cdot 4\cdot\cdots\cdot(m+1)+\cdots+n(n+1)(n+2)\cdots(n+m-1)$$

$$=\frac{n(n+1)\cdots(n+m)}{m+1}=\frac{(n+m)!}{(m+1)(n-1)!} \quad (4)$$

再与排列式类比，(4)式的排列表达式为：

$$P_m^m+P_{m+1}^m+\cdots+P_{n+m-1}^m=\frac{1}{m+1}P_{n+m}^{m+1} \quad (5)$$

而与(5)式等价的组合式为：

$$C_m^m + C_{m+1}^m + \cdots + C_{n+m-1}^m = C_{n+m}^{m+1} \tag{6}$$

例 5　由△ABC 一边上的中线 AD 把△ABC 分成面积相等的三角形可类比推出平面 SAD 把三棱锥 $S-ABC$ 分成两个体积相等的三棱锥．如图 2－8 所示.

由直角三角形斜边的平方等于两条直角边的平方和可类比推出在三维空间中斜三角形面积的平方等于其余三个直角三角形面积的平方和，如图2－9 所示.

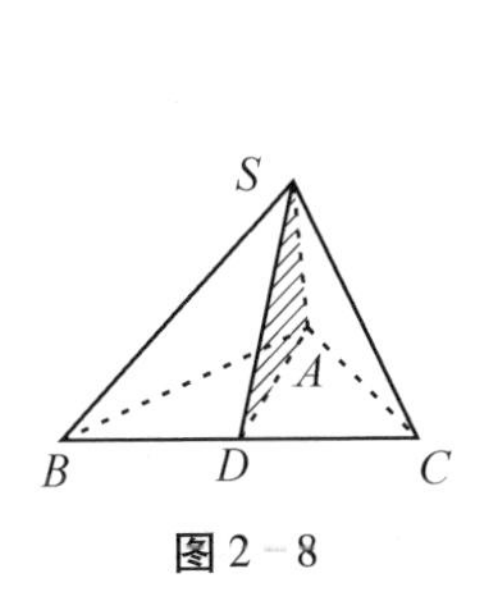

图 2－8

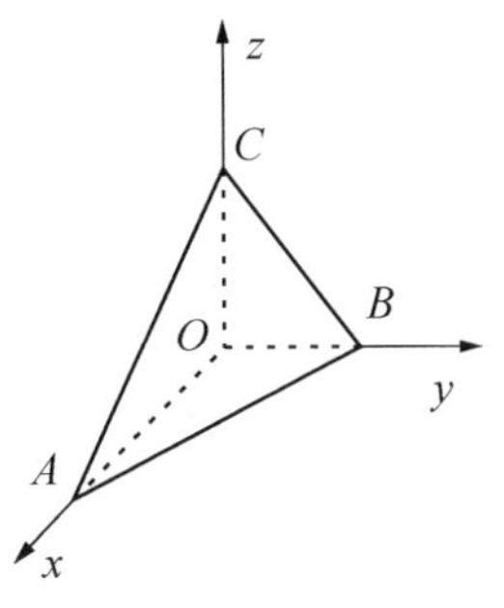

图 2－9

$S_{\triangle ABC}^2 = S_{\triangle AOB}^2 + S_{\triangle BOC}^2 + S_{\triangle COA}^2$

例 6　(1)在三棱锥 $V-ABC$ 中，若 $VA=VB=VC$，则 V 在平面 ABC 内的射影是△ABC 的外心.

(2)在三棱锥 $S-ABC$ 中(图 2－10)，若三侧棱两两互相垂直，则顶点 S 在底面△ABC 的垂足 H 为△ABC 的垂心.

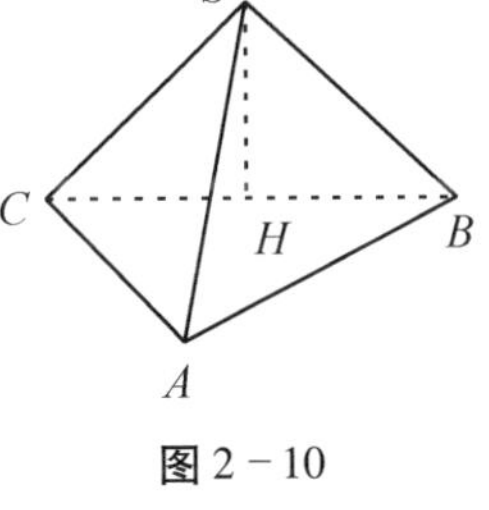

图 2－10

(3)接上题，设侧面与底面所成的二面角分别记为 α，β，ν，则 $\cos^2\alpha + \cos^2\beta + \cos^2\nu = 1$.

(1)、(2)、(3)是平面几何中“三角形的外心、垂心”定理与直角三角形中 $\cos^2 A + \cos^2 B = 1$ 在立体几何中的推广.

(4)如图 2－11 所示，若四面体 $S-ABC$ 中平面 SAD 为二面角 $B-SA-C$ 的平分面，交 BC 于 D，则 $\dfrac{BD}{DC} = \dfrac{S_{\triangle SAB}}{S_{\triangle SAC}}$.

(5)接上题，设在以 S 为顶点的三面角 $\angle ASB = \angle ASC$，求证：$\angle BSD = \angle CSD$ 且平面 $ASD \perp$ 平面 BSC.

图 2－11

(4)、(5)是平面几何中“三角形内角平分线”定理和“等腰三角形顶角的平分线必平分底边且垂直底边”定理类比得来.

(6)如图2－12所示，有一正棱锥高为h，以平行于它的底面的平面去截它，以其截面为底作棱锥的内接棱柱. 已知此棱柱有最大的体积，求这内接棱柱的高.

(7)如图2－13所示，在已知直线MN上求一点P，使它到空间在任意两点A，B的距离之和$PA+PB$为最小.

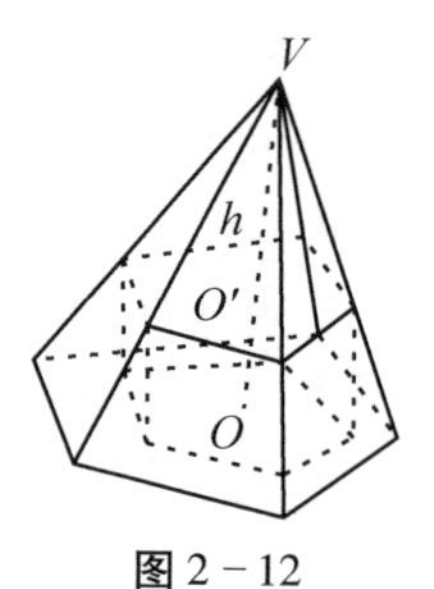

图2－12

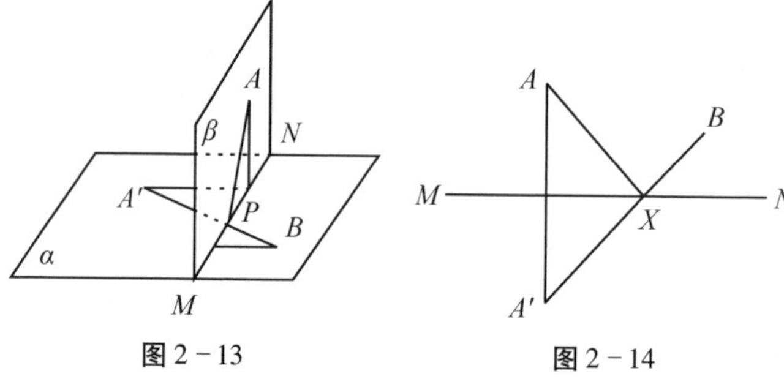

图2－13　　图2－14

(6)、(7)题是由下面问题类比得来的. (1)求三角形中有最大面积的内接矩形；(2)在已知直线MN上求一点X，使它到直线同旁的两定点A，B的距离之和最小(图2－14).

例7　在初等数学中有“求$\sin20°\sin40°\sin60°\sin80°$的值”一题，观察$20°$，$40°$，$60°$，$80°$诸角，其中每一个角的三倍都是特殊角. 试从三倍角的公式入手，有：

$$\begin{aligned}\sin3\theta &= 3\sin\theta - 4\sin^3\theta = 4\sin\theta\left(\frac{3}{4} - \sin^2\theta\right) = 4\sin\theta(\sin^2 60° - \sin^2\theta)\\ &= 4\sin\theta(\sin60° + \sin\theta)(\sin60° - \sin\theta)\\ &= 16\sin\theta\sin\frac{60° + \theta}{2}\cos\frac{60° - \theta}{2}\sin\frac{60° - \theta}{2}\cos\frac{60° + \theta}{2}\\ &= 4\sin\theta\sin(60° - \theta)\sin(60° + \theta).\end{aligned}$$

令$\theta = 20°$得$\sin20°\sin40°\sin80° = \frac{1}{4}\sin60°$.

$$\therefore \sin20°\sin40°\sin60°\sin80° = \frac{1}{4}\sin^2 60° = \frac{1}{4} \times \frac{3}{4} = \frac{3}{16}.$$

利用公式$\sin\theta\sin(60° - \theta)\sin(60° + \theta) = \frac{1}{4}\sin3\theta$进行类比.

令　$\theta=6°$，则 $\sin6°\sin54°\sin66°=\frac{1}{4}\sin18°$　　(1)

令　$\theta=18°$，则 $\sin18°\sin42°\sin78°=\frac{1}{4}\sin54°$　　(2)

(1)×(2)得　$\sin6°\sin42°\sin66°\sin78°=\frac{1}{16}$

于是得到一个新命题："求 $\sin6°\sin42°\sin66°\sin78°$的值"或"求 $\sin6°\cdot\cos12°\cos24°\sin42°$的值"等等.

令　$\theta=5°$，有 $\sin5°\sin55°\sin65°=\frac{1}{4}\sin15°$　　(3)

令　$\theta=25°$，则 $\sin25°\sin35°\sin85°=\frac{1}{4}\sin75°=\frac{1}{4}\cos15°$　　(4)

(3)×(4)得 $\sin5°\sin25°\sin35°\sin55°\sin65°\sin85°=\frac{1}{16}\sin15°\cos15°$

$=\frac{1}{32}\sin30°=\frac{1}{64}$.

又可得一个新的命题：求 $\sin5°\sin25°\sin35°\sin55°\sin65°\sin85°$的值.

再类比，由

$\sin4\theta=2\sin2\theta\cos2\theta=2\sin2\theta(1-2\sin^2\theta)=4\sin2\theta\left(\frac{1}{2}-\sin^2\theta\right)$

$=4\sin2\theta(\sin^2 45°-\sin^2\theta)=4\sin2\theta\sin(45°-\theta)\sin(45°+\theta)$.

$\therefore\ \sin2\theta\sin(45°-\theta)\sin(45°+\theta)=\frac{1}{4}\sin4\theta$.

令　$\theta=5°$有 $\sin10°\sin50°\sin40°=\frac{1}{4}\sin20°$　　(5)

令　$\theta=10°$有 $\sin20°\sin55°\sin35°=\frac{1}{4}\sin40°$　　(6)

(5)×(6)得 $\sin10°\sin35°\sin50°\sin55°=\frac{1}{16}$

可得一新命题：求 $\sin10°\sin35°\sin50°\sin55°$的值.

注：继续类比，可推出公式：

$\cos\theta\cos(60°-\theta)\cos(60°+\theta)=\frac{1}{4}\cos3\theta$.

$\mathrm{tg}\theta\,\mathrm{tg}(60°-\theta)\,\mathrm{tg}(60°+\theta)=\mathrm{tg}3\theta$.

又可得到更多新命题.

三、通过类比，探索新问题的结论

例 8　设 a_1，a_2，…，a_n，…$(n\in N^*)$，称：

$a_1+\cfrac{1}{a_2+\cfrac{1}{a_3+\cfrac{1}{a_4+\cdots}}}$是无穷连分式，例如：

$$\sqrt{2}=1+(\sqrt{2}-1)=1+\frac{1}{\sqrt{2}+1}=1+\frac{1}{2+(\sqrt{2}-1)}=1+\cfrac{1}{2+\cfrac{1}{2+\cfrac{1}{2+\cdots}}},$$

其中$\begin{cases}a_1=1(n=1)\\ a_n=2(n\geqslant 2)\end{cases}$，请你与上式类似地将$\sqrt{3}$也写成无穷连分式，并写出$a_n$(陕西部分重点中学 1994 年高三联考试题).

解：利用类比可得

$$\sqrt{3}=1+(\sqrt{3}-1)=1+\cfrac{1}{\cfrac{1}{\sqrt{3}-1}}=1+\cfrac{1}{\cfrac{\sqrt{3}+1}{2}}=1+\cfrac{1}{1+\cfrac{\sqrt{3}-1}{2}}=1+\cfrac{1}{1+\cfrac{1}{\cfrac{2}{\sqrt{3}-1}}}$$

$$=1+\cfrac{1}{1+\cfrac{1}{\sqrt{3}+1}}=1+\cfrac{1}{1+\cfrac{1}{2+(\sqrt{3}-1)}}=1+\cfrac{1}{1+\cfrac{1}{2+\cfrac{1}{1+\cfrac{1}{2+\cdots}}}}$$

$$\therefore \begin{cases}a_1=a_{2n}=1\\ a_{2n+1}=2\end{cases}\quad (n\in N^*).$$

例 9　把等比数列的定义式$\frac{a_2}{a_1}=\frac{a_3}{a_2}=\frac{a_4}{a_3}=\cdots=\frac{a_n}{a_{n-1}}=q$与等比定理$\left[若\frac{a}{b}=\frac{c}{d}=\cdots=\frac{m}{n}(b+d+\cdots+n\neq 0)则\frac{a+c+\cdots+m}{b+d+\cdots+n}=\frac{a}{b}\right]$类比，可得等比数列前 n 项和的一种新的推导方法：

$\because \frac{a_2}{a_1}=\frac{a_3}{a_2}=\cdots=\frac{a_n}{a_{n-1}}=q$，由等比定理可得

$\frac{a_2+a_3+\cdots+a_n}{a_1+a_2+\cdots+a_{n-1}}=q$，即$\frac{s_n-a_1}{s_n-a_n}=q$.

而 $q\neq 1$，$\therefore s_n=\frac{a_1-a_nq}{1-q}$.

例 10　圆面积公式 $s=\pi R^2$，我们很熟悉，但单从圆面积公式的原形式很难类比得出球体积公式，如把 $s=\pi R^2$ 改成 $s=\frac{1}{2}(2\pi R)R$，即圆的面积等于以周长为底边，以半径为高的三角形面积，从三角形与棱锥的构成方式上进行类比：三角形可看成线外一点与线段上各点用线段相连所成的图形；棱锥则可看成多边形(所在平面)外一点与多边形上各点用线段相连所生成的几何体．至此可做出类比猜想：球的体积等于球面积为底，以球半径为高的棱锥的体积.

即 $V=\frac{1}{3}(4\pi R^2)\cdot R=\frac{4}{3}\pi R^3$.

例 11　有 n 个球面($n\in N^*$，$n\geqslant 2$)，每两个都相交，交点个数大于 1，而任何三个不过同一点，试问：这 n 个球面把空间分成多少部分？

分析：把球与圆相类比，依次思考下列问题：

(1)圆上 $2k$ 个点($k\in N^*$)，把圆周分成多少段弧？答：把所分段数记为 $A(2k)$，则 $A(2k)=2k$.

(2)平面 M 内有 n 个圆，其中每两个圆都相交于两点，而每三个都不相交于同一点，试问：这 n 个圆把平面 M 分成多少部分？

答：把所分部分数记为 $B(n)$，再考虑 $B(k+1)$ 与 $B(k)$ 的关系．因为第 $k+1$ 个圆与前 k 个圆的交点有 $2k$ 个，此圆被分为 $2k$ 段弧，每一小段弧把所在区域一分为二，所以，$B(k+1)=B(k)+2k$

利用这个等式，依次令 $k=(n-1)$，$(n-2)$，…，3，2，1，然后全部相加，再移项，化简，并利用 $B(1)=2$，可得 $B(n)=n^2-n+2$.

(3)球面上有 n 个圆($n\in N^*$，$n\geqslant 2$)每两个都相交于两点，而每三个都不相交于同一点．试问：这 n 个圆把球面分成多少部分？

答：与前问类似，可知 $B(n)=n^2-n+2$.

(4)回答原问：

这 n 个球面把空间分成的部分数记为 $C(n)$．因为第$(k+1)$个球面与 k 个球面交于 k 个圆，显然，这 k 个圆与第$(k+1)$个球面每两个都交于两点，而每三个不过同一点，所以，这样第$(k+1)$个球面被分成 $B(k)=k^2-k+2$ 个小块．这些小块把所在的空间区域(被 k 个球面分割成的)逐个一分为二，所以，$C(k+1)=C(k)+k^2-k+2$，利用这个等式，依次令 $k=(n-1)$，$(n-2)$，…，3，2，1，然后全部相加，再移项，化简，并利用 $C(1)=2$，可以求得：

$$C(n)=\frac{n(n^2-3n+8)}{3}.$$

四、通过类比，找到解决问题的方法

1. 代数三角问题.

例 12 已知 $a_1^2+a_2^2+\cdots+a_n^2=p^2$，$x_1^2+x_2^2+\cdots+x_n^2=q^2$，求 $a_1x_1+a_2x_2+\cdots+a_nx_n$ 的最大值.

分析：若把两个等式的右边都变成 1，已知条件就与“已知 $a_1^2+a_2^2+\cdots+a_n^2=1$，$x_1^2+x_2^2+\cdots+x_n^2=1$，求证：$a_1x_1+a_2x_2+\cdots+a_n\leqslant1$”相类似. 这个题的证明如下：

证明：$\because a_1x_1\leqslant\dfrac{a_1^2+x_1^2}{2}$，$a_2x_2\leqslant\dfrac{a_2^2+x_2^2}{2}$，…，$a_nx_n\leqslant\dfrac{a_n^2+x_n^2}{2}$，以上各不等式相加，得

$a_1x_1+a_2x_2+\cdots+a_nx_n\leqslant1.$

因此，可以用解这个题的方法解答上题.

解：不妨设 $p>0$，$q>0$，已知条件可化为：

$\left(\dfrac{a_1}{p}\right)^2+\left(\dfrac{a_2}{p}\right)^2+\cdots+\left(\dfrac{a_n}{p}\right)^2=1.$

$\left(\dfrac{x_1}{q}\right)^2+\left(\dfrac{x_2}{q}\right)^2+\cdots+\left(\dfrac{x_n}{q}\right)^2=1.$

则有

$\dfrac{a_1}{p}\cdot\dfrac{x_1}{q}\leqslant\dfrac{1}{2}\left[\left(\dfrac{a_1}{p}\right)^2+\left(\dfrac{x_1}{q}\right)^2\right]$，$\dfrac{a_2}{p}\cdot\dfrac{x_2}{q}\leqslant\dfrac{1}{2}\left[\left(\dfrac{a_2}{p}\right)^2+\left(\dfrac{x_2}{q}\right)^2\right]$，…，$\dfrac{a_n}{p}\cdot\dfrac{x_n}{q}\leqslant\dfrac{1}{2}\left(\dfrac{a_n}{p}\right)^2+\left(\dfrac{a_n}{q}\right)^2.$

以上不等式相加，得

$$\frac{a_1}{p}\cdot\frac{x_1}{q}+\frac{a_2}{p}\cdot\frac{x_2}{q}+\cdots+\frac{a_n}{p}\cdot\frac{x_n}{q}\leqslant1,$$

$\therefore a_1x_n+a_2x_2+\cdots+a_nx_n\leqslant p\cdot q$. 当且仅当 $\dfrac{a_1}{p}=\dfrac{x_1}{q}$，$\dfrac{a_2}{p}=\dfrac{x_2}{q}$，…，$\dfrac{a_n}{p}=\dfrac{x_n}{q}$ 时，等号成立.

故 $a_1x_1+a_2x_2+\cdots+a_nx_n$ 的最大值为 pq.

注：写分析这一步是为了说明类比的思路，在实际解题过程中则不必写出这一步.

例 13 已知 a，b，c 为实数，证明：a，b，c 为正数的充要条件为：

$$\begin{cases} a+b+c>0 \\ ab+bc+ca>0 \\ abc>0 \end{cases}$$（1985年高考试题附加题）

分析： 此题命题的必要性是明显的，但充分性的证明略费周折．已知条件 $a+b+c$，$ab+bc+ca$，abc 恰好是 a，b，c 的一次、二次、三次轮换对称式，将它与一元三次方程根与系数的关系类比，可得充分性的证法．

证明：（充分性），令 $a+b+c=p$，$ab+bc+ca=q$，$abc=r$，则 a，b，c 为 $f(x)=x^3-px^2+qx-r=0$ 的三个根．

用反证法证明．

假设 a，b，c 不全大于0，不失一般性，若 $x=a<0$ 则

$\because p$，q，$r>0$，$\therefore f(a)<0$

若 $x=a=0$，则 $f(a)=-r<0$，这与 a 是方程 $f(x)=0$ 的根矛盾．

$\therefore f(x)=0$ 的三个根必都是正数．

即 $a>0$，$b>0$，$c>0$．

例14　求证：$(C_n^0-C_n^2+C_n^4-C_n^6+\cdots)^2+(C_n^1-C_n^3+C_n^5-C_n^7+\cdots)^2=2^n$．

分析： 在求证：

$$C_n^0-C_n^2+C_n^4-C_n^6+\cdots=2^{\frac{n}{2}}\cos\frac{n\pi}{4} \qquad (1)$$

$$C_n^1-C_n^3+C_n^5-C_n^7+\cdots=2^{\frac{n}{2}}\sin\frac{n\pi}{4} \qquad (2)$$

这两道题中，我们利用了公式 $(a+b)^n=\sum_{r=0}^{n}c_n^r a^{n-r}b^r$，令 $a=1$，$b=i$ 代入其中得

$$(1+i)^n=(C_n^0-C_n^2+C_n^4-C_n^6+\cdots)+i(C_n^1-C_n^3+C_n^5-C_n^7+\cdots).$$

而

$$(1+i)^n=\left[\sqrt{2}\left(\cos\frac{\pi}{4}+i\sin\frac{\pi}{4}\right)\right]^n=2^{\frac{n}{2}}\left(\cos\frac{n\pi}{4}+i\sin\frac{n\pi}{4}\right).$$

根据复数相等的条件便得到上述两式的证明．

类比，我们可得到如下证明：

证明： 设 $x+yi(x, y\in R)$ 的三角形式为 $r(\cos\theta+i\sin\theta)$，

由 $(x+yi)^n=[r(\cos\theta+i\sin\theta)]^n$ 可得

$$C_n^0x^n-C_n^2x^{n-2}y^2+C_n^4x^{n-4}y^4-C_n^6x^{n-6}y^6+\cdots=r^n\cos n\theta \qquad (3)$$

$$C_n^1x^{n-1}-C_n^3x^{n-3}y^3+C_n^5x^{n-5}y^5-C_n^7x^{n-7}y^7+\cdots=r^n\sin n\theta \qquad (4)$$

在(3)、(4)中令 $x=y=1$，得

$$C_n^0 - C_n^2 + C_n^4 - C_n^6 + \cdots = (\sqrt{2})^n \cos\frac{n\pi}{4} \qquad (5)$$

$$C_n^1 - C_n^3 + C_n^4 - C_n^7 + \cdots = (\sqrt{2})^n \sin\frac{n\pi}{4} \qquad (6)$$

$(5)^2 + (6)^2$得

$$(C_n^0 - C_n^2 + C_n^4 - C_n^6 + \cdots)^2 + (C_n^1 - C_n^3 + C_n^5 - C_n^7 + \cdots)^2 = 2^n.$$

类似地，用这种方法还可解如下题：

设 $n = 1990$，计算$\frac{1}{2^n}(1 - 3C_n^2 + 3^2C_n^4 - 3^3C_n^6 + \cdots + 3^{994}C_n^{1998} - 3^{995}C_n^{1990})$的值.

解：在公式(3)中，令 $x = 1$，$y = \sqrt{3}$得

$$\frac{1}{2^n}(1 - 3C_n^2 + 3^2C_n^4 - 3^3C_n^6 + \cdots + 3^{994}C_n^{1998} - 3^{995}C_n^{1990}) = \frac{1}{2^n}\left(2^n\cos\frac{n\pi}{3}\right)$$

$$= \cos\frac{1990\pi}{3} = -\frac{1}{2}.$$

例 15　设 a，b，x，y 皆为正数，且 $x^2 + y^2 = 1$，试证：$\sqrt{a^2x^2 + b^2y^2} + \sqrt{a^2y^2 + b^2x^2} \geqslant a + b$.

分析 1：不等式左边的每个被开方式可与勾股定理类比，因此，可构造图 2 - 15，由 $OB + OD \geqslant BD$ 来证.

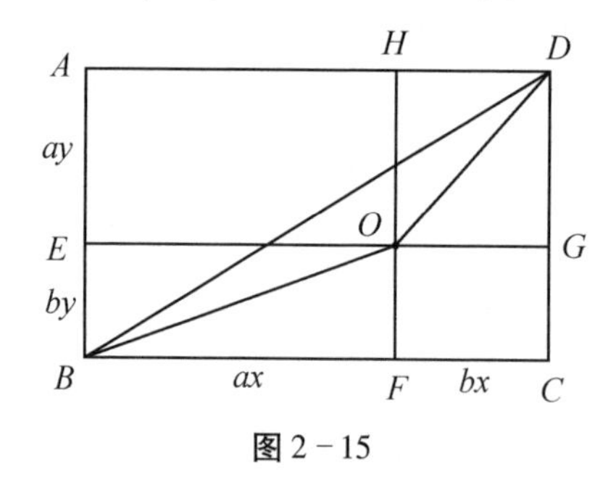

图 2 - 15

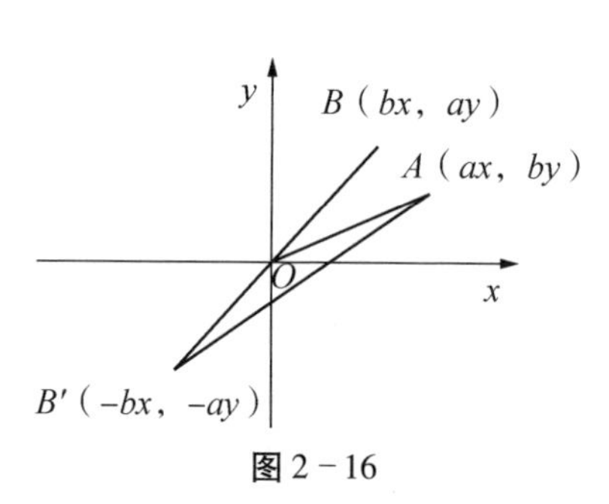

图 2 - 16

分析 2：不等式左边的每个根式也可与平面上任一点到原点的距离公式类比，设点 $A(ax, by)$、$B(bx, ay)$，如图 2 - 16 所示，考虑到点 B 关于点 O 的对称点 $B'(-bx, -ay)$，由 $|OA| + |OB'| \geqslant |AB'|$也可证.

分析 3：不等式左边也可与两个复数的模类比，故可用复数来证.

证明：设 $z_1 = ax + byi$，$z_2 = bx + ayi$，则

$$\sqrt{a^2x^2 + b^2y^2} + \sqrt{a^2y^2 + b^2x^2} = |z_1| + |z_2| \geqslant |z_1 + z_2|$$

$$= |(a + b)x + (a + b)yi|$$

$=(a+b)\cdot\sqrt{x^2+y^2}$

$=a+b.$

例 16　已知 a，b，c 为三个互不相等的实数，且 $c(x-y)+a(y-z)+b(z-x)=0$，求证：$\dfrac{x-y}{a-b}=\dfrac{y-z}{b-c}=\dfrac{z-x}{c-a}.$

分析：待证连等式其形态可与斜率公式类比，因此，可用解析几何的方法解答.

证明：由条件可知

$$\begin{vmatrix} a & x & 1 \\ b & y & 1 \\ c & z & 1 \end{vmatrix}=0$$

$\therefore A(a,\ x)$、$B(b,\ y)$、$c(c,\ z)$三点共线，

故 $k_{BA}=k_{CB}=k_{AC}$.

即$\dfrac{x-y}{a-b}=\dfrac{y-z}{b-c}=\dfrac{z-x}{c-a}.$

例 17　已知 $3x+4z=12$，试求 $x\cdot z$ 的最大值.

分析：问题在于求 $x\cdot z$ 的最大值，故 x，z 必同号，又 $3x+4z=12$，故 x，z 必为正数，设 $m=3x$，$n=4z$，$x\cdot z=\dfrac{mn}{12}$，则问题转化为求 mn 的最大值，可用数形类比来解.

略解：作半径为6的圆 O 及直径 AB，在 AB 上任找异于 A，B 的一点 C，过 C 作弦 $DE\perp AB$，如图 2－17 所示，

设 $AC=m$，$BC=n$，则有 $mn=CD^2$，

要 $m\cdot n$ 最大，只要 CD 最大，显然，CD 的最大值等于圆 O 的半径 6.

$\therefore mn$ 的最大值为 36.

故 $x\cdot z$ 的最大值为 3.

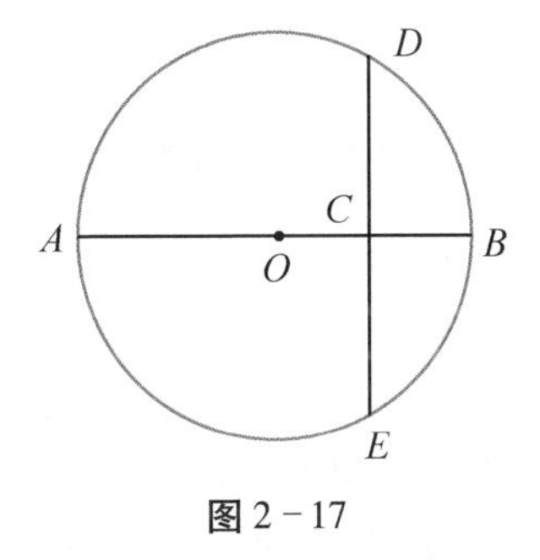

图 2－17

例 18　求满足方程组

$$\begin{cases} y=4x^3-3x \\ z=4y^3-3y \\ x=4z^3-3z \end{cases}$$

的实数$(x,\ y,\ z)$（北京数学奥林匹克 1990 年集训班训练试题）.

分析：方程组的每一个方程的形态可与三倍角的余弦公式类比，因此可用三角解法.

解：首先证明 $|x|\leqslant 1$，若 $|x|>1$，则由 $y=x(4x^2-3)$ 推出 $|y|>|x|$，同理有 $|z|>|y|$，$|x|>|z|$，矛盾，$\therefore |x|\leqslant 1$.

设 $x=\cos\theta$，$0\leqslant\theta\leqslant\pi$，则

$y=4\cos^3\theta-3\cos\theta=\cos3\theta$.

$z=\cos9\theta$，$x=\cos27\theta$.

$\therefore \theta$ 是 $\cos\theta-\cos27\theta=0$，也即 $\sin13\theta\sin14\theta=0$ 的解.

θ 在 $[0,\pi]$ 上有 27 个解，即

$\theta=\dfrac{k\pi}{13}$，$k=0, 1, 2, \cdots, 13$；

$\theta=\dfrac{k\pi}{14}$，$k=1, 2, \cdots, 13$.

$\therefore (x, y, z)=(\cos\theta, \cos3\theta, \cos9\theta)$.

例 19　正数 x，y，z 满足方程组 $\begin{cases} x^2+xy+\dfrac{y^2}{3}=25 \\ \dfrac{y^2}{3}+z^2=9 \\ z^2+xz+x^2=16 \end{cases}$

试求 $xy+2yz+3xz$ 的值.

解：将原方程组变形成：

$$\begin{cases} x^2+\left(\dfrac{y}{\sqrt{3}}\right)^2-2\cdot x\cdot\dfrac{y}{\sqrt{3}}\cdot\cos150^\circ=5^2 & (1) \\ \left(\dfrac{y}{\sqrt{3}}\right)^2+z^2=3^2 & (2) \\ z^2+x^2-2\cdot z\cdot x\cos120^\circ=4^2 & (3) \end{cases}$$

(1) 式可看作以 x，$\dfrac{y}{\sqrt{3}}$ 为边，夹角为 150°，而第三边为 5 的一个三角形；(2) 式可看作以 $\dfrac{y}{\sqrt{3}}$，z 为直角边，斜边为 3 的一个直角三角形；(3) 式可看作以 z，x 为边，夹角为 120°，第三边为 4 的第三个三角形.

图 2－18

注意到上述三个三角形的边角特征，故可作几何图形，如图 2－18 所示．其中 $\triangle BCD$ 表示(1)式；$\triangle ABC$ 表示(2)式；$\triangle ACD$ 表示(3)式.

在$\triangle ABD$中，$AB^2+AD^2=BD^2$，所以$\triangle ABD$为直角三角形　$S_{\triangle ABD}=\frac{1}{2}\times 3\times 4=6$. 又$S_{\triangle ABD}=S_{\triangle BCD}+S_{\triangle ABC}+S_{\triangle ACD}$

$$=\frac{1}{2}\cdot x\cdot\frac{y}{\sqrt{3}}\cdot\sin 150^\circ+\frac{1}{2}\cdot\frac{y}{\sqrt{3}}\cdot z+\frac{1}{2}\cdot x\cdot z\cdot\sin 120^\circ$$

$$=xy\cdot\frac{1}{4\sqrt{3}}+yz\cdot\frac{1}{2\sqrt{3}}+xz\cdot\frac{\sqrt{3}}{4}=\frac{1}{4\sqrt{3}}(xy+2yz+3xz)$$

故$xy+2yz+3xz=6\times 4\sqrt{3}=24\sqrt{3}$.

例20　已知：$\frac{\cos^4\alpha}{\cos^2\beta}+\frac{\sin^4\alpha}{\sin^2\beta}=1$，求证：$\frac{\cos^4\beta}{\cos^2\alpha}+\frac{\sin^4\beta}{\sin^2\alpha}=1$.

分析：此题的条件与结论的形态可与椭圆方程类比，因此可用解析几何的方法解.

证明：由已知条件知点$P(\cos^2\alpha,\ \sin^2\alpha)$、$Q(\cos^2\beta,\ \sin^2\beta)$都在椭圆$\frac{x^2}{\cos^2\beta}+\frac{y^2}{\sin^2\beta}=1$上，过点$Q$的切线方程为$x+y=1$，而点$P$又在切线$x+y=1$上，由切点的唯一性可知点$P$与$Q$重合.

$\therefore \cos^2\alpha=\cos^2\beta,\ \sin^2\alpha=\sin^2\beta$.

故$\frac{\cos^4\beta}{\cos^2\alpha}+\frac{\sin^4\beta}{\sin^2\alpha}=\cos^2\beta+\sin^2\beta=1$.

注：类似可证如下问题：

(1)若$\frac{\sin^4\alpha}{\cos^2\beta}+\frac{\cos^4\beta}{\sin^2\beta}=1$，则$\frac{\cos^4\beta}{\sin^2\alpha}+\frac{\sin^4\beta}{\cos^2\alpha}=1$；

(2)若$\frac{\sec^4\alpha}{\sec^2\beta}-\frac{\mathrm{tg}^4\alpha}{\mathrm{tg}^2\beta}=1$，则$\frac{\sec^4\beta}{\sec^2\alpha}-\frac{\mathrm{tg}^4\beta}{\mathrm{tg}^2\alpha}=1$；

(3)若$\frac{\csc^4\alpha}{\csc^2\beta}-\frac{\mathrm{ctg}^4\alpha}{\mathrm{ctg}^2\beta}=1$，则$\frac{\csc^4\beta}{\csc^2\alpha}-\frac{\mathrm{ctg}^4\beta}{\mathrm{ctg}^2\alpha}=1$.

2. 几何问题.

例21　如图2－19所示，若四面体$S-ABC$中平面SAD为二面角$B-SA-C$的平分面交BC于D，则$\frac{BD}{DC}=\frac{S_{\triangle SAB}}{S_{\triangle SAC}}$.

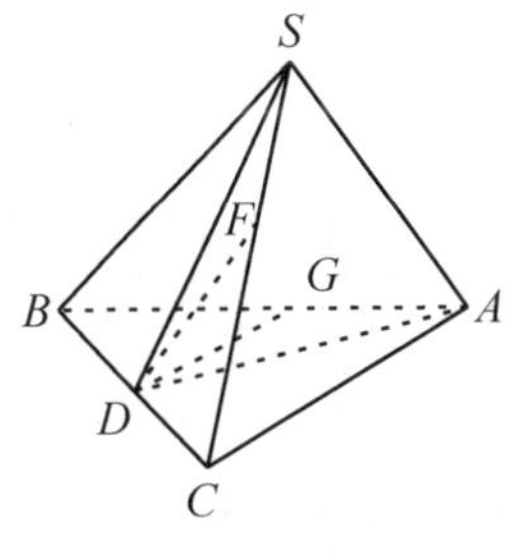

图2－19

分析：类比平面几何定理（“三角形内角平分线”定理）的一种简易证法是面积法，所以本题可借用体积法来解决.

证明：如图 2－19 所示，设 DF，DG 分别为 D 至平面 SAB 和平面 SAC 的距离，则

$$\frac{V_{D-ASB}}{V_{D-ASC}}=\frac{\frac{1}{3}S_{\triangle ASB}\cdot DF}{\frac{1}{3}S_{\triangle ASC}\cdot DG}.$$

由立体几何定理知：$DF=DG$.

$$\therefore\ \frac{V_{D-ASB}}{V_{D-ASC}}=\frac{S_{\triangle ASB}}{S_{\triangle ASC}} \tag{1}$$

又

$$\frac{V_{D-ASB}}{V_{D-ASC}}=\frac{V_{A-SBD}}{V_{A-SDC}}=\frac{\frac{1}{3}S_{\triangle SBD}\cdot h}{\frac{1}{3}S_{\triangle SDC}\cdot h}=\frac{S_{\triangle SBD}}{S_{\triangle SDC}}=\frac{BD}{DC} \tag{2}$$

这里 h 为 A 点到平面 SBC 的距离．由(1)、(2)知

$$\frac{S_{\triangle ASB}}{S_{\triangle ASC}}=\frac{BD}{DC}.$$

例 22　MA，MB，MC 是平行六面体的三条棱，MD 是一条对角线，求证：MD 被平面 ABC 截于三等分点.

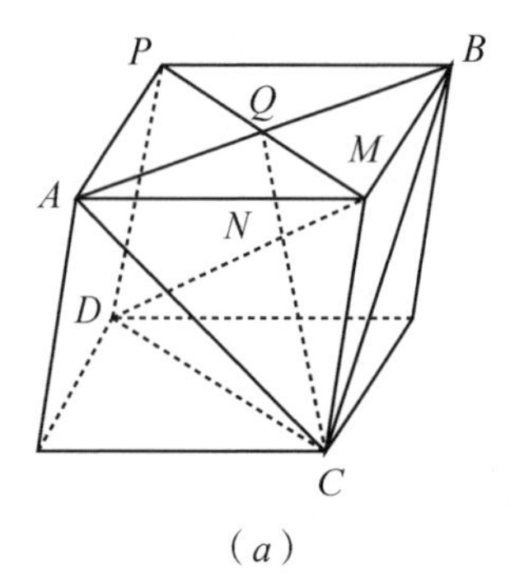

(a)

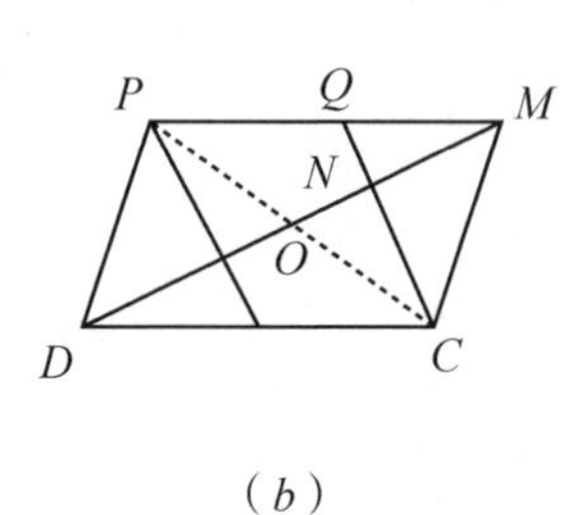

(b)

图 2－20

分析：如图 2－20(a)所示，作对角面 $PMCD$，若 Q 为 AB 与 PM 的交点，则 QC 为平面 ABC 与 $PMCD$ 的交线，故 MD 与平面 ABC 的交点 N 就是 MD 与 QC 的交点，从而将问题转化为平面几何问题，即只要证平行四边形 $PMCD$ 中，$MN=\frac{1}{3}MD$ 即可.

如图 2－20(b)所示，连 PC，$\because$ Q 为 MP 的中点，O 为 PC 的中点，$\therefore$ N

是△PCM 的重心，$\therefore MN=\frac{2}{3}MO=\frac{1}{3}MD$.

例 23　在一已知圆锥体内，求作一侧面积最大的圆柱体.

分析：此题可与平面几何“在三角形中，已知底边为 a，高为 h，求作其最大的内接矩形”类比．解答平面几何的这一问题是这样的：

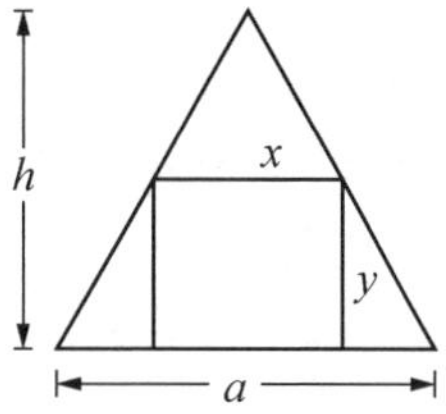

如图 2－21 所示，设内接矩形的宽为 y，长为 x，则矩形面积为：

$$S=xy \qquad (1)$$

图 2－21

又从两个相似三角形可得：

$$\frac{h-y}{h}=\frac{x}{a} \text{ 即 } x=\frac{a}{h}(h-y) \qquad (2)$$

将(2)代入(1)得：

$$S=\frac{a}{h}(h-y)\cdot y=-\frac{a}{h}\left(y-\frac{h}{2}\right)^2+\frac{ah}{4},$$

所以，当 $x=\frac{a}{2}$，$y=\frac{h}{2}$时，内接矩形有最大面积$\frac{ah}{4}$.

与此类比，可得这个命题的解法.

解：设圆锥的底面半径和高分别为 R，H，所求圆柱的底面半径和高分别为 r，h，如图 2－22 所示，则圆柱体的侧面积为：

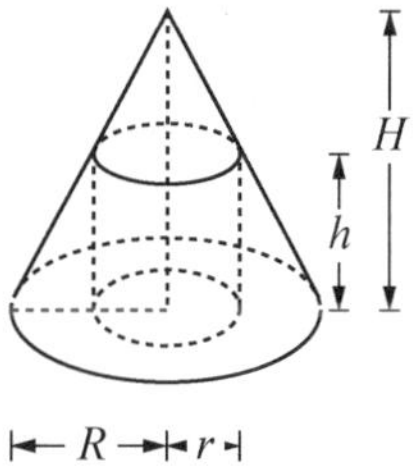

$$S=2\pi rh \qquad (1)$$

又从两个相似三角形中可得：

$$\frac{H-h}{H}=\frac{r}{R}, \text{即 } h=\frac{H}{R}(R-r) \qquad (2)$$

图 2－22

将(2)代入(1)，得

$$S=2\pi r\cdot\frac{H}{R}(R-r)=-\frac{2\pi H}{R}\left(r-\frac{R}{2}\right)^2+\frac{\pi RH}{2}.$$

所以，当 $r=\frac{R}{2}$，$h=\frac{H}{2}$时，圆锥的内接圆柱有最大侧面积$\frac{\pi RH}{2}$. 问题得解.

例 24　在一定圆 O 内有一个定点 P，圆周上有 A，B 两个动点，PA，PB 为互相垂直于一点的线段，以 PA，PB 为边构成矩形，点 Q 是 P 的相对顶点，当 A，B 在圆周上移动时，求 Q 的轨迹.

分析：形数类比.

解：以 P 为原点，PA，PB 为 x 轴、y 轴构成平面直角坐标系，如图 2－23 所示.

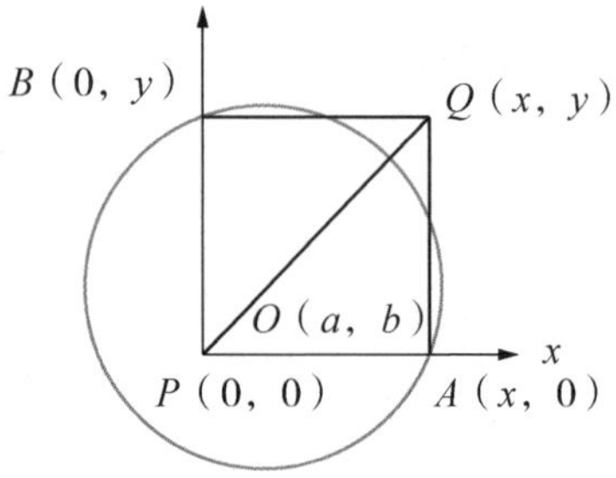

因为 $PAQB$ 构成矩形，所以 Q 的坐标 (x, y) 分别为点 A，B 的横、纵坐标，设圆心为 $O(a, b)$，半径为 r，$|OP| = d$，则圆的方程为：

图 2－23

$(x-a)^2+(y-b)^2=r^2$，

令 $y=0$ 得 Q 的横坐标 $x=a\pm\sqrt{r^2-b^2}$；

令 $x=0$ 得 Q 的纵坐标 $y=b\pm\sqrt{r^2-a^2}$；

$\therefore |OQ|^2=(a\pm\sqrt{r^2-b^2}-a)^2+(b\pm\sqrt{r^2-a^2}-b)^2$

$=2r^2-(a^2+b^2)=2r^2-d^2(>0)$，是定值.

故 Q 的轨迹为以 O 为圆心，以 $\sqrt{2r^2-d^2}$ 为半径的圆.

例 25 如图 2－24 所示，圆 O_1 与圆 O_2 的半径分别为 R 和 r，点 O_2 在圆 O_1 的圆周上，圆 O_2 的切线交圆 O_1 于 P，Q 两点，求证：$O_2P\cdot O_2Q$ 为定值.

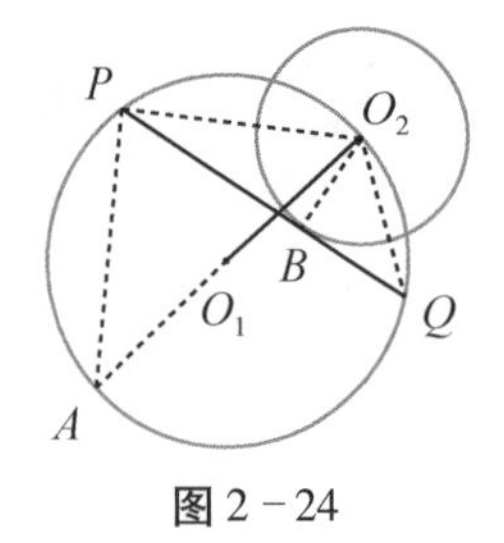

图 2－24

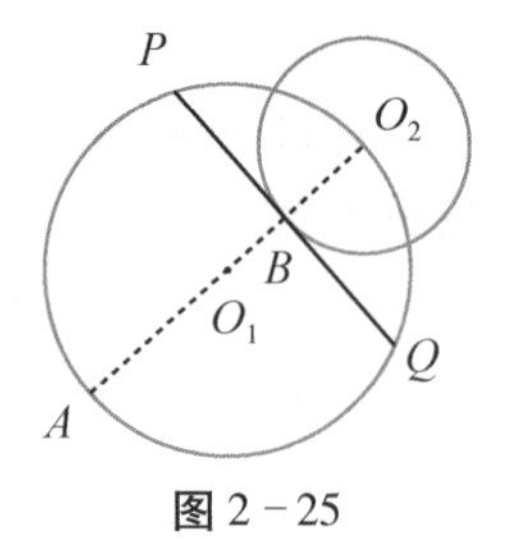

图 2－25

分析：可从特殊到一般类比，设题中点 O_2 在圆 O_1 的圆周的特殊位置上，使 $PQ\perp O_1O_2$，如图 2－25 所示.

$\because AO_2$ 为圆 O_1 的直径，圆 O_2 的切线 $PQ\perp AO_2$，B 为切点.

$\therefore O_2P\cdot O_2Q=O_2P^2=O_2B\cdot O_2A=2Rr$ 为定值.

由此类比，在一般情况下也有 $O_2P\cdot O_2Q=2Rr$.

证明：如图 2－24 所示，在 $\triangle O_2PA$ 和 $\triangle O_2BQ$ 中

$\because \angle O_2PA=\angle O_2BQ=90^\circ$，$\angle O_2AP=\angle O_2QB$.

$\therefore \triangle O_2PA\backsim\triangle O_2BQ$

$\therefore \dfrac{O_2P}{O_2B}=\dfrac{O_2A}{O_2Q}$，即 $O_2P\cdot O_2Q=O_2A\cdot O_2B=2Rr$（定值）.

例 26　在$\triangle ABC$中，$AB=2$，$BC=3$. 在$\triangle ABC$内有一点D，使得$\triangle ADC$的内角$\angle ADC$等于$\angle B$的补角，且$CD=2$，求$\angle B$为何值时，$\triangle ABC$与$\triangle ADC$面积之差有最大值？并求此最大值.

分析： 此类极值问题可与三角函数类比，将几何极值转化为求三角函数的极值.

解： 如图 2-26 所示，由余弦定理得

$AC^2=2^2+3^2-12\cos B$

又 $AC^2=AD^2+2^2-4AD\cos\angle ADC$

$\quad\quad =AD^2+2^2+4AD\cos B$

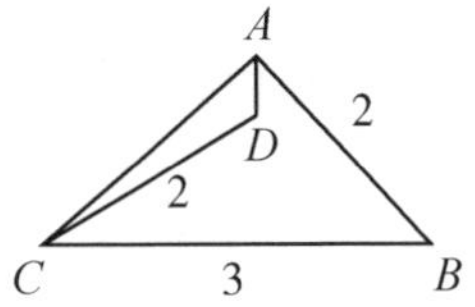

图 2-26

$\therefore \cos B=\dfrac{9-AD^2}{4(3+AD)}=\dfrac{3-AD}{4}$

即 $3-AD=4\cos B$

而 $S_{\triangle ABC}-S_{\triangle ADC}=\dfrac{1}{2}\times 2\times 3\sin B-\dfrac{1}{2}\times 2\times AD\sin(\pi-B)$

$$=3\sin B-AD\sin B=(3-AD)\sin B=2\sin 2B.$$

当 $\sin 2B=1$ 即 $B=\dfrac{\pi}{4}$时，$\triangle ABC$与$\triangle ADC$面积之差达到最大值 2.

例 27　已知正三棱锥$V-ABC$的底面边长为a，侧棱与底面所成角为β. 过底面一边作这个棱锥的截面，试问当截面与底面所成的二面角为何值时，截面面积有最小值？并求最小值.

分析： 形数类比，用求三角函数极值来解.

解： 如图 2-27 所示，$\triangle PBC$是过BC而与VA交于P点的截面，连AO并延长交BC于M，连MP.

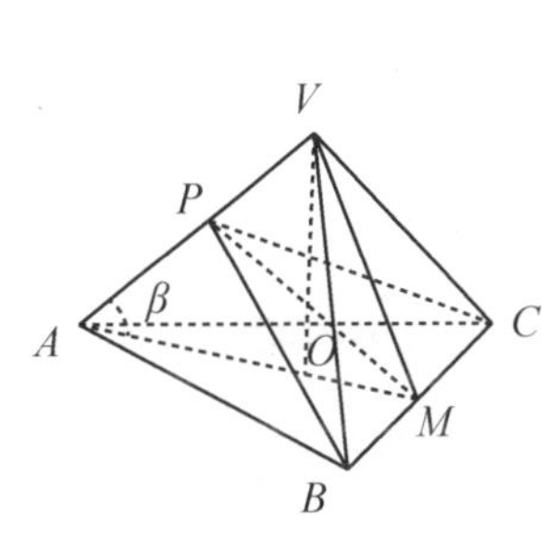

图 2-27

$\because O$是正$\triangle ABC$的中心，

$\therefore AM\perp BC$，且M是BC的中点，

又 $VO\perp BC$，

$\therefore BC\perp$平面AMV，又PM在平面AMV内，

$\therefore BC\perp PM$，

$\therefore \angle AMP$是二面角$A-BC-P$的平面角，设$\angle AMP=x$.

又$\angle VAM$是侧棱VA与底面所成的角，$\therefore \angle VAM=\beta$.

$\because$ $\triangle ABC$ 是边长为 a 的正三角形 . $\therefore AM = a\sin 60° = \frac{\sqrt{3}}{2}a.$

在 $\triangle AMP$ 中，$\angle APM = \pi - (\beta + x)$，

由正弦定理得 $\frac{PM}{\sin\beta} = \frac{AM}{\sin(\beta + x)}$，

$\therefore PM = \frac{\sqrt{3}a\sin\beta}{2\sin(\beta + x)}.$ $\therefore S_{截面PBC} = \frac{1}{2}BC \cdot PM = \frac{\sqrt{3}a^2\sin\beta}{4\sin(\beta + x)} \geqslant \frac{\sqrt{3}}{4}a^2\sin\beta$，

此时等号当且仅当 $\sin(\beta + x) = 1$ 时成立.

故当二面角 $x = \frac{\pi}{2} - \beta$ 时，截面 $\triangle PBC$ 有最小值，其最小为 $\frac{\sqrt{3}}{4}a^2\sin\beta$.

例 28 在空间有 n 个平面，其中任两个都不平行，任何三个都不经过同一直线，问这 n 个平面将空间划分成多少个部分?

分析：类比"平面上有 n 条直线，其中任何两条都不平行，任何三条都不通过一点，则这 n 条直线将平面分割成 $f(n) = \frac{1}{2}(n^2 + n + 2)$ 个区域". 这两个命题的条件和结论的形式是一样的，只不过一个是立体几何划分空间；一个是平面几何分割平面 . 因此解法可以类比 . 而在解答分割平面问题时，曾构造一个函数，即"平面上有 n 条直线，其中任何两条都不平行，任何三条都不通过一点，则这 n 条直线将平面分割成 $f(n) = f(n-1) + n$ 个区域，其定义域为全体大于零的整数". 并由此递推求证 . 由此可得如下解法.

解：设空间里已有 $n-1$ 个满足条件的平面，它把空间划分成 $f(n-1)$ 个部分，再添上第 n 个平面，则它与前 $n-1$ 个平面都相交，但不过它们的交点，所以，第 n 个面和原来 $n-1$ 个平面有 $n-1$ 条交线，第 n 个平面被分割成 $\frac{1}{2}[(n-1)^2 + (n-1) + 2] = \frac{1}{2}(n^2 - n + 2)$ 个部分；而第 n 个平面上的每一部分又把原来每一空间划分成两部分 . 因此，第 n 个平面把原来空间被划分的数目又增加了 $\frac{1}{2}(n^2 - n + 2)$，由此得构造函数

$$f(n) = f(n-1) + \frac{1}{2}(n^2 - n + 2),$$

其定义域为大于零的整数.

利用这个递推函数可得：

$$f(n) = \frac{1}{6}(n^3 + 5n + 6).$$

例 29　在直线 L：$x-y+9=0$ 上任取一点 P，过 P 点且以椭圆 $\frac{x^2}{12}+\frac{y^2}{3}=1$ 的焦点为焦点作椭圆，问 P 点在何处时，所作椭圆的长轴最短，并求出具有最短长轴的椭圆方程.

分析：如图 2－28 所示，将问题转化为：在直线 l 同侧有两定点 F_1，F_2，试在 l 上求一点 P，使 P 到两定点距离之和最短，类比平面几何中这个命题的解法，可得如下解法.

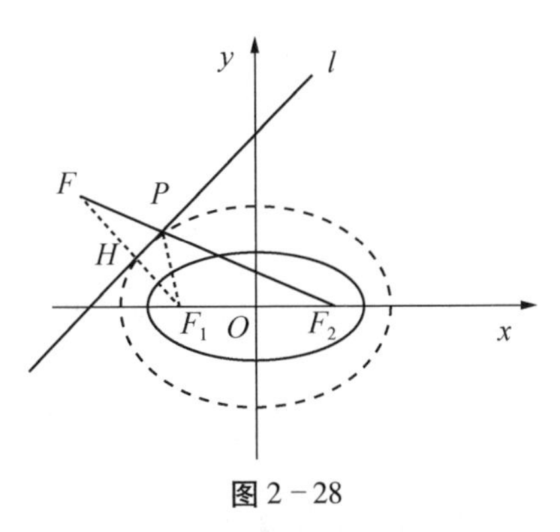

图 2－28

解：在椭圆 $\frac{x^2}{12}+\frac{y^2}{3}=1$ 中，$c=3$，焦点坐标分别为 $F_1(-3,\ 0)$、$F_2(3,\ 0)$，且在直线 L：$x-y+9=0$ 的同侧，可求出过 F_1 垂直 L 的直线方程为 $x+y+3=0$，垂足为 H，解由 $x-y+9=0$ 与 $x+y+3=0$ 组成的方程组，得 $H(-6,\ 3)$，并可求得 F_1 关于 L 的对称点 $F(-9,\ 6)$，于是过 F_2，F 的直线方程是 $x+2y-3=0$，解由它与 L 的方程组成的方程组，得交点 $P(-5,\ 4)$.

因 $|F_1P|+|F_2P|=|FP|+|F_2P|=|FF_2|$，所以，当椭圆经过 L 上的点 $P(-5,\ 4)$ 时，其长轴最短，又因为

$2a=|F_1P|+|F_2P|=6\sqrt{5}$　$\therefore a^2=45$，$b^2=36$.

故符合条件的椭圆方程为：

$$\frac{x^2}{45}+\frac{y^2}{36}=1.$$

例 30　由抛物线准线上一点 P 作此曲线的两条切线，则此两条切线互相垂直.

分析：用平面几何方法解.

证明：如图 2－29 所示，设 P 点是抛物线准线上的任意一点，PM，PM' 切抛物线于 M，M'，引准线之垂线 MH，$M'H'$，连 MF，PF，$M'F$，则由抛物线切线的光学性质知：

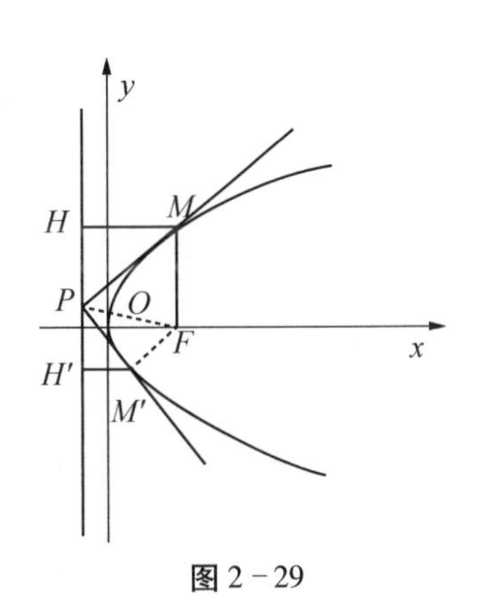

图 2－29

$\angle HMP=\angle PMF$

又$\because MP=MP$，$MH=MF$.

$\therefore \triangle MHP\cong\triangle MFP$.

$\therefore \angle HPM=\angle FPM$，同理 $\angle H'PM'=$

$\angle FPM'$

$\therefore \angle MPM' = \angle FPM + \angle FPM'$

$$= \frac{1}{2}(\angle FPH + \angle FPH') = 90°$$

故 $MP \perp M'P$.

习　题　二

用适当的类比方法解答下列各题：

1. 如果 a，$b \in R^+$，那么$\frac{a+b}{2} \geqslant \sqrt{ab}$（当且仅当 $a=b$ 时取“=”号）；

2. 解方程组：$\begin{cases} \sqrt{x+1}+\sqrt{y-1}=5 \\ x+y=13 \end{cases}$；

3. 四个互不相等的正数 a，b，c，d，a 最大，d 最小，且 $a:b=c:d$，则 $a+d$ 与 $b+c$ 的大小关系是（　）.

A. $b+c>a+d$　　B. $a+d>b+c$

C. $a+d=b+c$　　D. 不能确定

（1986 年广州、福州、重庆、武汉四市初中数学联赛试题）

4. 解方程组：$\begin{cases} x+ay+a^2z=a^3 \\ x+by+b^2z=b^3 \\ x+cy+c^2z=c^3. \end{cases}$

5. 已知 $a\cos\theta+b\sin\theta=c$，$a\cos\varphi+b\sin\varphi=c$ $\left(\frac{\theta+\varphi}{2} \neq k\pi,\ \frac{\theta+\varphi}{2} \neq k\pi+\frac{\pi}{2},\ \frac{\theta-\varphi}{2} \neq k\pi+\frac{\pi}{2},\ k \in Z\right)$，求证：$\frac{a}{\cos\frac{\theta+\varphi}{2}} = \frac{b}{\sin\frac{\theta+\varphi}{2}} = \frac{c}{\cos\frac{\theta-\varphi}{2}}$.

6. 在等差数列 $\{a_n\}$ 中，已知 $a_3=7$，$a_7=3$，求公差 d.

7. 求证：1，$1+\sqrt{2}$，$\sqrt{2}$三个数不可能是同一等差数列中的三项.

8. 已知 $\{a_n\}$ 是等差数列，$a_3=-3$，$a_9=21$，求 a_5.

9. 求函数 $y=\frac{2-\sin x}{2-\cos x}$的极值.

10. 设 H 是锐角三角形 ABC 的垂心，且 $AH=m$，$BH=n$，$CH=p$，a，

b，c 分别是角 A，B，C 的对边，求证：$\frac{a}{m}+\frac{b}{n}+\frac{c}{p}=\frac{abc}{mnp}$.

11. 设直角△ABC 的内切圆半径和外接圆半径分别为 r 和 R，问何时$\frac{r}{R}$取极大值？极大值是多少？

12. 如图 2－30 所示，OB 为单位圆的半径，A 为 OB 延长线上一点，且 $BA=BO=1$，在半圆上取一点 P，以 AP 为边作正三角形 APC，试求四边形 $OACP$ 面积的最大值.

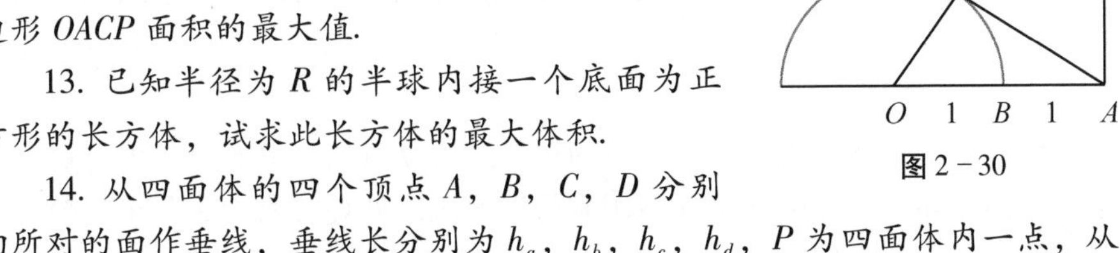

图 2－30

13. 已知半径为 R 的半球内接一个底面为正方形的长方体，试求此长方体的最大体积.

14. 从四面体的四个顶点 A，B，C，D 分别向所对的面作垂线，垂线长分别为 h_a，h_b，h_c，h_d，P 为四面体内一点，从 P 点向 A，B，C，D 四点所对的面作垂线，垂线长分别为 p_a，p_b，p_c，p_d，求证：

$$\frac{p_a}{h_a}+\frac{p_b}{h_b}+\frac{p_c}{h_c}+\frac{p_d}{h_d}=1;$$

15. 求证：以抛物线焦点弦为直径的圆必与抛物线的准线相切.

第三章　数学归纳法

数学归纳法大大地帮助我们认识客观事物，由简到繁，由有限到无穷.

——华罗庚

世界千变万化，无奇不有．有简单的、有复杂的；有有限个的，更有无限多个的．那么，在数学中如何用有限的手段来处理元素为无限个的数学问题呢？这一章将专门研究这一问题.

§3－1　什么是数学归纳法

一、数学归纳法是怎样的一种方法

我们知道：$1+2+3+\cdots+n=\dfrac{n(n+1)}{2}$.

但是，$1^2+2^2+3^2+4^2+\cdots+n^2=?$

这个问题略为费解.

观察：

n	1	2	3	4	5	6	$\cdots$
$1+2+3+4+\cdots+n$	1	3	6	10	15	21	$\cdots$
$1^2+2^2+3^2+4^2+\cdots+n^2$	1	5	14	30	55	91	$\cdots$

最后两行之间有何关系？考察两行之比：

n	1	2	3	4	5	6	$\cdots$
$\dfrac{1^2+2^2+3^2+4^2+\cdots+n^2}{1+2+3+4+\cdots+n}$	1	$\dfrac{5}{3}$	$\dfrac{7}{3}$	3	$\dfrac{11}{3}$	$\dfrac{13}{3}$	$\cdots$

若把上面的比值改写为：

$$\frac{3}{3}\quad\frac{5}{3}\quad\frac{7}{3}\quad\frac{9}{3}\quad\frac{11}{3}\quad\frac{13}{3},$$

我们就可做出如下猜想：

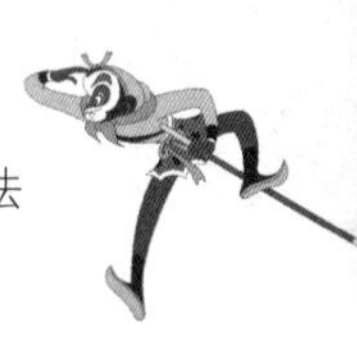

$$\frac{1^2+2^2+3^2+4^2+\cdots+n^2}{1+2+3+4+\cdots+n}=\frac{2n+1}{3},$$

于是就有：

$$1^2+2^2+3^2+4^2+\cdots+n^2=\frac{2n+1}{3}\times\frac{n(n+1)}{2}=\frac{n(n+1)(2n+1)}{6}$$

这个猜想是正确的吗？因为这个公式是由不完全归纳法得到的，而由不完全归纳法得出的结论是不可靠的，所以，这个公式必须加以验证.

当然，我们可以将 $n=1$，2，3，4，5，6，7，8 分别代入公式的两边加以验证. 但是，自然数有无限多个，我们不可能对所有的自然数都一一加以验证. 这样，“有限”与“无限”就成了要证明这个公式的一个主要矛盾.

如何解决这一主要矛盾？华罗庚先生举了一个很浅显的例子. 他说：“小孩子识数，先学会数一个、两 个、三个；过些时候，能够数到十了；又过些时候，会数到二十、三十……一百了. 但后来，却绝不是这样一段一段增长，而是飞跃前进. 到了某一个时候，他领悟了，他会说：“我什么数都会数了”. 这一飞跃，竟从有限跃到无穷！为什么会产生认识上的这一飞跃呢？接着他说：“首先，他知道从头数；其次，他知道一个一个按次序地数，而且不愁数了一个以后，下一个不会数. 也就是他领悟了下一个数的表达方式，可以由上一个数决定，于是，他也就会数任何一个数了.”

根据这一思路，联想到自然数的一个重要性质，即：任意一个自然数的集合，如果包含 1，并且假设包含 k，也一定包含 k 的后继数 $k+1$，那么这个集合包含所有的自然数. 由此可以解决上述有限与无限的矛盾. 也就是说，如果能证明：(1)当 $n=1$ 时命题成立；(2)假设 $n=k$ 时命题成立，有 $n=k+1$ 时命题也成立. 那么，我们就由 $n=1$ 时命题成立，推出 $n=1+1=2$ 时命题也成立；……如此继续下去，则对于任意自然 n，命题都成立.

数学归纳法的逻辑式为：

$$p(1)\wedge(\forall k)[p(k)\to p(k+1)]\Rightarrow(\forall n)p(n).$$

现在我们就可用这个方法来证明上面的这个公式.

(1)当 $n=1$ 时，命题显然成立.

(2)假设 $n=k$ 时有

$$1^2+2^2+3^2+\cdots+k^2=\frac{k(k+1)(2k+1)}{6}.$$

那么，$n=k+1$ 时，有

$$1^2+2^2+3^2+\cdots+k^2+(k+1)^2=\frac{k(k+1)(2k+1)}{6}+(k+1)^2$$

$$=\frac{k(k+1)(2k+1)+6(k+1)^2}{6}=\frac{(k+1)[k(2k+1)+6(k+1)]}{6}$$

$$=\frac{(k+1)(k+2)(2k+3)}{6}=\frac{(k+1)[(k+1)+1][2(k+1)+1]}{6}$$

即 $n=k+1$ 时，命题也成立.

由于我们验证了当 $n=1$ 时，命题成立，这样就有了递推的基础；同时，又有了从 $n=k$ 到 $n=k+1$ 命题成立的证明，使递推有了根据，可以逐个推下去. 所以，我们就可以做出对于任意自然数 n 这个公式均成立的结论.

从这个例子可以看到，应用上面的递推方法，虽然我们没有对所有的自然数一个一个地都加以验证，但根据自然数的重要性质，实质上已经对所有的自然数作了验证. 这样的证明方法就叫作数学归纳法.

数学归纳法使我们通过“有限”的手段解决了“无限”的问题，使我们所用的归纳法成为完全归纳法，从而证明了论断的正确性.

二、应用数学归纳法证题时的步骤

应用数学归纳法证题主要有以下两个步骤：

(1)证明当 $n=1$ 时，命题成立；

(2)假设当 $n=k$ 时命题成立，证明当 $n=k+1$ 时命题也成立.

完成了上述两个步骤，就可以断定命题对任意自然数 n 都成立.

这里，(1)是归纳的基础，就像一栋建筑物的墙基；(2)是归纳的依据. 这两个步骤紧密相连，缺一不可.

下面举几个应用这两个步骤证明的例子.

例 1 若 $n\in N^*$，用数学归纳法证明：

$$\frac{1}{1\cdot3\cdot5}+\frac{1}{3\cdot5\cdot7}+\cdots+\frac{n}{(2n-1)(2n+1)(2n+3)}=\frac{n(n+1)}{2(2n+1)(2n+3)}.$$

证明：(i)当 $n=1$ 时，左式 $=\frac{1}{1\cdot3\cdot5}=\frac{1}{15}$，右边 $\frac{1\times2}{2\times3\times5}=\frac{1}{15}$，等式成立；

(ii)假设 $n=k$ 时，有：

$$\frac{1}{1\cdot3\cdot5}+\frac{2}{3\cdot5\cdot7}+\cdots+\frac{k}{(2k-1)(2k+1)(2k+3)}$$

$$=\frac{k(k+1)}{2(2k+1)(2k+3)}$$

则 $n=k+1$ 时

$$\frac{1}{1\cdot3\cdot5}+\frac{2}{3\cdot5\cdot7}+\cdots+\frac{k}{(2k-1)(2k+1)(2k+3)}$$

$$+\frac{k+1}{(2k+1)(2k+3)(2k+5)}$$

$$=\frac{k(k+1)}{2(2k+1)(2k+3)}+\frac{k+1}{(2k+1)(2k+3)(2k+5)}$$

$$=\frac{(k+1)(2k^2+5k+2)}{2(2k+1)(2k+3)(2k+5)}$$

$$=\frac{(k+1)[(k+1)+1]}{2[2(k+1)+1][2(k+1)+3)]}$$

即 $n=k+1$ 时，等式也成立.

故由(i)、(ii)可得：对一切 $n\in N^*$ 原等式成立.

例2　用数学归纳法证明：7^n+3n-1 能被 9 整除($n\in N^*$).

证明：(i)当 $n=1$ 时，命题显然成立；

(ii)假设 $n=k$ 时 7^k+3k-1 能被 9 整除，

则 $n=k+1$ 时，由

$$7^{k+1}+3(k+1)-1=7\cdot7^k+3k+3-1=7(7^k+3k-1)-6.3k+9$$
$$=7(7^k+3k-1)-9(2k-1)$$

可知 $7^{k+1}+3(k+1)-1$ 能被 9 整除.

即 $n=k+1$ 时命题也成立.

故由(i)、(ii)可得，$n\in N^*$ 时命题成立.

例3　已知等比数列 $\{a_n\}$ 的各项都是正数，前 n 项的积为 P_n，求证：$P_n=\sqrt{(a_1a_n)^n}$.

证明：(i)当 $n=1$ 时，左式 $=a_1$，右边 $=\sqrt{(a_1a_1)^1}=a_1$，结论成立；

(ii)假设 $n=k$ 时，有 $P_k=\sqrt{(a_1a_k)^k}$，则 $n=k+1$ 时

$$P_{k+1}=\sqrt{(a_1a_k)^k}\cdot a_{k+1}=\sqrt{(a_1a_k)^k(a_{k+1})^2}$$
$$=\sqrt{(a_1a_1q^{k-1})^k(a_1q^k)^2}=\sqrt{(a_1a_1q^k)^{k+1}}$$
$$=\sqrt{(a_1a_{k+1})^{k+1}}.$$

即 $n=k+1$ 时，结论亦成立，

由(i)、(ii)可得，对任意 $n\in N^*$ 结论成立.

不过，在应用数学归纳法证题时，这两个步骤也有不少变化，主要有以下三个方面：

1. 第一步不一定从1开始，而改为当$n=n_0$时命题成立；第二步则为假设$n=k(k\geqslant n_0)$时命题成立，可以推出$n=k+1$时命题也成立. 由此可以做出当$n\geqslant n_0$时这个命题都成立的结论. n_0是一个什么数要由问题的已知条件决定.

例4 若n为大于6的自然数，求证：$2^{\frac{n-1}{2}}>n$.

证明：(i)当$n=7$时. $2^{\frac{7-1}{2}}=2^3=8>7$，命题成立；

(ii)假设$n=k(k\geqslant 7)$时，有$2^{\frac{k-1}{2}}>k$，则$n=k+1$时

$2^{\frac{(k+1)-1}{2}}=2^{\frac{k-1}{2}}\cdot 2^{\frac{1}{2}}>\sqrt{2}k$.

$\because k\geqslant 7$，$\therefore (k-1)^2>2$，即$k^2-2k+1>2$，$\therefore k^2>2k+1$，$2k^2>k^2+2k+1$，

$\therefore 2k^2>(k+1)^2$，即$\sqrt{2}k>k+1$.

$\therefore 2^{\frac{(k+1)-1}{2}}>\sqrt{2}k>k+1$.

即$n=k+1$时，命题亦成立.

故由(i)、(ii)可得，对于$n>6$，$n\in N^*$，命题都成立.

例5 若n是非负整数，则$5^{5n+1}+4^{5n+2}+3^{5n}$是11的倍数.

证明：(i)当$n=0$时，$5+4^2+3^0=22=2\times 11$，命题成立；

(ii)假设$n=k$时命题成立，令$5^{5k+1}+4^{5k+2}+3^{5k}=11m(m\in Z)$，

则$n=k+1$时，

由$5^{5(k+1)+1}+4^{5(k+1)+2}+3^{5(k+1)}=5^5\cdot 5^{5k+1}+4^5\cdot 4^{5k+2}+3^5\cdot 3^{5k}$

$=3125\cdot 5^{5k+1}+1024\cdot 4^{5k+2}+243\cdot 3^{5k}$

$=243(5^{5k+1}+4^{5k+2}+3^{5k})+2882\cdot 5^{5k+1}+781\cdot 4^{5k+2}$

$=243\times 11m+11\times 262\times 5^{5k+1}+11\times 71\times 4^{5k+2}$，

知$5^{5(k+1)+1}+4^{5(k+1)+2}+3^{5(k+1)}$是11的倍数，

故由(i)、(ii)可得，命题对一切非负整数都成立.

例6 设递增正数列$0<a_1<a_2<\cdots<a_n$和$0<b_1<<b_2<\cdots<b_n$分别成等差数列和等比数列，且$a_1=b_1$和$a_2=b_2$，试证：当$n>2$时，$b_n>a_n$.

证明：由题设可知，公差$d=a_2-a_1=b_2-b_1>0$，公比$q=\frac{b_2}{b_1}>1$，而且当$n>2$时，$a_n=a_{n-1}+d=a_{n-1}+(a_2-a_1)=a_{n-1}+(b_2-b_1)$，$b_n=b_{n-1}q=b_{n-1}\cdot\frac{b_2}{b_1}$.

(i)当$n=3$时，$b_3-a_3=\frac{b_2^2}{b_1}-[a_2+(b_2-b_1)]=\frac{b_2^2}{b_1}-(2b_2-b_1)=$

$\frac{(b_2-b_1)^2}{b_1}>0$，$\therefore b_3>a_3$，即当 $n=3$ 时，命题成立；

(ii)假设 $n=k-1$ 时命题成立，即 $b_{k-1}>a_{k-1}$，

则 $n=k$ 时，有

$$b_k-a_k=\frac{b_2b_{k-1}}{b_1}-[a_{k-1}+(b_2-b_1)]=\frac{b_2b_{k-1}-b_1a_{k-1}}{b_1}-(b_2-b_1)$$

$$>\frac{b_2a_{k-1}-b_1a_{k-1}}{b_1}-(b_2-b_1)=(b_2-b_1)\left(\frac{a_{k-1}}{b_1}-1\right)$$

$\because n>3$，$\therefore k=n>3$，$\therefore a_{k-1}>a_2$

而 $b_1=a_1$ 且 $a_2>a_1$，$\therefore a_{k-1}>b_1$，$\therefore \frac{a_{k-1}}{b_1}-1>0.$

$\therefore b_k-a_k>(b_2-b_1)\left(\frac{a_{k-1}}{b_1}-1\right)>0$，$\therefore b_k>a_k.$

即 $n=k$ 时，命题亦成立.

故由(i)、(ii)可得，当 $n>2$，$n\in N^*$ 时，$b_n>a_n$.

2. 第二步也可以改为“假设 $n\leqslant k$ 时命题成立，那么当 $n=k+1$ 时，命题也成立”由此得出对于所有的自然数 n，命题都成立的结论.

例7　已知 $u_1=\frac{\alpha^2-\beta^2}{\alpha-\beta}$，$u_2=\frac{\alpha^3-\beta^3}{\alpha-\beta}(\alpha\neq\beta)$，对于自然数 $k>2$，$u_k=(\alpha+\beta)u_{k-1}-\alpha\beta u_{k-2}$，求证：$u_n=\frac{\alpha^{n+1}-\beta^{n+1}}{\alpha-\beta}$.

证明：(i)当 $n=1$，2 时，命题显然成立；

(ii)假设 $n\leqslant k(k\geqslant 2)$ 时，命题成立，即 $u_k=\frac{\alpha^{k+1}-\beta^{k+1}}{\alpha-\beta}$，$u_{k-1}=\frac{\alpha^k-\beta^k}{\alpha-\beta}$ 成立，则 $n=k+1$ 时，$u_{k+1}=(\alpha+\beta)u_k-\alpha\beta u_{k-1}=(\alpha+\beta)\frac{\alpha^{k+1}-\beta^{k+1}}{\alpha-\beta}-\alpha\beta\frac{\alpha^k-\beta^k}{\alpha-\beta}=\frac{\alpha^{k+2}-\alpha\beta^{k+1}+\beta\alpha^{k+1}-\beta^{k+2}-\beta\alpha^{k+1}+\alpha\beta^{k+1}}{\alpha-\beta}=\frac{\alpha^{k+2}-\beta^{k+2}}{\alpha-\beta}$.

即 $n=k+1$ 时命题亦成立.

故由(i)、(ii)可得，对一切 $n\in N^*$ 命题都成立.

例8　设无穷数列 s_1，s_2，…，s_n，…由关系式：$s_{n+2}-(1+r)s_{n+1}+rs_n=0(n\geqslant 1)$ 以及 $s_1=a$，$s_2=a+ar$ 所确定，试用数学归纳法证明 s_n 可由首项为 a，公比为 r 的等比数列前 n 项和表示.

证明：(i)当 $n=1$，2 时，由题设知命题成立；

(ii)假设 $n\leqslant k(k\geqslant 2)$ 时命题成立，则

$s_{k-1}=a+ar+\cdots+ar^{k-2}$，$s_k=a+ar+\cdots+ar^{k-1}$.

将上述两式代入 $s_{k+1}-(1+r)s_k+rs_{k-1}=0$ 得

$s_{k+1}=a+ar+\cdots+ar^{k-1}+ar^k$，

即当 $n=k+1$ 时命题亦成立.

故由(i)、(ii)可得，对任意自然数命题成立.

例 9 已知△ABC 的三边长为有理数，

(1)求证 $\cos A$ 是有理数；

(2)对任意整数 n，求证 $\cos nA$ 也是有理数.

(2010 年江苏省高考理科数学试题 23 题).

(1)证明：设三边长分别为 a，b，c，$\cos A=\dfrac{b^2+c^2-a^2}{2bc}$

$\because a$，b，c 是有理数，$b^2+c^2-a^2$是有理数，分母 $2bc$ 为正有理数，又有理数集对于除法具有封闭性，$\therefore\dfrac{b^2+c^2-a^2}{2bc}$必为有理数，$\therefore\cos A$ 是有理数.

(2)证明：(i)当 $n=1$ 时，由(1)知 $\cos A$ 是有理数.

当 $n=2$ 时，$\cos 2A=2\cos^2A-1$，因为 $\cos A$ 是有理数，$\therefore\cos 2A$ 也是有理数.

(ii)假设 $n\leqslant k(k\geqslant 2)$时，结论成立，从而 $\cos kA$，$\cos(k-1)A$ 均为有理数.

当 $n=k+1$ 时，$\cos(k+1)A=\cos kA\cos A-\sin kA\sin A$

$=\cos kA\cos A-\dfrac{1}{2}[\cos(kA-A)-\cos(kA+A)]$

$=\cos kA\cos A-\dfrac{1}{2}\cos(k-1)A+\dfrac{1}{2}\cos(k+1)A$

解得 $\cos(k+1)A=2\cos kA\cos A-\cos(k-1)A$.

$\because\cos A$，$\cos kA$，$\cos(k-1)A$ 均有理数，

$\therefore 2\cos kA\cos A-\cos(k-1)A$ 是有理数，

$\therefore\cos(k+1)A$ 是有理数，即当 $n=k+1$ 时，结论亦成立.

综上所述，对任意正整数 n，$\cos nA$ 是有理数.

3. 第二步有时改为“假设 $n=k$ 时命题成立，那么，当 $n=k+2$ 时，命题亦成立”. 因为从 $k\to k+2$，跨了一步，所以，第一步必须验证 n 取两个相邻的初始值时命题都成立.

例 10 在$\{a_n\}$中，$a_1=-1$，$a_2=\dfrac{1}{2}$，$a_n=\dfrac{n-1}{n}a_{n-2}(n\geqslant 3)$，

则 $a_n=(-1)^n\dfrac{(n-1)!!}{n!!}(n\geqslant 3)$[当 n 为奇数时，$n!!=n(n-2)(n-4)\cdots 3\cdot 1$；当 n 为偶数时，$n!!=n(n-2)(n-4)\cdots 4\cdot 2$].

证明：(i)当 $n=3$ 时，$a_3=\dfrac{3-1}{3}a_1=-\dfrac{2}{3}$，又 $a_3=(-1)^3\dfrac{2!!}{3!!}=-\dfrac{2}{3}$，命题正确；

当 $n=4$ 时，$a_4=\dfrac{4-1}{4}a_2=\dfrac{3}{4}\times\dfrac{1}{2}=\dfrac{3}{8}$，而 $a_4=(-1)^4\dfrac{3!!}{4!!}=\dfrac{3\times 1}{4\times 2}=\dfrac{3}{8}$，命题亦正确.

(ii)假设 $n=k$ 时，$a_k=(-1)^k\dfrac{(k-1)!!}{k!!}$成立，则 $n=k+2$ 时，$a_{k+2}=\dfrac{(k+2)-1}{k+2}a_k=\dfrac{k+1}{k+2}\times(-1)^k\dfrac{(k-1)!!}{k!!}=(-1)^{k+2}\dfrac{(k+1)!!}{(k+2)!!}$

即 $n=k+2$ 时命题亦成立.

由(i)、(ii)可得，$n\geqslant 3$ 时，原命题成立.

注：上述数学归纳法证明中，第一步同时验证了 $n=3$ 及 $n=4$ 时命题成立，这样，依第二步的 $k\to k+2$，才能断言对于一切大于 3 的奇数及一切大于 4 的偶数命题成立. 若第一步只对 $n=3$ 作验证，则依第二步只能断对于一切大于 3 的奇数命题成立，而未能证出原命题.

例 11　在数列$\{a_n\}$中，$a_1=0$，$a_2=1$，当 $n\geqslant 3$ 时，$a_n+a_{n-1}-2a_{n-2}=2^{n-2}$，则

$$a_n=\begin{cases}\dfrac{1}{3}(2^{n-1}-1) & (n\text{ 为奇数})\\ \dfrac{1}{3}(2^n-1) & (n\text{ 为偶数})\end{cases}$$

证明：(i)当 $n=1$ 时，$a_1=0$，$a_1=\dfrac{1}{3}(2^{1-1}-1)=0$，命题成立，当 $n=2$ 时，$a_2=1$，$\dfrac{1}{3}(2^2-1)=1$，命题亦成立；当 $n=3$ 时，$a_3=-a_2+2^1+2a_1=1$，命题成立；

(ii)假设当 $n\leqslant k(k\geqslant 3)$时，命题成立，只需证明 $n=k+1$ 时命题也成立. 如果 k 为奇数，则

$$a_{k+1}=-a_k+2^{k-1}+2a_{k-1}=-\frac{1}{3}(2^{k-1}-1)+2^{k-1}+2\cdot\frac{1}{3}(2^{k-1}-1)$$
$$=\frac{1}{3}(2^{k+1}-1).$$

如果 k 偶数时，则

$$a_{k+1}=-a_k+2^{k-1}+2a_{k-1}=-\frac{1}{3}(2^k-1)+2^{k-1}+2\cdot\frac{1}{3}(2^{k-2}-1)$$

$$=\frac{1}{3}(2^k-1).$$

所以 $n=k+1$ 时命题也.

由(i)、(ii)可得，$n\in N^*$ 时原命题成立.

三、什么问题可以应用数学归纳法

应用数学归纳法解答的问题主要有两类.

1. 无法直接计算而必须按从小到大的顺序逐步计算的式子或与自然数按从小到大的顺序有关的问题.

例 12 若 $n\in N^*$，则 $1\cdot2+2\cdot3+3\cdot4+\cdots+n(n+1)=\frac{1}{3}n(n+1)\cdot(n+2)$.

证明：(i)当 $n=1$ 时，左边 $=2$，右边 $=\frac{1}{3}\times1\times2\times3=2$，命题成立；

(ii)假设 $n=k$ 时，有 $1\cdot2+2\cdot3+3\cdot4+\cdots+k(k+1)=\frac{1}{3}k(k+1)(k+2)$，当 $n=k+1$ 时，

$$1\cdot2+2\cdot3+3\cdot4+\cdots+k(k+1)+(k+1)(k+2)$$

$$=\frac{1}{3}k(k+1)(k+2)+(k+1)(k+2)$$

$$=\frac{1}{3}(k+1)(k+2)(k+3)$$

即 $n=k+1$ 时，命题亦成立.

故由(i)、(ii)可得，对一切 $n\in N^*$ 命题都成立.

例 13 用数学归纳法证明：

$$\frac{1}{1\cdot2\cdot3}+\frac{1}{2\cdot3\cdot4}+\cdots+\frac{1}{n(n+1)(n+2)}=\frac{n(n+3)}{4(n+1)(n+2)}.$$

证明：(i)当 $n=1$ 时，左边 $=\frac{1}{6}$，右边 $=\frac{1}{6}$，等式成立；

(ii)假设 $n=k$ 时等式成立，即

$$\frac{1}{1\cdot2\cdot3}+\frac{1}{2\cdot3\cdot4}+\cdots+\frac{1}{k(k+1)(k+2)}=\frac{k(k+3)}{4(k+1)(k+2)}$$

则当 $n=k+1$ 时，有

$$\frac{1}{1\cdot2\cdot3}+\frac{1}{2\cdot3\cdot4}+\cdots+\frac{1}{k(k+1)(k+2)}+\frac{1}{(k+1)(k+2)(k+3)}$$
$$=\frac{k(k+3)}{4(k+1)(k+2)}+\frac{1}{(k+1)(k+2)(k+3)}$$
$$=\frac{k(k+3)^2+4}{4(k+1)(k+2)(k+3)}=\frac{(k+1)^2(k+4)}{4(k+1)(k+2)(k+3)}$$
$$=\frac{(k+1)(k+4)}{4(k+2)(k+3)}=\frac{(k+1)[(k+1)+3]}{4[(k+1)+1][(k+1)+2]}.$$

即 $n=k+1$ 时，等式亦成立.

故由(i)、(ii)可得，对任意 $n\in N^*$ 等式都成立.

例 14　求证：当 n 是自然数时，$1+\frac{1}{\sqrt{2}}+\frac{1}{\sqrt{3}}+\cdots+\frac{1}{\sqrt{n}}>2(\sqrt{n+1}-1)$.

证明：(i)当 $n=1$ 时，左边 $=1$，右边 $=2(\sqrt{2}-1)$，

$\because 1-2(\sqrt{2}-1)=3-2\sqrt{2}=(\sqrt{2}-1)^2>0$，$\therefore 1>2(\sqrt{2}-1)$，不等式成立；

(ii)假设 $n=k$ 时，不等式成立，即

$1+\frac{1}{\sqrt{2}}+\frac{1}{\sqrt{3}}+\cdots+\frac{1}{\sqrt{k}}>2(\sqrt{k+1}-1)$，则 $n=k+1$ 时，

$$\because \frac{1}{\sqrt{k+1}+\sqrt{k+1}}>\frac{1}{\sqrt{k+2}+\sqrt{k+1}}=\sqrt{k+2}-\sqrt{k+1}.$$

$$\therefore \frac{1}{\sqrt{k+1}}>2(\sqrt{k+2}-\sqrt{k+1}),$$

$$\therefore 1+\frac{1}{\sqrt{2}}+\frac{1}{\sqrt{3}}+\cdots+\frac{1}{\sqrt{k}}+\frac{1}{\sqrt{k+1}}>2(\sqrt{k+1}-1)+2(\sqrt{k+2}-\sqrt{k+1})$$
$$=2(\sqrt{k+2}-1).$$

即 $n=k+1$ 时，不等式亦成立.

故由(i)、(ii)可得，对一切 $n\in N^*$ 不等式都成立.

例 15　设 $a_n=\sqrt{1\cdot2}+\sqrt{2\cdot3}+\cdots+\sqrt{n(n+1)}\,(n=1,2,\cdots)$，

(1)证明不等式 $\frac{n(n+1)}{2}<a_n<\frac{(n+1)^2}{2}$ 对所有的正整数 n 都成立；

(2)设 $b_n=\frac{a_n}{n(n+1)}\,(n=1,2,\cdots)$，用极限的定义证明：$\lim\limits_{n\to\infty}b_n=\frac{1}{2}$.

(1985 年全国高考理工类数学第七题).

(1)证明：(i)当 $n=1$ 时，由 $a_1=\sqrt{1\cdot2}=\sqrt{2}$，$\frac{1\cdot2}{2}=1<\sqrt{2}$ 及 $\frac{(1+1)^2}{2}$

$=2>\sqrt{2}$知不等式成立；

(ii)假设当 $n=k$ 时不等式成立，即$\frac{k(k+1)}{2}<a_k<\frac{(k+1)^2}{2}$，则 $n=k+1$ 时，可得

$$a_{k+1}=a_k+\sqrt{(k+1)(k+2)}>a_k+(k+1)>\frac{k(k+1)}{2}+(k+1)$$
$$=\frac{(k+1)[(k+1)+1]}{2}.$$

又 $a_{k+1}=a_k+\sqrt{(k+1)(k+2)}<a_k+\frac{(k+1)+(k+2)}{2}$

$$<\frac{(k+1)^2}{2}+\frac{2k+3}{2}=\frac{(k+2)^2}{2}=\frac{[(k+1)+1]^2}{2},$$

即$\frac{(k+1)[(k+1)+1]}{2}<a_{k+1}<\frac{[(k+1)+1]^2}{2}$也成立.

故由(i)、(ii)可得，不等式对所有的正整数 n 都成立.

(2)证略.

例 16 用数学归纳法证明：$1+3^{3n+1}+9^{3n+1}$是 13 的倍数($n\in N^*$).

证明：改证 $n\in Z$，$n\geqslant 0$ 命题成立.

(i)当 $n=0$ 时，$1+3^{3\times 0+1}+9^{3\times 0+1}=1+3+9=13$，命题显然成立；

(ii)假设 $n=k$ 时命题成立，即 $1+3^{3k+1}+9^{3k+1}$是 13 的倍数，则 $n=k+1$ 时，

$1+3^{3k+4}+9^{3k+4}=1+27\cdot 3^{3k+1}+9^3\cdot 9^{3k+1}$

$=(1+3^{3k+1}+9^{3k+1})+13(2\cdot 3^{3k+1}+56\cdot 9^{3k+1})$

由归纳假设可知 $1+3^{3k+4}+9^{3k+4}$是 13 的倍数，即 $n=k+1$ 时命题成立.

故由(i)、(ii)可得，对一切 $n\geqslant 0$，$n\in Z$ 命题成立，从而对一切 $n\in N^*$ 命题成立.

例 17 若 $n\in N^*$，求证：$1+2+2^2+2^3+\cdots+2^{5n-1}$能被 31 整除.

证明：$\because 1+2+2^2+2^3+\cdots+2^{5n-1}=\frac{1\times(2^{5n}-1)}{2-1}=2^{5n}-1$

$\therefore$ 证明 $1+2+2^2+2^3+\cdots+2^{5n-1}$能被 31 整除就是证明 $2^{5n}-1$ 能被 31 整除.

(i)当 $n=1$ 时，$2^5-1=31$，命题显然成立；

(ii)假设 $n=k$ 时命题成立，即 $31\mid(2^{5k}-1)$，则 $n=k+1$ 时，

由 $2^{5(k+1)}-1=2^5\cdot 2^{5k}-1=2^5(2^{5k}-1)+31$

知 $31\mid(2^{5(k+1)}-1)$，即 $n=k+1$ 时，命题亦成立.

故由(i)、(ii)可得，对一切$n\in N^*$，$31\mid(2^{5k}-1)$总成立.

$\therefore 1+2+2^2+2^3+\cdots+2^{5n-1}$能被31整除.

例18　设$s_1=1^2$，$s_2=1^2+2^2+1^2$，$s_3=1^2+2^2+3^2+2^2+1^2$，…，$s_n=1^2+2^2+3^2+\cdots+n^2+\cdots+3^2+2^2+1^2$，

用数学归纳法证明公式$s_n=\dfrac{n(2n^2+1)}{3}$对所有正整数n都成立.(1985年全国高考文史类数学第三题)

证明：因为$s_n=1^2+2^2+3^2+\cdots+n^2+\cdots+3^2+2^2+1^2$，即要证明：$1^2+2^2+3^2+\cdots+n^2+\cdots+3^2+2^2+1^2=\dfrac{n(2n^2+1)}{3}$.

(i)当$n=1$时，左边$=1$，右边$=\dfrac{1\times 3}{3}=1$，等式成立；

(ii)假设$n=k$时等式成立.即

$$1^2+2^2+3^2+\cdots+k^2+\cdots+3^2+2^2+1^2=\frac{k(2k^2+1)}{3}$$

则$n=k+1$时

$$\begin{aligned}&1^2+2^2+3^2+\cdots+k^2+(k+1)^2+k^2+\cdots+3^2+2^2+1^2\\&=\frac{k(2k^2+1)}{3}+(k+1)^2+k^2\\&=\frac{2k^3+k+3(k+1)^2+3k^2}{3}\\&=\frac{k(2k+1)(k+1)+3(k+1)^2}{3}\\&=\frac{(k+1)(2k^2+4k+3)}{3}\\&=\frac{(k+1)[2(k+1)^2+1]}{3}\end{aligned}$$

即$n=k+1$时，等式亦成立，

故由(i)、(ii)可得对所有的正整数n，$s_n=\dfrac{n(2n^2+1)}{3}$都成立.

例19　已知数列-1，3，-5，7，…，求证：$s_n=(-1)^n\cdot n$.

证明：由已知数列可得$a_n=(-1)^n(2n-1)$.

(i)当$n=1$时，$s_1=a_1=(-1)^1\cdot 1=-1$，命题成立；

(ii)假设$n=k$时有$s_k=-1+3-5+7+\cdots+(-1)^k(2k-1)=(-1)^k\cdot k$，则$n=k+1$时，有两种情形：

若 k 为偶数，$s_k=(-1)^k\cdot k=k$，$s_{k+1}=k-[2(k+1)-1]=k-2k-1=-(k+1)=(-1)^{k+1}(k+1)$，结论成立；

若 k 为奇数，$s_k=(-)^k k=-k$，$s_{k+1}=-k+[2(k+1)-1]=(k+1)=(-1)^{k+1}(k+1)$，结论仍成立.

$\therefore n=k+1$ 时，结论亦成立.

故由(i)、(ii)可得．对一切 $n\in N^*$ 结论成立.

例 20　已知数列 $\{a_n\}$ 中，$a_1=2$，$a_{n+1}=(\sqrt{2}-1)(a_n+2)$，$n=1$，$2$，$3$，$\cdots$

(Ⅰ)求 $\{a_n\}$ 的通项公式；

(Ⅱ)若 $\{b_n\}$ 中，$b_1=2$，$b_{n+1}=\dfrac{3b_n+4}{2b_n+3}$，$n=1$，$2$，$3$，$\cdots$

证明： $\sqrt{2}<b_n\leqslant a_{4n-3}$，$n=1$，$2$，$3$，$\cdots$

(2007 年全国高考理科数学试卷 22 题)

(Ⅰ)解略.

(Ⅱ)用数学归纳法证明.

(i)当 $n=1$ 时，因 $\sqrt{2}<2$，$b_1=a_1=2$，所以 $\sqrt{2}<b_1\leqslant a_1$，结论成立；

(ii)假设 $n=k$ 时结论成立，即 $\sqrt{2}<b_k\leqslant a_{4k-3}$．也即 $0<b_k-\sqrt{2}\leqslant a_{4k-3}-\sqrt{2}$，

则 $n=k+1$ 时

$$b_{k+1}-\sqrt{2}=\frac{3b_k+4}{2b_k+3}-\sqrt{2}=\frac{(3-2\sqrt{2})b_k+(4-3\sqrt{2})}{2b_k+3}$$

$$=\frac{(3-2\sqrt{2})(b_k-\sqrt{2})}{2b_k+3}>0$$

又 $\dfrac{1}{2b_k+3}<\dfrac{1}{2\sqrt{2}+3}=3-2\sqrt{2}$

所以 $b_{k+1}-\sqrt{2}=\dfrac{(3-2\sqrt{2})(b_k-\sqrt{2})}{2b_k+3}<(3-2\sqrt{2})^2(b_k-\sqrt{2})$

$\leqslant(\sqrt{2}-1)^4(a_{4k-3}-\sqrt{2})=a_{4k+1}-\sqrt{2}$

也就是说，当 $n=k+1$ 时，结论成立.

根据(i)和(ii)知 $\sqrt{2}<b_n\leqslant a_{4n-3}$，$n=1$，$2$，$3$，$\cdots$

例 21　求证：$\cos x+\cos 3x+\cos 5x+\cdots+\cos(2n-1)x=\dfrac{\sin 2nx}{2\sin x}$.

证明：(i)当 $n=1$ 时，左边 $=\cos x$，右边 $=\dfrac{\sin 2x}{2\sin x}=\cos x$，等式成立；

(ii)假设 $n=k$ 时等式成立．即

$\cos x+\cos 3x+\cos x5x+\cdots+\cos(2k-1)x=\dfrac{\sin 2kx}{2\sin x}.$

则 $n=k+1$ 时

$\cos x+\cos 3x+\cos x5x+\cdots+\cos(2k-1)x+\cos(2k+1)x$

$=\dfrac{\sin 2kx}{2\sin x}+\cos(2k+1)x=\dfrac{\sin 2kx+2\sin x\cos(2k+1)x}{2\sin x}$

$=\dfrac{\sin 2kx+\sin 2(k+1)x-\sin 2kx}{2\sin x}$

$=\dfrac{\sin 2(k+1)x}{2\sin x}.$

即 $n=k+1$ 时等式亦成立.

故由(i)、(ii)可得，对任意 $n\in N^*$ 等式成立.

2. 应用不完全归纳法得出的结论或从对自然数递推而归纳的结论必须应用数学归纳法来证明.

例 22　已知 $\{a_n\}$ 中，a_n 与 n 满足 $a_n=f(n)$，$f(1)=1+1$，$f(2)=f(1)+2$，…，$f(n)=f(n-1)+n$，求出 a_n 并证明之.

解：$f(1)=1+1$，$f(2)=f(1)+2=1+\dfrac{2\times 3}{2}$，$f(3)=f(2)+3=7=1+\dfrac{3\times 4}{2}$. 由此猜测 $f(n)=1+\dfrac{n(n+1)}{2}$.

下面用数学的归纳法证明猜测的正确性：

(i)当 $n=1$ 时，$f(1)=1+\dfrac{1\times(1+1)}{2}=1+1$，命题成立.

(ii)假设 $n=k$ 时，假设 $f(k)=1+\dfrac{k(k+1)}{2}$，则 $n=k+1$ 时，

$f(k+1)=f(k)+(k+1)=1+\dfrac{k(k+1)}{2}+(k+1)$

$=1+\dfrac{(k+1)(k+2)}{2}.$

即 $n=k+1$ 时，命题亦成立.

由(i)、(ii)可得，$n\in N^*$ 时，$f(n)=1+\dfrac{n(n+1)}{2}$ 均成立.

例 23　观察前 4 个等式：$1=1$，$1-4=-(1+2)$，$1-4+9=1+2+$

3，$1-4+9-16=-(1+2+3+4)$，…，猜想第 n 个等式，并给予证明.

解：猜想得 $1-2^2+3^2-\cdots+(-1)^{n+1}\cdot n^2=(-1)^{n+1}(1+2+3+\cdots+n)=(-1)^{n+1}\cdot\frac{n(n+1)}{2}$.

证明：(i)当 $n=1$ 时，等式显然成立；

(ii)假设 $n=k$ 时等式成立，则 $n=k+1$ 时

$$1-2^2+3^2-\cdots+(-1)^{k+1}k^2+(-1)^{k+2}(k+1)^2$$

$$=(-1)^{k+1}\frac{k(k+1)}{2}+(-1)^{k+2}(k+1)^2$$

$$=(-1)^{k+2}(k+1)\left(-\frac{k}{2}+k+1\right)$$

$$=(-1)^{k+2}\frac{(k+1)(k+2)}{2}.$$

即 $n=k+1$ 时等式亦成立.

故由(i)、(ii)可得，对任意 $n\in N^*$ 等式成立.

例24　已知数列 $\frac{1}{1\cdot 2}$，$\frac{1}{2\cdot 3}$，$\frac{1}{3\cdot 4}$，…，$\frac{1}{n(n+1)}$，s_n 表示数列的前 n 项和. 计算 s_1，s_2，s_3，由此推测计算 s_n 的公式，然后用数学归纳法证明这个公式.

解：$s_1=\frac{1}{2}$，$s_2=\frac{2}{3}$，$s_3=\frac{3}{4}$，由此猜测 $s_n=1-\frac{1}{n+1}=\frac{n}{n+1}$.

用数学归纳法证明：

(i)当 $n=1$ 时，命题显然成立；

(ii)假设 $n=k$ 时，$s_k=\frac{k}{k+1}$，则 $n=k+1$ 时，

$$s_{k+1}=s_k+\frac{1}{(k+1)(k+2)}=\frac{k}{k+1}+\frac{1}{(k+1)(k+2)}=\frac{k^2+2k+1}{(k+1)(k+2)}$$

$$=\frac{k+1}{(k+1)+1}.$$

即 $n=k+1$ 时，命题亦成立.

故由(i)、(ii)可得，对任意 $n\in N^*$，$s_n=\frac{n}{n+1}$均成立.

例25　已知 $x+\frac{1}{x}=2\cos\theta$，试通过计算 $x^2+\frac{1}{x^2}$，$x^3+\frac{1}{x^3}$的值，先归纳出 $x^n+\frac{1}{x^n}(n\in N^*)$的值，并用数学归纳法加以证明.

解：$x^2+\dfrac{1}{x^2}=\left(x+\dfrac{1}{x}\right)^2-2=4\cos^2\theta-2=2\cos2\theta.$

$$x^3+\frac{1}{x^3}=\left(x+\frac{1}{x}\right)\left(x^2-1+\frac{1}{x^2}\right)=2\cos\theta(2\cos2\theta-1)=2\cos3\theta.$$

由此猜想 $x^n+\dfrac{1}{x^n}=2\cos n\theta(n\in N^*)$

(i)当 $n=1$，2 时，由已知条件可知猜想成立；

(ii)假设 $n=k-1$，$n=k(k\geqslant2)$时，猜想成立，则 $n=k+1$ 时，

$$\begin{aligned}x^{k+1}+\frac{1}{x^{k+1}}&=\left(x+\frac{1}{x}\right)\left(x^k+\frac{1}{x^k}\right)-\left(x^{k-1}+\frac{1}{x^{k-1}}\right)\\&=2\cos\theta\cdot2\cos k\theta-2\cos(k-1)\theta\\&=2[\cos(k+1)\theta+\cos(k-1)\theta-\cos(k-1)\theta]\\&=2\cos(k+1)\theta.\end{aligned}$$

即 $n=k+1$ 时，猜想亦成立.

故由(i)、(ii)可得，对一切 $n\in N^*$，$x^n+\dfrac{1}{x^n}=2\cos n\theta$ 均成立.

例 26　n 为自然数，比较$(n+1)^3$ 与 n^4 的大小.

解：当 $n=1$ 时，$(n+1)^3=8$，$n^4=1$，$(n+1)^3>n^4$，

当 $n=2$ 时，$(n+1)^3=27$，$n^4=16$，$(n+1)^3>n^4$，

当 $n=3$ 时，$(n+1)^3=64$，$n^4=81$，$n^4>(n+1)^3$，

猜想：当 $n\geqslant3$ 时，$n^4>(n+1)^3$.

(i)当 $n=3$ 时，上已验证不等式成立；

(ii)假设 $n=k(k\geqslant3)$时，$k^4>(k+1)^3$，则 $n=k+1$ 时，由$(k+1)^4-[(k+1)+1]^3=k^4+4k^3+6k^2+4k+1-(k+1)^3-3(k+1)^2-3(k+1)-1>(k+1)^3+4k^3+6k^2+4k-(k+1)^3-3(k+1)^2-3(k+1)$

$=k(4k^2-5)+3(k^2-2)>0(\because k\geqslant3)$，

知$(k+1)^4>[(k+1)+1]^3$.

即 $n=k+1$ 时，不等式亦成立.

故由(i)、(ii)可得，当 $n\geqslant3$，$n\in N^*$时，$n^4>(n+1)^3$ 成立.

答：当 $n=1$，2 时，$n^4<(n+1)^3$，

当 $n\geqslant3$ 时，$n^4>(n+1)^3$.

例 27　对于一切自然数 n，先猜出使 $t^n>n^2$的最小的自然数 t，然后用数学归纳法证明，并再证明不等式：$n(n+1)\dfrac{\lg3}{4}>\lg(1\cdot2\cdot3\cdot\cdots\cdot n)$.

解：当 $t=1$，2 时均不能使所有 $n\in N^*$有 $t^n>n^2$，

猜想 $3^n>n^2$，即 $t=3$ 时，对于一切 $n\in N^*$ 成立.

证明：(i)当 $n=1$ 时，$3^1>1^2$成立，当 $n=2$ 时，$3^2>2^2$也成立；

(ii)假设 $n=k(k\geqslant 2)$时，$3^k>k^2$成立，则 $n=k+1$ 时，

$\because 3^{k+1}-(k+1)^2=3\cdot 3^k-(k^2+2k+1)>3\cdot k^2-(k^2+2k+1)$
$=2k^2-2k-1=2k(k-1)-1>0(k\geqslant 2)$，

$\therefore 3^{k+1}>(k+1)^2$，即 $n=k+1$ 时，$3^n>n^2$也成立.

故由(i)、(ii)可得，当 $t=3$ 时，对一切 $n\in N^*$，$t^n>n^2$均成立.

由前述命题 $3^k>k^2(k\in N^*)$有 $k\lg3>2\lg k$，

将 $k=1,2,3,\cdots,n$ 分别代入上式，其和为

$$\frac{n(n+1)}{2}\lg3>2\lg(1\cdot 2\cdot 3\cdot\cdots\cdot n).$$

$\therefore n(n+1)\cdot\dfrac{\lg3}{4}>\lg(1\cdot 2\cdot 3\cdot\cdots\cdot n).$

例28 设正数 $a\neq 1$，且数列 b_1，b_2，b_3，$\cdots$满足 $b_1=a+\dfrac{1}{a}$，$b_{n+1}=b_1-\dfrac{1}{b_n}(n\in N^*)$. (1)写出 b_1，b_2，b_3，$\cdots$；(2)归纳 b_n 的表达式并证明；(3)求$\lim\limits_{n\to\infty}b_n=?$

解：(1)$b_1=\dfrac{a^2+1}{a}=\dfrac{a^4-1}{a(a^2-1)}$，$b_2=\dfrac{a^4+a^2+1}{a(a^2+1)}=\dfrac{a^6-1}{a(a^4-1)}$，

$b_3=\dfrac{a^6+a^4+a^2+1}{a(a^4+a^2+1)}=\dfrac{a^8-1}{a(a^6-1)}$，$\cdots$

(2)猜想 $b_n=\dfrac{a^{2n+2}-1}{a(a^{2n}-1)}$，用数学归纳法证明.

(i)当 $n=1$ 时，$b_1=\dfrac{a^4-1}{a(a^2-1)}=\dfrac{a^2+1}{a}=a+\dfrac{1}{a}$，命题成立；

(ii)假设 $n=k$ 时命题成立，即 $b_k=\dfrac{a^{2k+2}-1}{a(a^{2k}-1)}$，则 $n=k+1$ 时，

$$\begin{aligned}b_{k+1}&=b_1-\frac{1}{b_k}=\frac{a^4-1}{a(a^2-1)}-\frac{a(a^{2k}-1)}{a^{2k+2}-1}\\&=\frac{(a^4-1)(a^{2k+2}-1)-a^2(a^{2k}-1)(a^2-1)}{a(a^2-1)(a^{2k+2}-1)}\\&=\frac{a^{2k+6}-a^4-a^{2k+2}+1-a^{2k+4}+a^4+a^{2k+2}-a^2}{a(a^2-1)(a^{2k+2}-1)}\\&=\frac{a^{2k+4}(a^2-1)-(a^2-1)}{a(a^2-1)(a^{2k+2}-1)}=\frac{(a^2-1)(a^{2k+4}-1)}{a(a^2-1)(a^{2k+2}-1)}=\frac{a^{2(k+1)+2}-1}{a[a^{2(k+1)}-1]}\end{aligned}$$

即 $n=k+1$ 时命题成立.

故由(i)、(ii)可得，对任意自然数 n，$b_n=\dfrac{a^{2n+2}-1}{a(a^{2n}-1)}$均成立.

(3)略.

$$\lim_{n\to\infty}b_n=\begin{cases}a & (a>1)\\ \dfrac{1}{a} & (0<a<1)\end{cases}$$

例29　数列$\{a_n\}$中，$a_1=p(p\neq0)$，$a_na_{n+1}=q^n(q\neq0)$，求前 n 项和 s_n.

解： $\because a_1=p(p\neq0)$，由 $a_1a_2=q(q\neq0)$得 $a_2=\dfrac{q}{p}$，

由 $a_2a_3=q^2$得 $a_3=\dfrac{q^2}{a_2}=pq$，

由 $a_3a_4=q^3$ 得 $a_4=\dfrac{q^3}{a_3}=\dfrac{q^2}{p}$，

由 $a_4a_5=q^4$ 得 $a_5=\dfrac{q^4}{a_4}=pq^2$，

由 $a_5a_6=q^5$ 得 $a_6=\dfrac{q^5}{a_5}=\dfrac{q^3}{p}$，

……

于是有 $a_1=p$，$a_3=pq$，$a_5=pq^2$，…猜想 $a_{2n-1}=pq^{n-1}$，$a_2=\dfrac{q}{p}$，$a_4=\dfrac{q^2}{p}$，$a_6=\dfrac{q^3}{p}$，…猜想 $a_{2n}=\dfrac{q^n}{p}$.

用数学归纳法证明猜想成立.

(i)当 $n=1$，2 时，结论明显成立；

(ii)假设 $n=k$ 时有 $a_{2k-1}=pq^{k-1}$，$a_{2k}=\dfrac{q^k}{p}(k\geqslant1$ 且 $k\in N^*)$.

由条件 $a_{2k}a_{2k+1}=q^{2k}$，$a_{2k+1}a_{2k+2}=q^{2k+1}$.

易得 $a_{2k+1}=pq^k$，$a_{2k+2}=\dfrac{q^{k+1}}{p}$，

即 $n=k+1$ 时结论亦成立.

故由(i)、(ii)可得，对于一切 $n\in N^*$，$a_{2n-1}=pq^{n-1}$，$a_{2n}=\dfrac{q^n}{p}$都成立.

$\therefore s_n=p+\dfrac{q}{p}+pq+\dfrac{q^2}{p}+\cdots$

当 $n=2m(m\in N^*)$时，

若 $q=1$，$s_n=s_{2m}=mp+\frac{m}{p}=(p+\frac{1}{p})\cdot\frac{n}{2}$.

若 $q\neq1$，$s_n=s_{2m}=(p+pq+pq^2+\cdots+pq^{m-1})+\frac{1}{p}(q+q^2+\cdots+q^m)$

$=p\cdot\frac{1-q^m}{1-q}+\frac{q}{p}\left(\frac{1-q^m}{1-q}\right)=\left(p+\frac{q}{q}\right)\frac{1-q^{\frac{n}{2}}}{1-q}$.

当 $n=2m+1(m\in N^*)$时，若 $q=1$，

$s_n=(m+1)p+\frac{1}{p}\cdot m=p+\left(p+\frac{1}{p}\right)\cdot\frac{n-1}{2}$.

若 $q\neq1$，$s_n\ =(p+pq+\cdots+pq^m)+\frac{1}{p}(q+q^2+q^3+\cdots+q^m)$

$$=p\cdot\frac{1-q^{m+1}}{1-q}+\frac{q}{p}\cdot\frac{1-q^m}{1-q}=\frac{p^2+q-q^{m+1}(p^2+1)}{p(1-q)}$$

$$=\frac{p^2+q-(p^2+1)\cdot q^{\frac{n+1}{2}}}{p(1-q)}.$$

例30　设数列$\{a_n\}$的前 n 项和为 s_n，满足 $s_n=2na_{n+1}-3n^2-4n$，$n\in N^*$且 $s_3=15$.

(1)求 a_1，a_2，a_3的值；

(2)求数列$\{a_n\}$的通项公式.

(2014 年广东省高考理科数学 19 题).

解：(1)略.　　$a_1=3$，$a_2=5$，$a_3=7$.

(2)$s_n=2na_{n+1}-3n^2-4n$　　③

$\therefore$ 当 $n\geqslant2$ 时，$s_{n-1}=2(n-1)a_n-3(n-1)^2-4(n-1)$　　④

③－④并整理得 $a_{n+1}=\frac{2n-1}{2n}a_n+\frac{6n+1}{2n}$.

由(1)猜想 $a_n=2n+1$，以下用数学归纳法证明.

(i)由(1)知当 $n=1$ 时，$a_1=3=2\times1+1$，猜想成立；

(ii)假设 $n=k$ 时，猜想成立，即 $a_k=2k+1$，

则当 $n=k+1$ 时，$a_{k+1}=\frac{2k-1}{2k}a_k+\frac{6k+1}{2k}=\frac{2k-1}{2k}(2k+1)+3+\frac{1}{2k}$

$$=\frac{4k^2-1}{2k}+3+\frac{1}{2k}=2k+3=2(k+1)+1,$$

也就是 $n=k+1$ 时猜想也成立，从而对一切 $n\in N^*$，$a_n=2n+1$.

例31　对于数集 $X=\{-1, x_1, x_2, \cdots, x_n\}$，其中 $0<x_1<x_2<\cdots<x_n$，$n\geqslant2$，定义向量集 $Y=\{\boldsymbol{a}\mid\boldsymbol{a}=(s,t), s\in X, t\in X\}$，若对任意 $\boldsymbol{a}_1\in Y$，

存在 $\boldsymbol{a}_2 \in Y$，使得 $\boldsymbol{a}_1 \cdot \boldsymbol{a}_2 = 0$，则称 X 具有性质 p，例如 $\{-1, 1, 2\}$ 具有性质 p.

(1) 若 $x > 2$，且 $\{-1, 1, 2, x\}$ 具有性质 p，求 x 的值；

(2) 若 X 具有性质 p，求证：$1 \in X$ 且当 $x_n > 1$ 时，$x_1 = 1$；

(3) 若 X 具有性质 p，且 $x_1 = 1$，$x_2 = q$（q 为常数），求有穷数列 x_1，x_2，…，x_n 的通项公式.

（2012 年上海市高考理科数学 23 题）.

(1) 解：略. $x = 4$.

(2) 证明：略.

(3) 解法一：猜想 $x_i = q^{1-i}$，　　$i = 1, 2, 3, \cdots n$.

记 $A_k = \{-1, x_1, x_2, \cdots, x_k\}$，$k = 2, 3, \cdots, n$.

先证明若 A_{k+1} 具有性质 p，则 A_k 也具有性质 p.

任取 $\boldsymbol{a}_1 = (s, t)$，$s$，$t \in A_k$，当 s，t 中出现 -1 时，显然有 $\boldsymbol{a}_2$ 满足 $\boldsymbol{a}_1 \cdot \boldsymbol{a}_2 = 0$

当 s，t 都不是 -1 时，满足 $s \geqslant 1$ 且 $t \geqslant 1$.

因为 A_{k+1} 具有性质 p，所以有 $\boldsymbol{a}_2 = (s_1, t_1)$（$s_1$、$t_1 \in A_{k+1}$），使得 $\boldsymbol{a}_1 \cdot \boldsymbol{a}_2 = 0$，从而 s_1，t_1 中有一个为 -1，不妨设 $s_1 = -1$.

假设 $t_1 \in A_{k+1}$，且 $t_1 \notin A_k$，则 $t_1 = x_{k+1}$，由 $(s, t)(-1, x_{k+1}) = 0$，得 $s = tx_{k+1} \geqslant x_{k+1}$，与 $s \in A_k$ 矛盾，所以 $t_1 \in A_k$，从而 A_k 也具有性质 p.

再用数学归纳法证明 $x_i = q^{i-1}$，　　$i = 1, 2, 3, \cdots, n$.

当 $n = 2$ 时，结论显然成立；

假设 $n = k$ 时，$A_k = \{-1, x_1, x_2, \cdots, x_k\}$ 具有性质 p，则 $x_i = q^{i-1}$，$i = 1, 2, 3, \cdots, k$.

当 $n = k+1$ 时，若 $A_{k+1} = \{-1, x_1, x_2, \cdots, x_{k+1}\}$ 具有性质 p，则 $A_k = \{-1, x_1, x_2, \cdots, x_k\}$ 也具有性质 p.

所以 $A_{k+1} = \{-1, q, q^2, \cdots, q^{k-1}, x_{k+1}\}$

取 $\boldsymbol{a}_1 = (x_{k+1}, q)$，并设 $\boldsymbol{a}_2 = (s, t)$，$s$，$t \in A_{k+1}$，满足 $\boldsymbol{a}_1 \cdot \boldsymbol{a}_2 = 0$. 由此可得 $s = -1$ 或 $t = -1$.

若 $t = -1$，则 $x_{k+1} = \dfrac{q}{s} < q$，不可能.

所以 $s = -1$，$x_{k+1} = qt = q^i \leqslant q^k$ 且 $x_{k+1} > q^{k-1}$，因此 $x_{k+1} = q^k$.

综上所述，$x_i = q^{i-1}$，　　$i = 1, 2, 3, \cdots, n$.

例 32　一个数列 u_0，u_1，u_2，…定义如下：$u_0 = 2$，$u_1 = \dfrac{2}{5}$，$u_{n+1} =$

$u_n(u_{n-1}^2-2)-u_1$，$n=1,2,\cdots$，试证：对 $n=1,2,\cdots$，有 $[u_n]=2^{\frac{2^n-(-1)^n}{3}}$，其中 $[x]$ 表示不大于 x 的最大整数.

证明：根据题设条件，观察到

$u_0=2=1+1=2^{\frac{2^0-(-1)^0}{3}}+2^{-\frac{2^0-(-1)^0}{3}}$，

$u_1=\frac{5}{2}=2+\frac{1}{2}=2^{\frac{2^1-(-1)^1}{3}}+2^{-\frac{2^1-(-1)^1}{3}}$，

$u_2=\frac{5}{2}=2+\frac{1}{2}=2^{\frac{2^2-(-1)^2}{3}}+2^{-\frac{2^2-(-1)^2}{3}}$，

$u_3=\frac{65}{8}=8+\frac{1}{8}=2^{\frac{2^3-(-1)^3}{3}}+2^{-\frac{2^3-(-1)^3}{3}}$.

一般地，对于 $n>0$，$u_n=2^{\frac{2^n-(-1)^n}{3}}+2^{-\frac{2^n-(-1)^n}{3}}$成立.

下面用数学归纳法证明这个命题.

(i)当 $n=1$，2 时，由上观察知命题成立；

(ii)假设 $n=k-1$ 和 $n=k$ 时，命题成立，令 $a_n=\frac{2^n-(-1)^n}{3}$，则 $n=k+1$ 时，根据递推公式有

$$u_{n+1}=(2^{a_k}+2^{-a_k})[(2^{a_{k-1}}+2^{-a_{k-1}})^2-2]-\frac{5}{2}$$

$$=2^{a_k+2a_{k-1}}+2^{2a_{k-1}-a_k}+2^{a_k-2a_{k-1}}+2^{-(a_k+2a_{k-1})}-\frac{5}{2},$$

但由于 $a_k+2a_{k-1}=\frac{1}{3}[2^k-(-1)^k+2\cdot 2^{k-1}-2\cdot(-1)^{k-1}]=a_{k+1}$，

$2a_{k-1}-a_k=\frac{1}{3}[2\cdot 2^{k-1}-2(-1)^{k-1}-2^k+(-1)^k]=(-1)^k$，

$a_k-2a_{k-1}=-(2a_{k-1}-a_k)=(-1)^{k+1}$，

又 $2^{(-1)^k}+2^{(-1)^{k+1}}-\frac{5}{2}=0$，

$\therefore u_{n+1}=2^{a_{k+1}}+2^{(-1)^k}+2^{(-1)^{k+1}}+2^{-a_{k+1}}-\frac{5}{2}=2^{a_{k+1}}+2^{-a_{k+1}}$

即 $n=k+1$ 时命题也成立.

故由(i)、(ii)可得，对于任意 $n\in N^*$，$u_n=2^{\frac{2^n-(-1)^n}{3}}+2^{-\frac{2^n-(-1)^n}{3}}$成立.

又对于 $n\equiv 0(\mathrm{mod}2)$有，

$2^n\equiv 1(\mathrm{mod}3)$和$(-1)^n\equiv 1(\mathrm{mod}3)$，

对于 $n\equiv 1(\mathrm{mod}2)$有，

$2^n \equiv 2(\bmod 3)$和$(-1)^n \equiv 2(\bmod 3)$，

所以总有$2^n-(-1)^n \equiv 0(\bmod 3)$

因此$2^{\frac{2^n-(-1)^n}{3}}$总是整数.

又因为对于所有的自然数n，

$2^{\frac{2^n-(-1)^n}{3}}>1$，所以$2^{-\frac{2^n-(-1)^n}{3}}<1$，

故$[u_n]=2^{\frac{2^n-(-1)^n}{3}}$，原命题成立.

例33　求凸n边形对角线的条数.

解：设对角线的条数为$f(n)$，$\because f(4)=2=\frac{4(4-3)}{2}$，$f(5)=5=\frac{5(5-3)}{2}$，由此猜测$f(n)=\frac{n(n-3)}{2}(n\geqslant 4)$.

可以直接证明猜测. 因为每一个顶点有$n-3$条对角线，每条对角线被重复计算一次，故有$f(n)=\frac{n(n-3)}{2}(n\geqslant 4)$.

下面用数学归纳法证明猜测的正确性：

(i)当$n=4$时，$f(4)=\frac{4(4-3)}{2}$，命题成立；

(ii)假设$n=k$时命题成立，即凸k边形有：$f(k)=\frac{k(k-3)}{2}$条对角线，则$n=k+1$时，凸k边形变成了凸$k+1$边形，对角线增加了$k-1$条，

$$f(k+1)=f(k)+(k-1)=\frac{k(k-3)}{2}+(k-1)=\frac{(k+1)(k-2)}{2}.$$

即$n=k+1$时，命题亦成立.

故由(i)、(ii)可得，凸$n(n\geqslant 4)$边形对角线的条数为$f(n)=\frac{n(n-3)}{2}$.

四、应用数学归纳法要注意的几个问题

1. 验证第一步时要注意的问题.

(1)验证第一步是不可缺少的. 如果我们在证明中放弃了第一个步骤，就会得出错误的结论.

例如：$1+2+3+\cdots+n=\frac{n^2+n+1}{2}$.

如果我们只验证第二步.

假设$n=k$时，等式成立，即$1+2+3+\cdots+k=\frac{k^2+k+1}{2}$. 则$n=k+1$

时，有

$$1+2+3+\cdots+k+(k+1)=\frac{k^2+k+1}{2}+(k+1)=\frac{(k+1)^2+(k+1)+1}{2}$$

即 $n=k+1$ 时，等式亦成立.

由此得出，对任意 $n\in N^*$ 这个等式均成立，那就是一个极大的错误.

事实上，由等差数列前 n 项和的公式可得：

$$1+2+3+\cdots+n=\frac{n(n+1)}{2}=\frac{n^2+n}{2}\neq\frac{n^2+n+1}{2}.$$

(2) n 的初始值不一定是 1，取什么值由问题的已知条件确定. 如本节例 4、例 5、例 6 等.

(3) 如果在验证第二步的递推过程中用了两个 $(n\leqslant k,\ k\geqslant 2)$ 归纳假设或从"$k\to k+2$"，那么，必须在第一步对 n 取两个相邻的初始值进行验证. 如本节例 7 到例 11 等.

(4) 如果在验证第二步的递推过程中用到了第一步的结论，那么在验证第一步时必须书写清楚.

例 34 有一列实数 a_1，a_2，…，a_n，已知 $a_i<1(i=1,\ 2,\ \cdots,\ n)$，求证：$a_1\cdot a_2\cdot\cdots\cdot a_n>a_1+a_2+\cdots+a_n+1-n(n\geqslant 2)$.

证明： (i) 当 $n=2$ 时，有 $a_1\cdot a_2-(a_1+a_2+1-2)=(a_1-1)(a_2-1)>0$，所以，$a_1\cdot a_2>a_1+a_2+1-2$.

(ii) 假设 $n=k$ 时，$a_1\cdot a_2\cdot\cdots\cdot a_k>a_1+a_2+\cdots+a_k+1-k$ 成立，则 $n=k+1$ 时，有

$$\begin{aligned}a_1\cdot a_2\cdot\cdots\cdot a_{k+1}&>a_1\cdot a_2\cdot\cdots\cdot a_k+a_{k+1}+1-2 &①\\&>a_1+a_2+\cdots+a_k+1-k+a_{k+1}+1-2 &②\\&=a_1+a_2+\cdots+a_k+a_{k+1}+1-(k+1)\end{aligned}$$

即 $n=k+1$ 时，命题亦成立.

故由 (i)、(ii) 可知对于 $n\geqslant 2$，$n\in N^*$ 不等式成立.

在上述由"$k\to k+1$"的过程中，第①式用的是第一步的结论，第②式才用到归纳假设. 所以，第一步的作用并不仅仅在于验证 n 取初始值时命题成立，在很多情况下，第一步的结论可以作为验证第二步推理的依据.

2. 验证第二步时要注意的问题.

(1) 在归纳证明过程中要以归纳假设为已知条件进行推理.

例 35 观察下列式子：$\sqrt{1^2+1}=\sqrt{2}<2$，$\sqrt{2^2+2}=\sqrt{6}<3$，$\sqrt{3^2+3}=\sqrt{12}<4$，……

可以归纳出什么结论，试用数学归纳法证明你的结论.

解：可以归纳出 $\sqrt{n^2+n}<n+1$，现用数学归纳法证明：

(i)当 $n=1$ 时，$\sqrt{1^2+1}<1+1$，不等式成立；

(ii)假设 $n=k$ 时不等式成立，即 $\sqrt{k^2+k}<k+1$，则 $n=k+1$ 时，$\sqrt{(k+1)^2+(k+1)}=\sqrt{k^2+3k+2}<\sqrt{k^2+4k+4}=\sqrt{(k+2)^2}=(k+1)+1$，不等式仍成立.

由(i)、(ii)可得，对任意自然数 n 不等式成立.

上面的方法貌似数学归纳法，但第二步没有依据归纳假设，故不能称为数学归纳法.

第二步的正确解法是：

假设 $n=k$ 时不等式成立. $\sqrt{k^2+k}<k+1$，

$\therefore k^2+k<(k+1)^2$，则 $n=k+1$ 时，

$(k+1)^2+(k+1)=k^2+k+2k+2<(k+1)^2+2k+2=(k+2)^2-1$

$<(k+2)^2$

$\therefore\ \sqrt{(k+1)^2+(k+1)}<\sqrt{(k+2)^2}=k+1+1$

即 $n=k+1$ 时，不等式也成立.

(2)在归纳证明过程中要注意限制条件或命题形式的变化.

例 36　用数学归纳法证明：

$$(1+2+\cdots+n)\left(1+\frac{1}{2}+\cdots+\frac{1}{n}\right)\geqslant n^2(n\in N^*).$$

错证：(i)当 $n=1$ 时，左边 $=1\cdot1=1$，右边 $=1^2=1$，命题成立；

(ii)假设 $n=k$ 时命题成立，即 $(1+2+\cdots+k)\left(1+\frac{1}{2}+\cdots+\frac{1}{k}\right)\geqslant k^2$，则 $n=k+1$ 时，有

$$[1+2+\cdots+k+(k+1)]\left[1+\frac{1}{2}+\cdots+\frac{1}{k}+\frac{1}{k+1}\right]$$

$$=(1+2+\cdots+k)\left(1+\frac{1}{2}+\cdots+\frac{1}{k}\right)+\frac{1}{k+1}(1+2+\cdots+k)$$

$$+(k+1)\left(1+\frac{1}{2}+\cdots+\frac{1}{k}\right)+(k+1)\left(\frac{1}{k+1}\right)$$

$$\geqslant k^2+\frac{1}{k+1}\cdot\frac{k(k+1)}{2}+(k+1)\cdot\frac{3}{2}+1$$

$$\geqslant k^2+\frac{k}{2}+\frac{3k}{2}+1=(k+1)^2.$$

即 $n=k+1$ 时，命题亦成立.

故由(i)、(ii)可知对任意自然数 n 原不等式均成立.

上述证明过程从形式上看似乎正确，但实际上是有错误的. 数学归纳原理要求，在第一步验证 $n=n_0$ 后，第二步所考虑的 k 必须是满足 $k\geqslant n_0$ 的一切自然数，而以上证明中的第二步用到的不等式关系 $1+\frac{1}{2}+\cdots+\frac{1}{k}\geqslant 1+\frac{1}{2}$，却默认了 $k>1$，不允许 $k=1$，因而第二步所形成的递推就失去了基础，所以说上述证明过程是有错误的.

正确证法应该在上述证法的第一步中再加上验证 $n=2$ 时不等式也成立，这样归纳证明中可以取 $k\geqslant 2$.

例 37 1. 若 $a>0$，$b>0$，且 $a+b=1$，则 $a^2+b^2\geqslant\frac{1}{2}$；

2. 试推广上述命题：①至少提出两个猜想性命题；②证明你所提出的命题(1987 年南通市中学数学竞赛第五大题).

在标准答案中，对于第 2 个问题给出了这样一个猜想："若 $a_i>0(i=1,2,\cdots,n)$ 且 $a_1+a_2+\cdots+a_n=1$，则 $a_1^2+a_2^2+\cdots+a_n^2\geqslant\frac{1}{n}(n\geqslant 2)$".

猜想的证明(用数学归纳法证之)：

1^0 当 $n=2$ 时，命题显然成立.

2^0 假设当 $n=k$ 时($k\geqslant 2$)命题成立，即

$a_1^2+a_2^2+\cdots+a_k^2\geqslant\frac{1}{k}$，那么，当 $n=k+1$ 时，有

$a_1^2+a_2^2+\cdots+a_k^2+a_{k+1}^2\geqslant\frac{1}{k}+a_{k+1}^2>\frac{1}{k}>\frac{1}{k+1}$.

综合 1^0、2^0 知，命题对于不小于 2 的自然数都成立. (证毕)

这个证明看上去天衣无缝，实际上隐藏着一个很大的错误. 因为归纳假设是：若 $a_i>0(i=1,2,\cdots,k)$ 且 $a_1+a_2+\cdots+a_k=1$，则有 $a_1^2+a_2^2+\cdots+a_k^2\geqslant\frac{1}{k}$，而当 $n=k+1$ 时的条件是：若 $a_i>0(i=1,2,\cdots,k+1)$ 且 $a_1+a_2+\cdots+a_k+a_{k+1}=1$，显然这个条件不满足归纳假设中的条件形式，从而归纳假设的结论也就不成立，所以在推断 $n=k+1$ 时不能用"$a_1^2+a_2^2+\cdots+a_k^2\geqslant\frac{1}{k}$". 由此看来，标准答案的证法是错误的.

凡是条件与结论均是与 n 有关的命题，在由"$A(k)\Rightarrow B(k)$"成立推断"$A(k+1)\Rightarrow B(k+1)$"时，一定要看看若 $A(k+1)$ 成立，$A(k)$ 是否还成立.

否则，就不能在“$A(k+1)\Rightarrow B(k+1)$”的推断中用归纳假设“$A(k)\Rightarrow B(k)$”.

此题的正确证明方法为：

(i)当 $n=2$ 时，命题显然成立；

(ii)假设 $n=k$ 时($k\geqslant 2$)，命题成立，即 $a_i>0(i=1, 2, \cdots, k)$且 $a_1+a_2+\cdots+a_k=1$，则有 $a_1^2+a_2^2+\cdots+a_k^2\geqslant\frac{1}{k}$，那么，当 $n=k+1$ 时，由 $a_1+a_2+\cdots+a_k+a_{k+1}=1$ 得

$$\frac{a_1}{1-a_{k+1}}+\frac{a_2}{1-a_{k+1}}+\cdots+\frac{a_k}{1-a_{k+1}}=1 \text{ 且 } \frac{a_i}{1-a_{k+1}}>0(i=1, 2, \cdots, k).$$

由归纳假设得：

$$\left(\frac{a_1}{1-a_{k+1}}\right)^2+\left(\frac{a_2}{1-a_{k+1}}\right)^2+\cdots+\left(\frac{a_k}{1-a_{k+1}}\right)^2\geqslant\frac{1}{k},$$

即 $a_1^2+a_2{}^2+\cdots+a_k^2+a_{k+1}^2\geqslant\frac{(1-a_{k+1})^2}{k}+a_{k+1}^2$.

所以，只要证明 $\frac{(1-a_{k+1})^2}{k}+a_{k+1}^2\geqslant\frac{1}{k+1}$,

即 $(k+1)^2a_{k+1}^2-2(k+1)a_{k+1}+1\geqslant 0$，此式显然成立.

亦即 $n=k+1$ 时命题也成立.

故由(i)、(ii)可得，命题对于不小于 2 的自然数都成立.

例 38　用数学归纳法证明：对于任意大于 1 的自然数 n，不等式 $\frac{1}{n+1}+\frac{1}{n+2}+\cdots+\frac{1}{2n}>\frac{13}{24}$成立.

错证：(i)当 $n=2$ 时，左边 $=\frac{1}{3}+\frac{1}{4}=\frac{7}{12}>\frac{13}{24}$，原不等式成立；

(ii)假设 $n=k$ 时，原不等式成立，即

$$\frac{1}{k+1}+\frac{1}{k+2}+\cdots+\frac{1}{2k}>\frac{13}{24},$$

则 $n=k+1$ 时，有

$$\frac{1}{k+1}+\frac{1}{k+2}+\cdots+\frac{1}{2k}+\frac{1}{2(k+1)}>\frac{13}{24}+\frac{1}{2(k+1)}>\frac{13}{24}.$$

原不等式也成立.

因此，对 $n>1$，$n\in N^*$ 原不等式成立.

对所给的不等式，当 n 由 k 变为 $k+1$ 时，不等式左端应是：

$$\frac{1}{k+2}+\frac{1}{k+3}+\cdots+\frac{1}{2k}+\frac{1}{2k+1}+\frac{1}{2(k+1)}$$

而上述证明中，将 $n=k$ 时式子的左端仅加$\frac{1}{2(k+1)}$就认为是 $n=k+1$ 时式子的左端，因此造成错误.

正确证明：

(i)当 $n=2$ 时，$s_2=\frac{1}{3}+\frac{1}{4}=\frac{7}{12}>\frac{13}{24}$，命题成立；

(ii)假设 $n=k(k>1)$时，有 $s_k=\frac{1}{k+1}+\frac{1}{k+2}+\cdots+\frac{1}{2k}>\frac{13}{24}$. 则 $n=k+1$ 时，有 $s_{k+1}=\frac{1}{k+2}+\frac{1}{k+3}+\cdots+\frac{1}{2k}+\frac{1}{2k+1}+\frac{1}{2k+2}=s_k-\frac{1}{k+1}+\frac{1}{2k+1}+\frac{1}{2k+2}$.

$\therefore s_{k+1}-s_k=\frac{1}{2k+1}+\frac{1}{2k+2}-\frac{1}{k+1}=\frac{1}{2(k+1)(2k+1)}>0.$

即 $s_{k+1}>s_k>\frac{13}{24}$.

由(i)、(ii)可得，对于任意大于 1 的自然数，本命题成立.

3. 要正确理解命题中 n 的含义. 命题中 n 的含义有两个，一是命题中某些解析式中所含的字母(变量)；二是起着确定元素数目的作用.

例如，用数学归纳法证明：$2+4+6+\cdots+2n=n^2+n$.

上式中左边的 n 起着确定和式的项数的作用. 如当 $n=1$ 时应写成左边 $=2$，若写成左边 $=2+4+6+\cdots+2\cdot1$ 便是错误的. 而上式右边的 n 则只是解析式 n^2+n 所含的字母(变量)，$n=1$ 时，右边 $=1^2+1=2$.

又如：问$\frac{1}{2}+\cos\alpha+\cos3\alpha+\cdots+\cos(2n-1)\alpha=\frac{\sin\frac{2n+1}{2}\alpha\cdot\cos\frac{2n-1}{2}\alpha}{\sin\alpha}$是否对一切自然数 n 都成立.

同样，上式左边的 n 起着确定和式项数的作用. 当 $n=1$ 时，左边 $=\frac{1}{2}+\cos\alpha$，如果写成左边 $=\frac{1}{2}$ 就错了. 而上式右边的 n 是解析式 $\frac{\sin\frac{2n+1}{2}\alpha\cdot\cos\frac{2n-1}{2}\alpha}{\sin\alpha}$所含的变量. $n=1$ 时，右边 $=\frac{2\sin\frac{3}{2}\alpha\cdot\cos\frac{\alpha}{2}\alpha}{2\sin\alpha}=\frac{\sin2\alpha+\sin\alpha}{2\sin\alpha}=\frac{1}{2}+\cos\alpha$.

在归纳证明的过程中，这个问题更要引起注意，否则，将产生极大的错误.

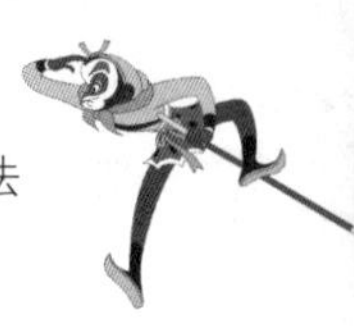

例 39　求证：$\frac{1}{n+1}+\frac{1}{n+2}+\cdots+\frac{1}{3n+1}>1(n\in N^{*})$.

证明：(i)当 $n=1$ 时，左边 $=\frac{1}{2}+\frac{1}{3}+\frac{1}{4}=\frac{13}{12}>1$；

(ii)假设 $n=k$ 时，$\frac{1}{k+1}+\frac{1}{k+2}+\cdots+\frac{1}{3k+1}>1$，则 $n=k+1$ 时，

$$左边=\frac{1}{k+2}+\frac{1}{k+3}+\cdots+\frac{1}{3k+1}+\frac{1}{3k+2}+\frac{1}{3k+3}+\frac{1}{3k+4}$$

$$=\left(\frac{1}{k+1}+\frac{1}{k+2}+\frac{1}{k+3}+\cdots+\frac{1}{3k+1}\right)+\left(\frac{1}{3k+2}+\frac{1}{3k+3}+\frac{1}{3k+4}-\frac{1}{k+1}\right)>$$

$$1+\frac{6k+6}{(3k+2)(3k+4)}-\frac{2}{3(k+1)}>1$$

$$\left[\because\frac{6k+6}{(3k+2)(3k+4)}-\frac{2}{3(k+1)}=\frac{18(k+1)^{2}-2(3k+2)(3k+4)}{3(3k+2)(3k+4)(k+1)}\right.$$

$$\left.=\frac{2}{3(3k+2)(3k+4)(k+1)}>0\right]$$

即 $n=k+1$ 时不等式也成立.

由(i)、(ii)可得，$n\in N^{*}$ 时不等式成立.

这里，项数($n=1$ 时)与 $n=k+1$ 时要加的项数要看通项$\frac{1}{3n+1}$.

例 40　求证：$1+\frac{1}{2}+\frac{1}{3}+\cdots+\frac{1}{2^{n}-1}>\frac{n}{2}(n\in N^{*})$.

证明：(i)当 $n=1$ 时，左边 $=1$，右边 $=\frac{1}{2}$，$1>\frac{1}{2}$，原不等式成立；

(ii)假设 $n=k$ 时不等式成立，即

$s_{k}=1+\frac{1}{2}+\frac{1}{3}+\cdots+\frac{1}{2^{k}-1}>\frac{k}{2}$，则 $n=k+1$ 时，不等式两边同时加上

$\frac{1}{2^{k}}+\frac{1}{2^{k}+1}+\frac{1}{2^{k}+2}+\cdots+\frac{1}{2^{k+1}-1}$得

$$s_{k}+\frac{1}{2^{k}}+\cdots+\frac{1}{2^{k+1}-1}>\frac{k}{2}+\frac{1}{2^{k}}+\cdots+\frac{1}{2^{k+1}-1},$$

$$\because\frac{1}{2^{k}}>\frac{1}{2^{k+1}},\ \frac{1}{2^{k}+1}>\frac{1}{2^{k+1}},\ \cdots,\ \frac{1}{2^{k+1}-1}>\frac{1}{2^{k+1}},$$

$$\therefore 1+\frac{1}{2}+\cdots+\frac{1}{2^{k}}+\cdots+\frac{1}{2^{k+1}-1}>\frac{k}{2}+2^{k}\times\frac{1}{2^{k+1}}=\frac{k}{2}+\frac{1}{2}=\frac{k+1}{2}.$$

即 $n=k+1$ 时，不等式也成立.

故由(i)、(ii)可得，对一切自然数 n 原不等式都成立.

注意：当证明 $n=k+1$ 时，不等式两边究竟加了多少项？这里一共加了 2^k 项，不能误以为仅加一项.

例 41 设 $n\in N^*$，$f(n)=1+\frac{1}{2}+\frac{1}{3}+\cdots+\frac{1}{n}$，试证：当 $n>1$ 时，$f(2^n)>\frac{n+2}{2}$.

证明：(i)当 $n=2$ 时，$f(2^2)=1+\frac{1}{2}+\frac{1}{3}+\frac{1}{4}=\frac{25}{12}$，而右边$\frac{2+2}{2}=2$，不等式成立；

(ii)假设 $n=k$ 时，$f(2^k)>\frac{1}{2}(k+2)$，则 $n=k+1$ 时，

$$\begin{aligned}f(2^{k+1})&=1+\frac{1}{2}+\frac{1}{3}+\cdots+\frac{1}{2^k}+\frac{1}{2^k+1}+\frac{1}{2^k+2}+\frac{1}{2^k+3}+\cdots+\frac{1}{2^{k+1}}\\&>\frac{k+2}{2}+\frac{1}{2^k+1}+\frac{1}{2^k+2}+\frac{1}{2^k+3}+\cdots+\frac{1}{2^{k+1}}\\&>\frac{k+2}{2}+\underbrace{\frac{1}{2^{k+1}}+\frac{1}{2^{k+1}}+\frac{1}{2^{k+1}}+\cdots+\frac{1}{2^{k+1}}}_{\text{共}2^k\text{项}}\\&=\frac{k+2}{2}+2^k\times\frac{1}{2^{k+1}}=\frac{k+2}{2}+\frac{1}{2}=\frac{(k+1)+2}{2}\end{aligned}$$

即 $n=k+1$ 时，不等式也成立.

故由(i)、(ii)可得，对于 $n>1$ 的任何自然数，不等式 $f(2^n)>\frac{n+2}{2}$ 成立.

从上面可以看到，n 不光是 $f(n)$ 的变量，还起到确定项数是多少的作用，$f(n)$ 有 n 项，则 $f(2^n)$ 就应有 2^n 项，$f(2^{n+1})$ 有 $2^{n+1}=2^n+2^n$ 项.

例 42 求证：$1\cdot(n^2-1^2)+2\cdot(n^2-2^2)+3\cdot(n^2-3^2)+\cdots+n(n^2-n^2)=\frac{n^2(n^2-1)}{4}(n\in N^*)$.

证明：(i)当 $n=1$ 时，左边 $=0$，右边 $=0$，所以等式成立；

(ii)假设 $n=k$ 时，等式成立，即 $1\cdot(k^2-1^2)+2\cdot(k^2-2^2)+\cdots+k(k^2-k^2)=\frac{k^2(k^2-1)}{4}$，则 $n=k+1$ 时，

$s_{k+1}=1\cdot[(k+1)^2-1^2]+2\cdot[(k+1)^2-2^2]+\cdots+k[(k+1)^2-k^2]+(k+1)[(k+1)^2-(k+1)^2]$

$=1\cdot[k^2-1^2+(2k+1)]+2\cdot[k^2-2^2+(2k+1)]+\cdots+k\cdot[k^2-$

$k^2+(2k+1)]$

$$=\frac{k^2(k^2-1)}{4}+1\cdot(2k+1)+2\cdot(2k+1)+\cdots+k(2k+1)$$

$$=\frac{k^2(k^2-1)}{4}+\frac{k(k+1)(2k+1)}{2}$$

$$=\frac{(k+1)^2[(k+1)-1][(k+1)+1]}{4}=\frac{(k+1)^2[(k+1)^2-1]}{4}.$$

即 $n=k+1$ 时等式也成立.

故由(i)、(ii)可得，对任意自然数 n 等式成立.

4. 如果所要证明的命题中有两个(或两个以上)关于自然数的变量，那么，首先必须明确对哪一个变量进行数学归纳法.

例 43　求证：$C_n^k=\dfrac{n!}{k!\ (n-k)!}$.

错误证明：(i)当 $n=1$ 时，$C_1^1=\dfrac{1!}{1!\ (1-1)!}=\dfrac{1}{1\cdot 1}=1$，命题成立；

(ii)假设 $n=k$ 时命题成立，即 $C_k^k=\dfrac{k!}{k!\ (k-k)!}=1$，则 $n=k+1$ 时，

$C_{k+1}^k=k+1$，$\dfrac{(k+1)!}{k!\ (k+1-k)!}=\dfrac{(k+1)!}{k!\ \cdot 1!}=k+1$.

即 $n=k+1$ 时，命题也成立.

由此断定对于任意自然数 n 命题成立.

上述证明有好几处错误，特别指出其中一点就是，在应用数学归纳法的时候，没有明确对哪一个变量进行.

在第一步中，从表面上看是使 $n=1$，实际上却是使 $n=k=1$，这样就要同时对 n 和 k 两个自然数变量来进行数学归纳法.

在第二步中，把从“k”到“$k+1$”中“k”和 C_n^k 里的“k”这两个字母混淆起来了.

正确的证明是把其中一个当作常量，对另一个变量进行数学归纳法. 这里，我们对 k 来进行数学归纳. 因为，如果对 n 进行数学归纳法，那么，当 $k>1$ 时就无法讨论 $n=1$ 时的情况.

正确证明：(i)当 $k=1$ 时 $C_n^1=n$，又$\dfrac{n!}{1!\ (n-1)!}=n$，命题成立；

(ii)假设 $k=\gamma$ 时命题成立，即

$$C_n^\gamma=\frac{n!}{\gamma!\ (n-\gamma)!}=\frac{n(n-1)\cdots(n-\gamma+1)}{\gamma!}.$$

证明 $k=\gamma+1$ 时命题也成立，就是证明

$$C_n^{\gamma+1}=\frac{n!}{(\gamma+1)!\ (n-\gamma-1)!}=\frac{n(n-1)\cdots(n-\gamma+1)(n-\gamma)}{1\cdot 2\cdot 3\cdot\cdots\cdot(\gamma+1)}=$$

$C_n^{\gamma}\cdot\dfrac{n-\gamma}{\gamma+1}$.

事实上，要得到从 n 个元素里每次取出 $\gamma+1$ 个元素的所有组合种数，可以先把从 n 个元素里每次取出 γ 个元素所有的组合写出来，对写出来的每一个组合，再从 γ 个元素以外的 $n-\gamma$ 元素里任意选取一个，添在这个组合里作为第 $\gamma+1$ 个元素，从 $n-\gamma$ 个元素里每次任取出一个元素，一共有 $n-\gamma$ 种方法，因此我们得出，从 n 个元素里每次任意取出 $\gamma+1$ 个元素的方法，可以有 $C_n^{\gamma}(n-\gamma)$ 种.

但是，这 $C_n^{\gamma}(n-\gamma)$ 种组合不是完全不同的. 例如，在 $a_1a_2\cdots a_\gamma$ 里添上第 $\gamma+1$ 个元素 $a_{\gamma+1}$，在组合 $a_1a_2\cdots a_{\gamma-1}a_{\gamma+1}$ 里添上第 $\gamma+1$ 个元素 a_γ，…，在组合 $a_2a_3\cdots a_\gamma a_{\gamma+1}$ 里添上第 $\gamma+1$ 个元素 a_1 等，这些 $\gamma+1$ 个元素的组合实际都是同一个组合，也就是说，这样的 $\gamma+1$ 个元素的组合是重复的，实际上就是一个组合. 所以，应当把刚才求出来的组合数除以 $\gamma+1$，即 $C_n^{\gamma}\cdot\dfrac{n-\gamma}{\gamma+1}$.

这就是说，当 $k=\gamma+1$，命题亦成立.

故对任意自然数 k 和 $n(k\leqslant n)$ 命题都成立.

5. 关于自然数 n 的命题可用数学归纳法证明，但不是所有关于自然数 n 的命题均一定要用数学归纳法来证，因为有时用数学归纳法很烦琐，有时证不出来.

例 44 设 a_1，a_2，…，a_n 是 n 个正数，a_{i_1}，a_{i_2}，…，a_{i_n} 是它们的任一排列，试证：$\dfrac{a_1^2}{a_{i_1}}+\dfrac{a_2^2}{a_{i_2}}+\cdots+\dfrac{a_n^2}{a_{i_n}}\geqslant a_1+a_2+\cdots+a_n$(1984 年全国数学竞赛题).

用数学归纳法证则烦琐，用平均不等式证则简易.

证明： $\dfrac{a_1^2}{a_{i_1}}+a_{i_1}\geqslant 2a_1$

$\dfrac{a_2^2}{a_{i_2}}+a_{i_2}\geqslant 2a_2$

……

$\dfrac{a_n^2}{a_{i_n}}+a_{i_n}\geqslant 2a_n$

累加即得证.

6. 关于自然数的命题，有些能用数学归纳法证明，有些不能用数学归

纳法证明.

例 45　定理：不等式 $f(n) < a$　　(1).

其中，$f(n)$ 为任意自然数 n 的已知函数，a 为某已知常数，如果 $f(n)$ 为 n 的单调减函数，如果 $f(n)$ 为 n 的单调减函数，则不等式(1)可以用数学归纳法证明；如果 $f(n)$ 为 n 的单调增函数，则不等式(1)不能用数学归纳法证明.

证明：假定当 $n=n_0$ 时，[n_0 为使 $f(n)<a$ 成立的最小值]时，不等式 $f(n_0)<a$ 成立(否则不等式不真，往下已不必讨论).

设当 $n=k$ 时，$f(k)<a$ 成立.

如果 $f(n)$ 为单调减函数，则有 $f(k+1)\leqslant f(k)$，

即由 $f(k)<a$ 成立 $\Rightarrow f(k+1)<a$ 也成立.

所以，不等立(1)可以由数学归纳法证明.

如果 $f(n)$ 是 n 的单调增函数，则有 $f(k+1)\geqslant f(k)$，即由 $f(k)<a$ 成立推不出 $f(k+1)<a$ 也成立，所以，不等式(1)不能用数学归纳法证明.

推论：不等式 $g(n)>b$　　(2)

其中，$g(n)$ 为自然数 n 的已知函数，b 为已知常数，如果 $g(n)$ 为 n 的单调增函数，则不等式(2)可以用数学归纳法证明；如果 $g(n)$ 为 n 的单调减函数，则不等式(2)不能数学归纳法证明.

对于如下形式的不等式 $f(n)<g(n)$，其中 $f(n)$，$g(n)$ 为自然数 n 的函数，则可经过适当变形，化成(1)或(2)的形式.

例如 $f(n)=\dfrac{1}{n+1}+\dfrac{1}{n+2}+\cdots+\dfrac{1}{2n}<1(n\in N^*)$.

$\because f(n+1)-f(n)=\dfrac{1}{2n+1}-\dfrac{1}{2n+2}>0$，

$\therefore f(n)$ 为 n 的单调增函数，不能用数学归纳法证明(可用放缩法证明).

另外，对于 n 不能取任意自然数的命题也是不能用数学归纳法证明的.

例 46　设多项式 $f_n(x)=a_1x+a_2x^2+\cdots+a_nx^n(a_1, a_2, \cdots, a_n\in Z)$，若 $f_n(2)$ 与 $f_n(3)$ 都能被 6 整除，求证：$f_n(5)$ 也能被 6 整除.

依题意本题中的 n 仅是某一有限给定自然数，即对任意的 $f_n(x)$，n 是确定的，而对 n 用数学归纳法时就默认了 n 能取任意自然数，这与题意不符，所以，此题不能应用数学归纳法来证明.

§3－2　数学归纳法的应用技巧

波利亚说过，如果我们希望得到运用归纳法研究数学的某些经验，那么

关于数学归纳法技巧的一些知识应该是所需要的.

应用数学归纳法的重点难点都在归纳证明当中，因此，应用数学归纳法的技巧也主要体现在归纳证明的过程当中.

按归纳步骤应用数学归纳法解答问题的思路有两种：一是能直接应用归纳假设来证明的. 二是不能直接应用归纳假设来证明的，通常可对归纳假设进行适当的变换来完成. 这时可先将 $n=k+1$ 代入原式. 然后将表达式作适当的变换；或者利用其他手段将 $n=k$ 时的命题与 $n=k+1$ 时的命题联系起来，为应用归纳假设创造条件. 但不管是哪一种思路，在递推过程中要联系归纳假设，瞄准 $n=k+1$ 时命题也成立这一目标. 具体的方法有：

1. 在归纳假设的两边同时加上(或乘以)某数或某式，然后再进行适当变换以达到 $n=k+1$ 时命题也成立的目的.

例1 用数学归纳法证明：$n^3>3n^2+3n+1(n\geqslant4)$.

证明：(i)当 $n=4$ 时，左边 $=4^3=64$，右边 $=3\times4^2+3\times4+1=48+12+1=61$，不等式成立；

(ii)假设 $n=k$ 时不等式成立，即 $k^3>3k^2+3k+1$，两边同时加上 $6k+6$ 得：

$k^3+6k+6>3(k+1)^2+3(k+1)+1$.

$\because k\geqslant4$，　$\therefore k^3+3k^2+3k+1>k^3+6k+6$，

即 $(k+1)^3>k^3+6k+6$，由此推得

$(k+1)^3>3(k+1)^2+3(k+1)+1$.

也就是说，则 $n=k+1$ 时不等式也成立.

由(i)、(ii)可得，原不等式对一切不小于4的自然数成立.

例2 证明：对于任意大于4的自然数 n，$2^n>n^2$.

证明：(i)当 $n=5$ 时 $2^5=32>5^2$，不等式成立；

(ii)假设 $n=k(k>4)$ 时有 $2^k>k^2$，则两边同乘以2得，

$2^{k+1}>2k^2$. $\because k>4$　$\therefore (k-1)^2-2>0$，即 $k^2>2k+1$，

$\therefore 2^{k+1}>k^2+k^2>k^2+2k+1=(k+1)^2$.

即 $n=k+1$ 时不等式亦成立.

由(i)、(ii)可得，对于 $n>4$ 的自然数不等式 $2^n>n^2$ 均成立.

2. 利用作差或作商推出 $n=k+1$ 时命题亦成立.

例3 设 x，y，z 为不同的整数，n 为非负整数，试证：$\frac{x^n}{(x-y)(x-z)}+\frac{y^n}{(y-x)(y-z)}+\frac{z^n}{(z-x)(z-y)}$ 是整数.

证明： 设 $p_n(x, y, z)=$ 原式

(i) 当 $n=0$ 时，$p_0=0\in Z$

(ii) 假设 $n=k$ 时 $p_k(x, y, z)\in Z$，则 $n=k+1$ 时，作差

$\because p_{k+1}(x, y, z)-zp_k(x, y, z)$

$$=\frac{x^k(x-z)}{(x-y)(x-z)}+\frac{y^k(y-z)}{(y-x)(y-z)}=\frac{x^k-y^k}{x-y}\in Z.$$

$\therefore p_{k+1}(x, y, z)\in Z$，即 $n=k+1$ 时命题亦成立.

故由(i)、(ii)可得，对任意非负整数 n，结论都成立.

例4　用数学归纳法证明：当 $n\geqslant3$ 时，$n^{n+1}>(n+1)^n$.

证明： (i) 当 $n=3$ 时，左边 $=3^4=81$，右边 $=4^3=64$，命题成立；

(ii) 假设 $n=k(k\geqslant3)$ 时命题成立，即 $k^{k+1}>(k+1)^k$，$\therefore\ \dfrac{k^{k+1}}{(k+1)^k}>1$，

$$\text{而}\frac{(k+1)^{k+2}}{(k+2)^{k+1}}=(k+1)\left(\frac{k+1}{k+2}\right)^{k+1}>(k+1)\left(\frac{k}{k+1}\right)^{k+1}$$

$$=\frac{k^{k+1}}{(k+1)^k}>1.$$

$\therefore\ (k+1)^{k+2}>(k+2)^{k+1}$，即 $n=k+1$ 时命题亦成立.

故由(i)、(ii)可得，对任意 $n\geqslant3$，$n\in N^*$ 命题均成立.

有时前两种方法要一起应用.

例5　证明：$2^{n-1}(a^n+b^n)\geqslant(a+b)^n(a>0, b>0, n\in N^*)$.

证明： 用数学归纳法证明.

(i) 当 $n=1$ 时，不等式显然成立；

(ii) 假设 $n=k$ 时不等式成立，即 $2^{k-1}(a^k+b^k)\geqslant(a+b)^k$.

不等式两边同时乘以 $(a+b)$ 得

$2^{k-1}(a^k+b^k)(a+b)\geqslant(a+b)^{k+1}$.

但 $2^{k+1-1}(a^{k+1}+b^{k+1})-2^{k-1}(a^k+b^k)(a+b)$

$=2^{k-1}[2(a^{k+1}+b^{k+1})-(a^k+b^k)(a+b)]$

$=2^{k-1}[(a-b)(a^k-b^k)]$.

$\because a>0, b>0.\ \therefore (a-b)(a^k-b^k)\geqslant0$.

$\therefore\ 2^{(k+1)}(a^{k+1}+b^{k+1})\geqslant2^{k-1}(a^k+b^k)(a+b)$.

$\therefore\ 2^{(k+1)-1}(a^{k+1}+b^{k+1})\geqslant(a+b)^{k+1}$.

即 $n=k+1$ 时，不等式也成立.

故由(i)、(ii)可得，对一切自然数 n 原不等式成立.

例6　若 n 是大于2的任意整数，求证：$3^n>n^2+4n$.

证明：(i)当 $n=3$ 时，左边 $=3^3=27$，右边 $=3^2+4\times3=21$，不等式成立；

(ii)假设 $n=k(k\geqslant3)$ 时有 $3^k>k^2+4k$. 则 $n=k+1$ 时，$3^{k+1}>3k^2+12k$.

$\because 3k^2+12k-[(k+1)^2+4(k+1)]=2k^2+6k-5=2(k-3)(k+6)+31>0(k\geqslant3)$. $\therefore 3k^2+12k>(k+1)^2+4(k+1)$.

$\therefore 3^{k+1}>(k+1)^2+4(k+1)$.

即 $n=k+1$ 时，不等式亦成立.

故由(i)、(ii)可得，对一切 $n\in N^*$，$n>2$ 不等式成立.

例7　设 $a+b>0$，$a\neq b$，试用数学归纳法证明：对于 $n\geqslant2$ 的每一个自然数 n，$\left(\dfrac{a+b}{2}\right)^n<\dfrac{a^n+b^n}{2}$成立.

证明：(i)当 $n=2$ 时，由$\dfrac{a^2+b^2}{2}-\left(\dfrac{a+b}{2}\right)^2=\dfrac{(a-b)^2}{4}>0$ 知命题成立；

(ii)假设 $n=k$ 时不等式成立，即$\left(\dfrac{a+b}{2}\right)^k<\dfrac{a^k+b^k}{2}$.

$\because a+b>0$，$\therefore \left(\dfrac{a+b}{2}\right)^{k+1}<\dfrac{a^k+b^k}{2}\times\dfrac{a+b}{2}$.

可是$\dfrac{a^{k+1}+b^{k+1}}{2}-\dfrac{(a^k+b^k)(a+b)}{4}=\dfrac{a^{k+1}+b^{k+1}-a^kb-ab^k}{4}$

$=\dfrac{(a-b)(a^k-b^k)}{4}$.

由于 $a+b>0$，有 $b>-a$，又有 $a\neq b$，所以有

①当 $a>b$ 时，$-a<b<a\Rightarrow|b|<a\Rightarrow|b^k|<a^k\Rightarrow b^k<a^k$.

即 $a>b$ 时，$a^k-b^k>0$，$(a-b)(a^k-b^k)>0$.

②同理可证 $a<b$ 时，$(a-b)(a^k-b^k)>0$.

$\therefore \dfrac{a^{k+1}+b^{k+1}}{2}>\dfrac{(a^k+b^k)(a+b)}{4}$.

$\therefore \left(\dfrac{a+b}{2}\right)^{k+1}<\dfrac{a^{k+1}+b^{k+1}}{2}$.

即 $n=k+1$ 时，命题也成立.

故由(i)、(ii)可得，对于 $n\geqslant2$ 的每一个自然数 n 原不等式成立.

3. 对 $n=k+1$ 时命题的表达式进行分拆、变项、重组或缩放，为应用归纳假设创造条件，这是解答“整除”或“不等式”问题常用的方法.

例8　求证：$x^{n+2}+(x+1)^{2n+1}$能被 x^2+x+1 整除($n\geqslant0$，$n\in N^*$).

证明：(i)当 $n=1$ 时，$x^{1+2}+(x+1)^{2+1}=2x^3+3x^2+3x+1=(2x+1)$

(x^2+x+1)命题成立；

(ii)假设 $n=k$ 时命题成立，即 $x^{k+2}+(x+1)^{2k+1}$能被 x^2+x+1 整除，则 $n=k+1$ 时，

$x^{(k+1)+2}+(x+1)^{2(k+1)+1}=x[x^{k+2}+(x+1)^{2k+1}]-x(x+1)^{2k+1}+(x+1)^{2(k+1)+1}=x[x^{k+2}+(x+1)^{2k+1}]+(x^2+x+1)(x+1)^{2k+1}$

以上两项均能被 x^2+x+1 整除，所以它们的和也能被 x^2+x+1 整除.

即 $n=k+1$ 时命题也成立.

故由(i)、(ii)可得，对一切自然数 n 命题成立.

例 9　用数学归纳法证明：$(3n+1)7^n-1$ 能被 9 整除.（$n\in N^*$）

证明：(i)当 $n=1$ 时，$4\times7-1=27$，能被 9 整除；

(ii)假设 $n=k$ 时($k\geqslant1$)命题成立，即$(3k+1)7^k-1$ 能被 9 整除. 则 $n=k+1$ 时，

$$
\begin{aligned}
&[3(k+1)+1]7^{k+1}-1\\
&\quad=[(3k+1)+3](1+6)7^k-1\\
&\quad=(3k+1)7^k-1+(3k+1)\cdot6\cdot7^k+21\cdot7^k\\
&\quad=[(3k+1)7^k-1]+18k\cdot7^k+27\cdot7^k
\end{aligned}
$$

$\because$ 以上各部均能被 9 整除，$\therefore [(3k+1)+1]7^{k+1}-1$ 能被 9 整除.

即 $n=k+1$ 时命题亦成立.

故由(i)、(ii)可得，对一切 $n\in N^*$ 原命题均成立.

注：(1)以上拆项过程还可以这样变换：

$$
\begin{aligned}
(3k+4)\cdot7\cdot7^k-1&=(21k+28)7^k-1=(3k+18k+28)7^k-1\\
&=(3k+1)7^k-1+18k\cdot7^k+27\cdot7^k
\end{aligned}
$$

(2)以上凑项是有一定难度的，有时采用“作差添项法”容易奏效. 令 $f(k)=(3k+1)7^k-1$，则 $f(k+1)-f(k)=(3k+4)\cdot7^{k+1}-1-(3k+1)7^k+1=18k\cdot7^k+27\cdot7^k$.

例 10　当 $n>1$ 且 $n\in N^*$ 时，求证：

$$\frac{1}{n+1}+\frac{1}{n+2}+\frac{1}{n+3}+\cdots+\frac{1}{3n}>\frac{9}{10}.$$

证明：(i)当 $n=2$ 时，左边 $=\frac{1}{3}+\frac{1}{4}+\frac{1}{5}+\frac{1}{6}=\frac{57}{60}>\frac{54}{60}=\frac{9}{10}$.

$\therefore$ 不等式成立；

(ii)假设 $n=k$ 时，有$\frac{1}{k+1}+\frac{1}{k+2}+\frac{1}{k+3}+\cdots+\frac{1}{3k}>\frac{9}{10}$,

则 $n=k+1$ 时，

$$\frac{1}{k+2}+\frac{1}{k+3}+\frac{1}{k+4}+\cdots+\frac{1}{3k+1}+\frac{1}{3k+2}+\frac{1}{3k+3}$$
$$=\left(\frac{1}{k+1}+\frac{1}{k+2}+\cdots+\frac{1}{3k}\right)+\left(\frac{1}{3k+1}+\frac{1}{3k+2}+\frac{1}{3k+3}-\frac{1}{k+1}\right)$$
$$>\frac{9}{10}+\frac{1}{3k+3}+\frac{1}{3k+3}+\frac{1}{3k+3}-\frac{1}{k+1}=\frac{9}{10}$$

即 $n=k+1$ 时，不等式成立.

故由(i)、(ii)可得，对一切 $n>1$ 且 $n\in N^*$ 不等式成立.

注：这里把$\frac{1}{3k+1}$和$\frac{1}{3k+2}$都缩小为$\frac{1}{3k+3}$.

4. 分析法与综合法并用完成归纳证明过程.

例 11　试证：$\frac{1}{2}\cdot\frac{3}{4}\cdot\frac{5}{6}\cdot\cdots\cdot\frac{2n-1}{2n}<\frac{1}{\sqrt{3n+1}}$，其中 n 为大于 1 的整数.

证明：(i)当 $n=2$ 时，左边 $=\frac{1}{2}\cdot\frac{3}{4}=\frac{3}{8}<\frac{1}{\sqrt{7}}=$ 右边，命题成立；

(ii)假设 $n=k$ 时命题成立，即$\frac{1}{2}\cdot\frac{3}{4}\cdot\frac{5}{6}\cdot\cdots\cdot\frac{2k-1}{2k}<\frac{1}{\sqrt{3k+1}}$.

则 $n=k+1$ 时，$\frac{1}{2}\cdot\frac{3}{4}\cdot\frac{5}{6}\cdot\cdots\cdot\frac{2k-1}{2k}\cdot\frac{2k+1}{2k+2}<\frac{1}{\sqrt{3k+1}}\cdot\frac{2k+1}{2k+2}$.

为此只需证明$\frac{1}{\sqrt{3k+1}}\cdot\frac{2k+1}{2k+2}<\frac{1}{\sqrt{3(k+1)+1}}$.

去分母并平方得

$12k^3+28k^2+19k+4<12k^3+28k^2+20k+4$

即 $0<k$.

由已知 $n>1$，$\therefore k>1$，因此最后不等式显然成立，即 $n=k+1$ 时命题成立.

故由(i)、(ii)可得，当 $n>1$，$n\in N^*$ 时原不等式成立.

例 12　用数学归纳法证明：$\frac{1}{\sqrt{1\cdot 2}}+\frac{1}{\sqrt{2\cdot 3}}+\cdots+\frac{1}{\sqrt{n(n+1)}}<\sqrt{n}(n\in N^*)$.

证明：(i)当 $n=1$ 时，$\frac{1}{\sqrt{2}}<1$，不等式成立；

(ii)假设 $n=k$ 时，$\frac{1}{\sqrt{1\cdot 2}}+\frac{1}{\sqrt{2\cdot 3}}+\cdots+\frac{1}{\sqrt{k(k+1)}}<\sqrt{k}$成立.

则 $n=k+1$ 时，

$$\frac{1}{\sqrt{1\cdot 2}}+\frac{1}{\sqrt{2\cdot 3}}+\cdots+\frac{1}{\sqrt{k(k+1)}}+\frac{1}{\sqrt{(k+1)(k+2)}}$$

$<\sqrt{k}+\dfrac{1}{\sqrt{(k+1)(k+2)}}$，要证命题成立，只要证

$$\sqrt{k}+\frac{1}{\sqrt{(k+1)(k+2)}}<\sqrt{k+1}.$$

$\because\ \sqrt{k+1}-\sqrt{k}=\dfrac{1}{\sqrt{k+1}+\sqrt{k}}$，

而$[\sqrt{(k+1)(k+2)}]^2-(\sqrt{k+1}+\sqrt{k})^2$

$=k^2+3k+2-[2k+1+2\sqrt{k(k+1)}]$

$=k^2+k-2\sqrt{k(k+1)}+1=[\sqrt{k(k+1)}-1]^2>0.$

$\therefore\ \sqrt{(k+1)(k+2)}>\sqrt{k+1}+\sqrt{k}.$

即$\dfrac{1}{\sqrt{(k+1)(k+2)}}<\dfrac{1}{\sqrt{k+1}+\sqrt{k}}=\sqrt{k+1}-\sqrt{k}.$

亦即$\sqrt{k}+\dfrac{1}{\sqrt{(k+1)(k+2)}}<\sqrt{k+1}.$

故原命题对任意自然数 n 都成立.

5. 构造加强命题.

例 13　设 $0<a<1$，定义 $a_1=1+a$，$a_{n+1}=\dfrac{1}{a_n}+a$，求证：对一切自然数 n，有 $a_n>1$.

证明：构造强命题：设 $0<a<1$，定义 $a_1=1+a$，$a_{n+1}=\dfrac{1}{a_n}+a$，求证：对一切自然数 n，有 $1<a_n<\dfrac{1}{1-a}$.

首先，由 $a_1=1+a$ 知 $a_1>1$ 及 $a_1=\dfrac{1-a^2}{1-a}<\dfrac{1}{1-a}$，可见，$1<a_1<\dfrac{1}{1-a}$；

(i)假设 $1<a_k<\dfrac{1}{1-a}$，由递推公式知

$$a_{k+1}=\frac{1}{a_k}+a>\frac{1}{\frac{1}{1-a}}+a=1-a+a=1，同时$$

$$a_{k+1}=\frac{1}{a_k}+a<1+a=\frac{1-a^2}{1-a}<\frac{1}{1-a}\quad\therefore 1<a_{k+1}<\frac{1}{1-a}$$

即 $n=k+1$ 时新命题也成立.

故对一切 $n\in N^*$，$1<a_n<\dfrac{1}{1-a}$，由此可得，对一切 $n\in N^*$ 原命题成立.

注：这里为什么要构造一个新命题，因为假设 $a_n>1$，很难由递推公式 $a_{k+1}=\dfrac{1}{a_k}+a$ 推出 a_{k+1}，因为这里 a_k 出现在分母上，为得到 $a_{k+1}>1$，应当知道 a_k 小于某一个数值才行，而这从 $a_k>1$ 无法得到. 但从 $\dfrac{1}{a_k}+a>1$，即 $\dfrac{1}{a_k}>1-a$，亦即 $a_k<\dfrac{1}{1-a}$ 得到启示，于是我们有了这个加强命题.

加强命题是将原命题特殊化.

例 14 设 $a_n=1+\dfrac{1}{2}+\cdots+\dfrac{1}{n}$，证明：对一切 $n\geqslant 2$ 都有：$a_n^2>2\left(\dfrac{a_2}{2}+\dfrac{a_3}{3}+\cdots+\dfrac{a_n}{n}\right)$.

证明：可以发现，直接用数学归纳法是不行的，转而先证明：

$a_n^2>2\left(\dfrac{a_2}{2}+\dfrac{a_3}{3}+\cdots+\dfrac{a_n}{n}\right)+\dfrac{1}{n}$（加强命题）.

(i) 当 $n=2$ 时，$a_n^2=\dfrac{9}{4}$，$2\left(\dfrac{a_2}{2}\right)+\dfrac{1}{2}=2$，加强命题成立；

(ii) 假设 $n=k$ 时加强命题成立，即 $a_k^2>2\left(\dfrac{a_2}{2}+\cdots+\dfrac{a_k}{k}\right)+\dfrac{1}{k}$，则 $n=k+1$ 时有

$$
\begin{aligned}
a_{k+1}^2&=\left(a_k+\frac{1}{k+1}\right)^2=a_k^2+\frac{2a_k}{k+1}+\frac{1}{(k+1)^2}\\
&>2\left(\frac{a_2}{2}+\cdots+\frac{a_k}{k}\right)+\frac{1}{k}+\frac{2}{k+1}\left(a_{k+1}-\frac{1}{k+1}\right)+\frac{1}{(k+1)^2}\\
&=2\left(\frac{a_2}{2}+\cdots+\frac{a_{k+1}}{k+1}\right)+\frac{k^2+k+1}{k(k+1)^2}\\
&>2\left(\frac{a_2}{2}+\cdots+\frac{a_{k+1}}{k+1}\right)+\frac{k^2+k}{k(k+1)^2}\\
&=2\left(\frac{a_2}{2}+\cdots+\frac{a_{k+1}}{k+1}\right)+\frac{1}{k+1}
\end{aligned}
$$

即 $n=k+1$ 时，加强命题也成立.

由 (i)、(ii) 可得，对于 $n\geqslant 2$，$n\in N^*$ 加强命题成立.

而 $2\left(\frac{a_2}{2}+\cdots+\frac{a_n}{n}\right)+\frac{1}{n}>2\left(\frac{a_2}{2}+\cdots+\frac{a_n}{n}\right)$

故原命题成立.

例 15　如果 $A_1+A_2+\cdots+A_n=\pi$，$0\leqslant A_i\leqslant\pi$，$i=1$，2，⋯，$n$，那么 $\sin A_1+\cdots+\sin A_n\leqslant n\sin\frac{\pi}{n}$.

证明： 如果直接对 n 进行归纳，首先便有 $A_1+\cdots+A_{k-1}+(A_k+A_{k+1})=\pi$，

$\sin A_1+\cdots+\sin A_{k-1}+\sin(A_k+A_{k+1})\leqslant k\sin\frac{\pi}{k}$.

但这难以进一步推出 $\sin A_1+\cdots+\sin A_k+\sin A_{k+1}\leqslant(k+1)\sin\frac{\pi}{k+1}$.

于是构造加强命题：

若 $0\leqslant A_i\leqslant\pi$，$i=1$，2，⋯，$n$，则 $\sin A_1+\cdots+\sin A_n\leqslant n\sin\frac{1}{n}(A_1+\cdots+A_n)$.

(i) 当 $n=1$ 时，强命题显然成立；

(ii) 假设 $n=k$ 时，强命题成立，则 $n=k+1$ 时，

$$\sin A_1+\cdots+\sin A_k+\sin A_{k+1}\leqslant k\sin\frac{A_1+\cdots+A_k}{k}+\sin A_{k+1}$$

$$=(k+1)\left[\frac{k}{k+1}\sin\frac{A_1+\cdots+A_k}{k}+\frac{1}{k+1}\sin A_{k+1}\right]$$

$$\leqslant(k+1)\sin\left(\frac{k}{k+1}\cdot\frac{A_1+\cdots+A_k}{k}+\frac{1}{k+1}\cdot A_{k+1}\right)$$

$$=(k+1)\sin\frac{A_1+\cdots+A_{k+1}}{k+1}.$$

最后一个不等号是由 $y=\sin x$ 在 $(0\leqslant x<\pi)$ 上凸性给出的.

由 (i)、(ii) 可得，对于 $n\in N^*$ 加强命题成立.

而 $A_1+A_2+\cdots+A_n=\pi$.

故原命题成立.

例 16　证明：有无穷多个具有下述性质的自然数：(1) 每个数位上都不是零；(2) 该数可被它的数码之和整除.

证明： 注意到自然数被 $3(=3^1)$ 和 $9(=3^2)$ 整除的特点与条件(2)相吻合，于是构造一串数：

$a_n=\underbrace{11\cdots1}_{3^n个1}$，　$n=1$，2，⋯

显然满足条件(1)，再用数学归纳法证明它满足条件(2).

(i) 当 $n=1$ 时，$a_1=111$，可被 $1+1+1=3$ 整除，满足条件(2)；

(ii)假设 $n=k$ 时，$a_k=\underbrace{1\cdots1}_{3^k个1}$ 能被 3^k 整除.

则 $n=k+1$ 时，

$$a_{k+1}=\underbrace{1\ 1\ \cdots\ 1}_{3^{k+1}个1}=\underbrace{1\ 1\ \cdots\ 1}_{3^k个1}\times(10^{2\cdot3^k}+10^{3^k}+1),$$

由归纳假设，第一个因子$\underbrace{1\ 1\ \cdots\ 1}_{3^k}$能被 3^k 整除，第二个因子 $10^{2\cdot3^k}+10^{3^k}+1$ 的数码之和为 3，能被 3 整除，所以 a_{k+1} 能被 3^{k+1} 整除，满足条件(2)，由(i)、(ii)可得对任意自然数 n，都有 a_n 能被它的数码之和整除.

故 a_n 为所求，而 a_n 是无穷多的.

例 17 证明：存在正整数的无穷数列 $\{a_n\}$，使得 $a_1<a_2<a_3<\cdots$，并且对任意自然数 n，$a_1^2+a_2^2+\cdots+a_n^2$ 是一个完全平方.

证明： 加强命题结论转而证明存在无穷数列 $\{a_n\}$：$a_1<a_2<a_3<\cdots$，使得对所有自然数 n，$a_1^2+a_2^2+\cdots+a_n^2$ 是奇数的完全平方.

(i)当 $n=1$ 时，取 $a_1=3$，则 a_1^2 是奇数的平方；

(ii)假设 $n=k$ 时，加强命题成立，即存在 k 个正整数 $a_1<a_2<\cdots<a_k$，使得 $a_1^2+a_2^2+\cdots+a_k^2$ 是奇数的平方，令 $a_1^2+a_2^2+\cdots+a_k^2=(2m+1)^2$.
取 $a_{k+1}=2m^2+2m$，则

$$\begin{aligned}a_1^2+a_2^2+\cdots+a_k^2+a_{k+1}^2&=(2m+1)^2+(2m^2+2m)^2\\&=(2m^2+2m+1)^2.\end{aligned}$$

也是奇数的平方，并且

$$2a_{k+1}=a_1^2+\cdots+a_k^2-1\geqslant a_k^2-1>2a_k(\text{因 } a_k\geqslant a_1\geqslant3)$$

从而 $a_k<a_{k+1}$，于是 $n=k+1$ 时加强命题成立.

由(i)、(ii)可得，对任意 $n\in N^*$ 加强命题成立.

故原命题成立.

例 18 设 $f(n)$ 是一个定义在自然数集 N 上并且在 N 中取值的函数，且对于任何 $n\in N^*$，有 $f(n+1)>f[f(n)]$，证明：$f(n)=n$.

证明： 证明：先用数学归纳法证明：当 $m\geqslant n$ 时，$f(m)\geqslant n$，事实上，

$n=1$ 时结论显然成立；

假设 $n=k-1$ 时命题成立，即当 $m\geqslant k-1$ 时，有 $f(m)\geqslant k-1$，从而 $m\geqslant k$ 时，$m-1\geqslant k-1$，故 $f(m-1)\geqslant k-1$，所以 $f(m)>f[f(m-1)]\geqslant k-1$，故 $f(m)\geqslant k$，命题获证.

特别取 $m=n$ 得 $f(n)\geqslant n$，

从而 $f(n+1)>f[f(n)]\geqslant f(n)$

这就是说，$f(n)$ 是严格增加的. 下面用反证法证明 $f(n)=n$，若不然，

则必存在 $n_0\in N^*$，使 $f(n_0)>n_0$，因而 $f(n_0)\geqslant n_0+1$，再由 $f(n)$ 是严格增加的，得 $f[f(n_0)]\geqslant f(n_0+1)$，这与题设矛盾，证毕.

6. 构造比原命题更一般的命题.

例 19　若 a_1，a_2，a_3，a_4，a_5 都是大于 1 的实数，证明：$16(a_1a_2a_3a_4a_5+1)>(1+a_1)(1+a_2)(1+a_3)(1+a_4)(1+a_5)$.

证明： 将不等式右边展开，虽然能得出证明，但这比较麻烦而且不是问题的实质. 将命题一般化：

若 a_1，a_2，…，$a_n(n\geqslant2)$ 都大于 1，则

$$2^{n-1}(a_1a_2\cdots a_n+1)>(1+a_1)(1+a_2)\cdots(1+a_n).$$

(i) 当 $n=2$ 时，要证明的结论是 $2(a_1a_2+1)>(1+a_1)(1+a_2)\Leftrightarrow(a_1-1)(a_2-1)>0$，所以 $n=2$ 时结论成立；

(ii) 假设 $n=k$ 时结论成立，则 $n=k+1$ 时，由归纳假设及 $n=2$ 时的结论有

$$(1+a_1)(1+a_2)\cdots(1+a_k)(1+a_{k+1})<2^{k-1}(a_1a_2\cdots a_k+1)(1+a_{k+1})$$
$$<2^{k-1}\cdot2(a_1a_2\cdots a_ka_{k+1}+1)=2^{(k+1)-1}(a_1a_2\cdots a_{k+1}+1).$$

即 $n=k+1$ 时结论也成立.

由 (i)、(ii) 可得，对于 $n\geqslant2$，$2^{n-1}(a_1a_2\cdots a_n+1)>(1+a_1)(1+a_2)\cdots(1+a_n)$ 成立.

令　$n=5$ 即为原命题.

故原命题成立.

例 20　在 1999×1999 的方格表中随意去掉一格，证明剩下的图形一定可以用若干个“L”(三个小方格)恰好盖住它.

证明： 直接对 1999×1999 的方格表考虑比较困难，把命题一般化，证明对一切自然数 n. $(6n+1)\times(6n+1)$ 方格表满足题述性质($1999=6\times333+1$).

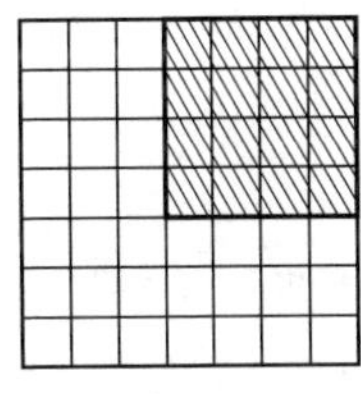
图 3－1

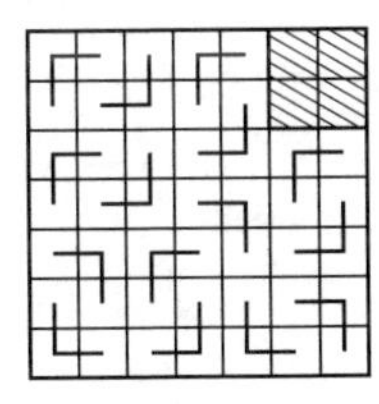
图 3－2

(i)当 $n=1$ 时，对于 7×7 的方格表，由于对称性，只需考虑去掉的方格位于如图 3-1 所示的带阴影的方格之中，把它们分成三种情况，分别由图 3-2、图 3-3、图 3-4 给出具体盖法，从而 $n=1$ 时，命题得证；

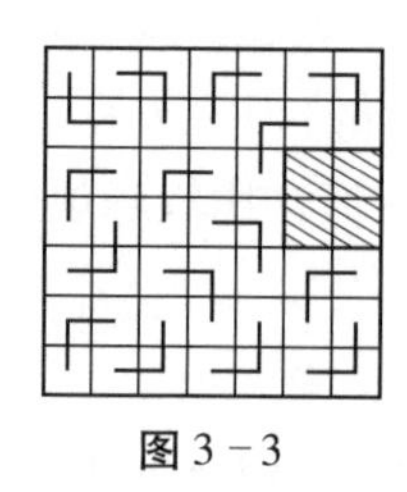

图 3-3

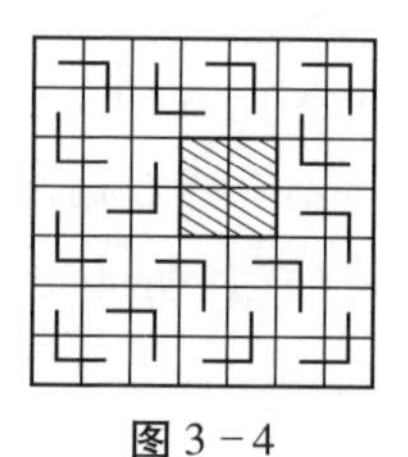

图 3-4

(ii)假设 $n=k$ 时命题正确，考虑 $(6k+7)\times(6k+7)$ 方格表，因为

$$(6k+7)\times(6k+7)=(6k+1)\times(6k+1)+2\times6\times(6k+1)+36$$

而左上角、左下角、右上角、右下角四个 $(6k+1)\times(6k+1)$ 方格（有重叠）中至少有一个含有被去掉的小方格，所以先用一个 $(6k+1)\times(6k+1)$ 的方格表盖住 $(6k+7)\times(6k+7)$ 的方格表中的一个角，且它含有被去掉的小方格，对于这部分由归纳假设知，它恰能被若干"L"型所盖住，由于 6×6 与 6×7 的棋盘可用若干个"L"型盖住（图 3-5、图 3-6 所示），运用归纳法容易证明当 $m\in N^*$ 时，$6\times(6m+1)$ 的棋盘可用若干个"L"型盖住，于是剩下的部分能分成若干个"L"型，即 $n=k+1$ 时结论也成立.

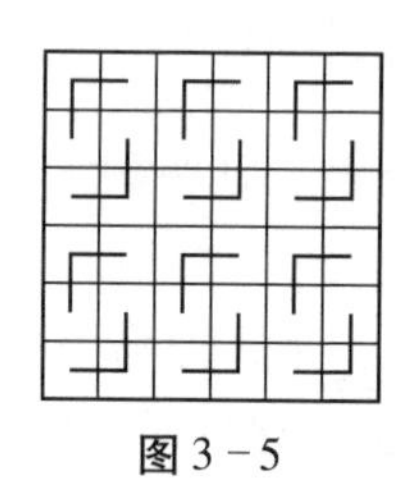

图 3-5

图 3-6

由(i)、(ii)可得，对一切 $n\in N^*$ 结论成立.

而 $n=333$ 时即为原命题.

故原命题对一切 $n\in N^*$ 成立.

例 21 设 a_1，a_2，a_3 是方程 $x^3-x^2-x-1=0$ 的根，证明：$\frac{a_1^{1990}-a_2^{1990}}{a_1-a_2}+\frac{a_2^{1990}-a_3^{1990}}{a_2-a_3}+\frac{a_3^{1990}-a_1^{1990}}{a_3-a_1}$ 是整数.

证明： 构造函数（更一般形式）

$f(n)=\frac{a_1^n-a_2^n}{a_1-a_2}+\frac{a_2^n-a_3^n}{a_2-a_3}+\frac{a_3^n-a_1^n}{a_3-a_1}$，证对一切 $n\geqslant 0$，$f(n)$为整数.

$\because a_i^3-a_i^2-a_i-1=0$，$\therefore a_i^3=a_i^2+a_i+1$，

$\therefore a_i^n=a_i^{n-1}+a_i^{n-2}+a_i^{n-3}$，$i=1，2，3，(n\geqslant 3)$

$\therefore f(n)=f(n-1)+f(n-2)+f(n-3)(n\geqslant 3)$.

$\because f(0)=0$，$f(1)=3$，$f(2)=2(a_1+a_2+a_3)=2$ 均为整数，$\therefore n=0，1，2$ 时，结论成立.

假定 $0\leqslant n\leqslant k(k\geqslant 2)$时结论成立，那么 $n=k+1$ 时，$f(k+1)=f(k)+f(k-1)+f(k-2)$.

由归纳假设知$f(k)$，$f(k-1)$，$f(k-2)$为整数，所以$f(k+1)$为整数，即 $n=k+1$ 时结论也成立.

由上综合即得，对一切 $n\geqslant 0$，$f(n)$为整数.

令 $n=1990$，便得原命题.

故原命题成立.

7. 构造数列.

例 22　设 $\operatorname{tg}x\neq 0$，求证：$(1+\sec 2x)(1+\sec 4x)\cdots(1+\sec 2^n x)=\operatorname{ctg}x\operatorname{tg}2^n x$.

证明：构造数列.

$a_n=\frac{左式}{右式}=\operatorname{tg}x\operatorname{ctg}2^n x(1+\sec 2x)(1+\sec 4x)\cdots(1+\sec 2^n x)(n\in N^*)$，则只需证明 $a_n=1(n\in N^*)$.

(i)当 $n=1$ 时，$a_1=\operatorname{tg}x\operatorname{ctg}2x(1+\sec 2x)=\operatorname{tg}x\frac{1+\cos 2x}{\sin 2x}=\operatorname{tg}x\operatorname{ctg}x=1$；

(ii)假设 $n=k$ 时，$a_k=1$，则 $a_{k+1}=\frac{a_{k+1}}{a_k}=\operatorname{ctg}2^{k+1}x\operatorname{tg}2^k x(1+\sec 2^{k+1}x)$

$=\operatorname{tg}2^k x\cdot\frac{1+\cos 2^{k+1}x}{\sin 2^{k+1}x}=\operatorname{tg}2^k x\operatorname{ctg}2^k x=1$；

由(i)、(ii)可得，对一切$(n\in N^*)$，$a_n=1$.

故原式成立.

例 23　已知 a，b 为正数，且$\frac{1}{a}+\frac{1}{b}=1$，试证：对每一个 $n\in N^*$，$(a+b)^n-a^n-b^n\geqslant 2^{2n}-2^{n+1}$(1988 年全国高中数学竞赛第一试第五题).

证明：构造数列 $a_n=(a+b)^n-a^n-b^n-2^{2n}+2^{n+1}(n\in N^*)$，只需证 $a_n\geqslant 0$.

(i)当 $n=1$ 时，$a_1=a+b-a-b-2^2+2^2=0$；

(ii)假设 $n=k$ 时，$a_k \geqslant 0$，则

$$\begin{aligned} a_{k+1} &= (a+b)^{k+1} - a^{k+1} - b^{k+1} - 2^{2k+2} + 2^{k+2} \\ &= (a+b)[(a+b)^k - a^k - b^k] + a^k b + ab^k - 2^{2k+2} + 2^{k+2} \\ &\geqslant (a+b)(2^{2k} - 2^{k+1}) + a^k b + ab^k - 2^{2k+2} + 2^{k+2} \end{aligned}$$

$\because \dfrac{1}{a}+\dfrac{1}{b}=1$，$\therefore a+b=(a+b)\left(\dfrac{1}{a}+\dfrac{1}{b}\right)\geqslant 4$，$ab=\dfrac{1}{\dfrac{1}{a}\cdot\dfrac{1}{b}}\geqslant\dfrac{1}{\left(\dfrac{\dfrac{1}{a}+\dfrac{1}{b}}{2}\right)^2}=4$，

$$\begin{aligned} \therefore a_{k+1} &\geqslant 4(2^{2k}-2^{k+1})+2\sqrt{(ab)^{k+1}}-2^{2k+2}+2^{k+2} \\ &\geqslant 2^{k+2}+2\cdot 2^{k+1}-2^{k+3}=0. \end{aligned}$$

即 $n=k+1$ 时，$a_{k+1}\geqslant 0$.

由(i)、(ii)可得，对于任意 $n\in N^*$，$a_n\geqslant 0$.

故原命题成立.

例 24 求证：$(2+\sqrt{3})^n(n\in N^*)$的整数部分是奇数.

证明：设 $a_n=(2+\sqrt{3})^n+(2-\sqrt{3})^n(n\in N^*)$

$\because 0<2-\sqrt{3}<1$ $\quad\therefore 0<(2-\sqrt{3})^n<1.$

由$(2+\sqrt{3})^n=a_n-(2-\sqrt{3})^n$知，只需证 a_n是偶数.

(i)$a_1=4$，$a_2=14$ 均是偶数；

(ii)假设 a_{k-1}，a_k 是偶数，则

$$\begin{aligned} a_{k+1} &= (2+\sqrt{3})^{k+1}+(2-\sqrt{3})^{k+1} \\ &= [(2+\sqrt{3})^k+(2-\sqrt{3})^k][(2+\sqrt{3})+(2-\sqrt{3})] \\ &\quad -[(2+\sqrt{3})^{k-1}+(2-\sqrt{3})^{k-1}](2+\sqrt{3})(2-\sqrt{3}) \\ &= 4a_k-a_{k-1} \end{aligned}$$

由归纳法假设知 a_{k+1}是偶数.

由(i)、(ii)可得，对于任意$(n\in N^*)$，$a_n\geqslant 0$.

故原命题成立.

例 25 求证：大于$(3+\sqrt{5})^n(n\in N^*)$的最小正整数能被 2^n 整除(1987年苏州市高中数学竞赛试题).

证明：设 $a_n=(3+\sqrt{5})^n+(3-\sqrt{5})^n(n\in N^*)$，证明 a_n能被 2^n整除.

(i)当 $n=1$ 时，$a_1=3+\sqrt{5}+3-\sqrt{5}=6$，能被 2 整除.

当 $n=2$ 时，$a_2=(3+\sqrt{5})^2+(3-\sqrt{5})^2=28$，也能被 $2^2=4$ 整除.

(ii)假设 $n=k-1$、$k(k\geqslant 2)$时，a_{k-1}，a_k能被 2^{k-1}，2^k整除，则

$$\begin{aligned}a_{k+1} &= (3+\sqrt{5})^{k+1}+(3-\sqrt{5})^{k+1}\\&=[(3+\sqrt{5})^{k}+(3-\sqrt{5})^{k}][(3+\sqrt{5})+(3-\sqrt{5})]\\&\quad-[(3+\sqrt{5})^{k-1}+(3-\sqrt{5})^{k-1}](3+\sqrt{5})(3-\sqrt{5})\\&=6a_k+4a_{k-1}=3\cdot 2a_k+2^2a_{k-1}\end{aligned}$$

由归纳假设知 $2^{k+1}\mid 2a_k$，$2^{k+1}\mid 2^2a_{k-1}$，$\therefore 2^{k+1}\mid a_{k+1}$.

由(i)、(ii)可得，$2^n\mid a_n(n\in N^*)$.

又$\because 0<3-\sqrt{5}<1$，$\therefore 0<(3-\sqrt{5})^n<1$.

$\therefore a_n=(3+\sqrt{5})^n+(3-\sqrt{5})^n$是大于$(3+\sqrt{5})^n$的最小正整数. 故原命题得证.

例 26　设数列 $a_1=1$，$a_2=-1$，$a_n=-a_{n-1}-2a_{n-2}(n\geqslant 3)$. 试证：$\sqrt{2^{n+1}-7a_{n-1}^2}$是有理数.

证明：构造 $2^{n+1}-7a_{n-1}^2=(2a_n+a_{n-1})^2$，用数学归纳法证明此式成立.

(i)当 $n=3$ 时，$2^4-7a_2^2=9$，又 $a_3=-a_2-2a_1=-1$，所以$(2a_3+a_2)^2=9$，等式成立；

(ii)假设 $n=k(k\geqslant 3)$时，等式成立，即 $2^{k+1}-7a_{k-1}^2=(2a_k+a_{k-1})^2$则

$$\begin{aligned}(2a_{k+1}+a_k)^2&=(-2a_k-4a_{k-1}+a_k)^3\\&=(-a_k-4a_{k-1})^2\\&=2(2a_k+a_{k-1})^2+14a_{k-1}^2-7a_k^2\\&=2(2^{k+1}-7a_{k-1}^2)+14a_{k-1}^2-7a_k^2\\&=2^{k+2}-7a_k^2.\end{aligned}$$

由(i)、(ii)可得，对 $n\geqslant 3(n\in N^*)$等式成立.

故原命题成立.

8. 在不影响命题的情况下增加假设条件完成归纳证明.

在命题涉及的字母具有全对称性时，采用“不妨设”增加假设条件；在对命题进行分类证明时，增加关于分类的“不妨设”.

例 27　证明平均不等式：对于 $a_i>0(i=1,2,\cdots,n)$，有 $A_n=\dfrac{a_1+a_2+\cdots+a_n}{n}\geqslant\sqrt[n]{a_1a_2\cdots a_n}=G_n(n\in N^*$ 且 $n>1)$.

证明：(i)当 $n=2$ 时，命题显然成立；(ii)假设 $n=k$ 时，有 $A_k\geqslant G_k$，则 $n=k+1$ 时，因 a_i具有全对称性，所以不妨设 $a_{k+1}=\max\{a_i\mid i=1,2,\cdots,k,k+1\}$，于是

$$A_{k+1}-A_k=\frac{a_1+a_2+\cdots+a_k+a_{k+1}}{k+1}-\frac{a_1+a_2+\cdots+a_k}{k}$$

$$= \frac{k(a_1 + a_2 + \cdots + a_k) + ka_{k+1} - k(a_1 + a_2 + \cdots + a_k)}{k(k+1)} -$$

$$\frac{a_1 + a_2 + \cdots + a_k}{k(k+1)}$$

$$= \frac{ka_{k+1} - (a_1 + a_2 + \cdots + a_k)}{k(k+1)}$$

$$= \frac{a_{k+1} - A_k}{k+1}$$

$$\Rightarrow A_{k+1} = A_k + \frac{a_{k+1} - A_k}{k+1}$$

$$\Rightarrow A_{k+1}^{k+1} = \left(A_k + \frac{a_{k+1} - A_k}{k+1}\right)^{k+1} \geqslant A_k^{k+1} + C_{k+1}^1 \cdot A_k^k \cdot \frac{a_{k+1} - A_k}{k+1}$$

$$= A_k^{k+1} + A_k^k \cdot a_{k+1} - A_k^{k+1}$$

$$= A_k^k a_{k+1}$$

$$\geqslant G_k^k a_{k+1} = G_{k+1}^{k+1}.$$

即 $n=k+1$ 时，命题亦成立.

由(i)、(ii)可得，对于任意 $n \in N^*$ 且 $n>1$，原命题成立.

例 28 已知数列 $\{a_n\}(n=1, 2, \cdots)$，若对任意自然数 n，都有 $a_n>0$ 及 $a_n^2 \leqslant a_n - a_{n+1}$，试证：$a_n < \frac{1}{n}(n \in N^*)$.

证明：将条件 $a_n^2 \leqslant a_n - a_{n+1}$ 变为 $a_{n+1} \leqslant a_n(1-a_n)$.

$\because a_i>0(i \in N^*)$，$\therefore 0<a_n<1(n \in N^*)$.

(i)当 $n=1$ 时，$\because a_n<1(n \in N^*)$，$\therefore a_1<1$，原命题成立；

(ii)假设 $n=k$ 时有 $a_k<\frac{1}{k}$，现在要证明当 $n=k+1$ 时，也有 $a_{k+1}<\frac{1}{k+1}$.

因为 $a_k<\frac{1}{k}$，$1-a_k>1-\frac{1}{k}$，如果代入已知条件 $a_{n+1} \leqslant a_n(1-a_n)$，无法确定 $a_k(1-a_k)$ 与 $\frac{1}{k}\left(1-\frac{1}{k}\right)$ 的大小，可见在统一的条件 $0<a_k<\frac{1}{k}$ 下，直接从 k 推出 $k+1$ 是比较困难的，如将归纳假设 $0<a_k<\frac{1}{k}$ 分成两段：$0<a_k<\frac{1}{k+1}$ 及 $\frac{1}{k+1} \leqslant a_k<\frac{1}{k}$ 分别考虑，就可消去不确定因素.

(1)当$0<a_k<\frac{1}{k+1}$时，则由$a_{k+1}\leqslant a_k(1-a_k)<a_k\leqslant\frac{1}{k+1}$.

故$a_{k+1}<\frac{1}{k+1}$.

(2)当$\frac{1}{k+1}\leqslant a_k<\frac{1}{k}$时，则由$a_{k+1}\leqslant a_k(1-a_k)<\frac{1}{k}\left(1-\frac{1}{k+1}\right)=\frac{1}{k}\cdot\frac{k}{k+1}=\frac{1}{k+1}$，从而也有$a_{k+1}<\frac{1}{k+1}$.

综合(1)、(2)知，当$0<a_k<\frac{1}{k}$时，能推出$0<a_{k+1}<\frac{1}{k+1}$，即$n=k+1$时，原命题也成立.

故由(i)、(ii)可得，对任意$(n\in N^*)$，$a_n<\frac{1}{n}$都成立.

9. 增设引理为归纳过渡创造条件.

例29　当$0<x_i<\pi$时$(i=1,2,\cdots,n)$

$$\frac{\sin x_1+\sin x_2+\cdots+\sin x_n}{n}\leqslant\sin\frac{x_1+x_2+\cdots+x_n}{n}.$$

证明：直接对n进行归纳较困难，先证一个引理，搭桥过渡，即则$n=2^m(m\in Z$且$m\geqslant0)$时，原不等式成立．仍采用数学归纳法证明这一引理.

(1)当$m=0$时，$n=2^0=1$，引理成立.

当$m=1$时，$n=2^1=2$，这时

$$\frac{\sin x_1+\sin x_2}{2}=\sin\frac{x_1+x_2}{2}\cos\frac{x_1-x_2}{2}.$$

$\because 0<x_1$，$x_2<\pi$，$\therefore 0<\cos\frac{x_1-x_2}{2}\leqslant1$，

$\therefore\frac{\sin x_1+\sin x_2}{2}\leqslant\sin\frac{x_1+x_2}{2}$，引理亦成立.

(2)假设$m=k$时，即$n=2^k$时引理成立，即

$$\frac{\sin x_1+\sin x_2+\cdots+\sin x_{2^k}}{2^k}\leqslant\sin\frac{x_1+x_2+\cdots+x_{2^k}}{2^k}.$$

那么，当$m=k+1$时，即$n=2^{k+1}$时，

$$\frac{\sin x_1+\sin x_2+\cdots+\sin x_{2^k}+\sin x_{2^k+1}+\sin x_{2^k+2}+\cdots+\sin x_{2^{k+1}}}{2^{k+1}}$$

$$=\frac{\dfrac{\sin x_1+\sin x_2+\cdots+\sin x_{2^k}}{2^k}}{2}+\frac{\dfrac{\sin x_{2^k+1}+\sin x_{2^k+2}+\cdots+\sin x_{2^{k+1}}}{2^k}}{2}$$

$$\leqslant \frac{1}{2}\left(\sin \frac{x_1+x_2+\cdots+x_{2^k}}{2^k}+\sin \frac{x_{2^k+1}+x_{2^k+2}+\cdots+\sin x_{2^{k+1}}}{2^k}\right).$$

注意到右式中的两个算术平均值也在(0, π)内，因此，由 $n=2$ 时的结论知，上式

$$\text{左边} \leqslant \sin \frac{\dfrac{x_1+x_2+\cdots+x_{2^k}}{2^k}+\dfrac{x_{2^k+1}+x_{2^k+2}+\cdots+x_{2^{k+1}}}{2^k}}{2}$$

$$=\sin \frac{x_1+x_2+\cdots+x_{2^k}+x_{2^k+1}+x_{2^k+2}+\cdots+x_{2^{k+1}}}{2^{k+1}}$$

即 $m=k+1$ 时，引理也成立.

故由(1)、(2)可得，原不等式对一切 $n=1, 2, 4, \cdots, 2^m$ 均成立.

可见，原不等式对某一足够大的 n(如 2^k)已正确，再只需原不等式由对某自然数 n 正确可推出 $n-1$ 也正确，即可断言对一切自然数 n 原不等式均正确．事实上，假设对 n 不等式正确，即

$\dfrac{\sin x_1+\sin x_2+\cdots+\sin x_n}{n} \leqslant \sin \dfrac{x_1+x_2+\cdots+x_n}{n}$恒成立，特别地，当 $x_{n-1}=\dfrac{x_1+x_2+\cdots+x_{n-1}}{n-1}$时，不等式也应正确．即

$$\frac{\sin x_1+\sin x_2+\cdots+\sin x_{n-1}+\sin \dfrac{x_1+x_2+\cdots+x_{n-1}}{n-1}}{n}$$

$$\leqslant \sin \frac{x_1+x_2+\cdots+x_{n-1}+\dfrac{x_1+x_2+\cdots+x_{n-1}}{n-1}}{n}$$

$$=\sin \frac{(x_1+x_2+\cdots+x_{n-1})\cdot\left(1+\dfrac{1}{n-1}\right)}{n}=\sin \frac{x_1+x_2+\cdots+x_{n-1}}{n-1}.$$

亦即 $\sin x_1+\sin x_2+\cdots+\sin x_{n-1} \leqslant n\cdot \sin \dfrac{x_1+x_2+\cdots+x_{n-1}}{n-1}-\sin \dfrac{x_1+x_2+\cdots+x_{n-1}}{n-1}$.

因此，$\dfrac{\sin x_1+\sin x_2+\cdots+\sin x_{n-1}}{n-1} \leqslant \sin \dfrac{x_1+x_2+\cdots+x_{n-1}}{n-1}$.

10. 从具体情况的验证中寻找过渡的方法.

例 30 几只容积相同的量杯盛有几种不同液体，此外还有一只容积相同的空量杯，证明：可以通过有限步混合手续，使它们成为成分相同的几杯

溶液，此外还余了一个空量杯.

证明：(i)当 $n=1$ 时，用不着混合，结论显然成立.

当 $n=2$ 时，先将一杯溶液倒 $\frac{1}{2}$ 到空杯中，再用另一杯溶液倒满上述两个杯子，混合过程即完成，结论成立.

当 $n=3$ 时，先置一杯溶液于一边，回到 $n=2$ 的情景，由上述过程将留下的两杯溶液混合好，然后，将已混合好的两杯溶液各倒 $\frac{1}{3}$ 于空杯中，这时，每杯含两种混合液的 $\frac{2}{3}$，最后将先放在旁边的一杯没参与混合的溶液分别注满前面的三个杯子，混合即告完成，结论也成立.

(ii)假设 $n=k$ 时，结论成立，即有 k 杯已混合成为成分相同的溶液，则 $n=k+1$ 时，就是增加了一杯不同液体，我们可以先将第 $k+1$ 杯溶液置于一边，将已混合好的 k 杯溶液各倒 $\frac{1}{k+1}$ 于空杯中，然后将第 $k+1$ 杯溶液分别注满前面的 $k+1$ 个杯子，这样就得到了 $k+1$ 杯成分相同的混合溶液.即 $n=k+1$ 时，结论也成立.

故由(i)、(ii)可得，对任意 $n\in N^*$ 结论成立.

注：通过对 $n=2$ 和 $n=3$ 时的混合过程找到从“$n=k\Rightarrow n=k+1$”的办法.

11. 合理选择归纳形式.

通常采用的是第一种形式，必要时也要采用第二种形式的数学归纳法，即假设 $n<k$ 时命题成立，证明 $n=k$ 时命题也成立，有时也由当 $n=k$ 和 $n=k+1$ 时命题正确，推出 $n=k+2$ 时命题也正确.

例 31　设数列 $\{a_n\}$ 满足关系式：$a_1=\frac{1}{2}$ 和 $a_1+a_2+\cdots+a_n=n^2a_n$ $(n\geqslant 1)$，试证：数列的通项公式为 $a_n=\frac{1}{n(n+1)}$.

由已知条件：$a_{k+1}=\frac{1}{(k+1)^2-1}(a_1+a_2+\cdots+a_k)$，与 $a_1, a_2, \cdots, a_k$ 均相关，所以仅设 $n=k$ 时命题成立不够，须设 $n\leqslant k$ 时原命题成立，这时，由于

$$a_{k+1}=\frac{1}{k^2+2k}\left(\frac{1}{1\cdot 2}+\frac{1}{2\cdot 3}+\cdots+\frac{1}{k(k+1)}\right)$$

$$=\frac{1}{k(k+2)}\left[\left(1-\frac{1}{2}\right)+\left(\frac{1}{2}-\frac{1}{3}\right)+\cdots+\left(\frac{1}{k}-\frac{1}{k+1}\right)\right]$$

$$=\frac{1}{k(k+2)}\left(1-\frac{1}{k+1}\right)=\frac{1}{(k+1)(k+2)},$$

所以当 $n=k+1$ 时原命题也成立.

证明: (i) 当 $n=1$ 时，$a_1=\frac{1}{2}$，$a_1=\frac{1}{1\times(1+1)}=\frac{1}{2}$，命题成立.

(ii) 假设 $n\leqslant k(k\geqslant 1)$ 时命题成立，即 $a_1=\frac{1}{1\cdot 2}$，$a_2=\frac{1}{2\cdot 3}$，…，$a_k=\frac{1}{k(k+1)}$，则 $n=k+1$ 时有

$$\begin{aligned}a_{k+1}&=\frac{1}{(k+1)^2-1}(a_1+a_2+\cdots+a_k)\\&=\frac{1}{k^2+2k}\left[\frac{1}{1\cdot 2}+\frac{1}{2\cdot 3}+\cdots+\frac{1}{k(k+1)}\right]\\&=\frac{1}{k(k+2)}\left[\left(1-\frac{1}{2}\right)+\left(\frac{1}{2}-\frac{1}{3}\right)+\cdots+\left(\frac{1}{k}-\frac{1}{k+1}\right)\right]\\&=\frac{1}{k(k+2)}\left(1-\frac{1}{k+1}\right)=\frac{1}{(k+1)(k+2)}.\end{aligned}$$

即 $n=k+1$ 时，命题亦成立.

故由(i)、(ii)可得，对一切 $n\in N^*$，$a_n=\frac{1}{n(n+1)}$均成立.

例 32 有两堆棋子数目相等，两人轮流取走棋子，每人每次可在其中一堆里任意取走若干颗，但不能同时在两堆里取，且规定取到最后一颗者获胜. 求证后取者一定可以获胜.

证明: 设 n 为一堆棋子的颗数.

(i) 当 $n=1$ 时，先取者只能在一堆里取一颗，这样另一堆里的一颗被后者取得，所以命题是成立的.

(ii) 假设 $n\leqslant k$ 时，命题是成立的，现在证明当 $n=k+1$ 时，命题也是成立的.

因为在这种情况下，先取者在一堆里取走 $l(1\leqslant l\leqslant k+1)$ 颗，这样后取者面临的两堆棋子分别为 $(k+1)$ 颗及 $(k-l+1)$ 颗，这时后取者可以在较多的一堆中取走 l 颗. 于是先取者面临的两堆棋子都是 $(k-l+1)$ 颗，依归纳假设，后取者获胜.

故由(i)、(ii)可得，对于任意自然数 n，后取者都可获胜.

例 33 设数列 $\{a_n\}$ 满足条件 $a_1=2$，$a_{n+1}=a_1a_2\cdots a_n+1(n>1)$，求证：$a_{n+1}=a_n^2-a_n+1$.

证明：(i)当 $n=1$ 时，$a_{n+1}=a_2=a_1+1=3=a_1^2-a_1+1$，等式成立.

(ii)假设 $1\leqslant n\leqslant k$ 时，等式成立，即

$$a_2-1=a_1^2-a_1=a_1(a_1-1),$$
$$a_3-1=a_2^2-a_2=a_2(a_2-1),$$
$$\cdots\cdots$$
$$a_{k+1}-1=a_k(a_k-1).$$

设 $x-1=a_{k+1}(a_{k+1}-1)$.

将上述 $k+1$ 个等式相乘得

$$(a_2-1)(a_3-1)\cdots(a_{k+1}-1)(x-1)$$
$$=a_1a_2\cdots a_{k+1}(a_1-1)(a_2-1)\cdots(a_k-1)(a_{k+1}-1).$$

由题设易见 $a_n>1$ 对一切自然数 n 成立.

$\because (a_2-1)\cdots(a_{k+1}-1)\neq 0$，$\therefore x-1=a_1a_2\cdots a_{k+1}$.

即 $x=a_1a_2\cdots a_{k+1}+1=a_{k+2}$.

$\therefore (a_{k+2}-1)=a_{k+1}(a_{k+1}-1)$，$a_{k+2}=a_{k+1}^2-a_{k+1}+1$.

即 $n=k+1$ 时，等式亦成立.

故由(i)、(ii)可得，$n\in N^*$ 时，等式成立.

12. 合理选择归纳对象.

欲证命题含有两个表示自然数的字母，可让其中一个任意化，只对另一个实行归纳.

例 34　设 $0!=1$，m，n 为任意非负整数，试证：$\dfrac{(2m)!\,(2n)!}{m!\,n!\,(m+n)!}$是正整数.

证明：当 m，n 为非负整数时，$\dfrac{(2m)!\,(2n)!}{m!\,n!\,(m+n)!}$显然大于 0，所以只需证明它是整数. 视 m 为任意非负整数，对 n 实行归纳.

(i)当 $n=0$ 时，若 $m\neq 0$，原式$\dfrac{(2m)!}{m!\,m!}=C_{2m}^m$，对一切非负整数 m，它是一个正整数；若 $m=0$，则原式 $=1$，$\therefore$ 原命题成立.

(ii)假设 $n=k$ 时，对一切非负整数 m，$\dfrac{(2m)!\,(2k)!}{m!\,k!\,(m+k)!}$都是整数，令

$$A\cdot\frac{(2m)!\,(2k)!}{m!\,k!\,(m+k)!}+B\cdot\frac{(2m+2)!\,(2k)!}{(m+1)!\,k!\,(m+k+1)!}$$
$$=\frac{(2m)!\,(2k+2)!}{m!\,(k+1)!\,(m+k+1)!}.$$

即 $$\frac{[A(2m)!(2k)!(m+1)(m+k+1)+B(2m+2)!(2k)!](k+1)}{[(m+1)!k!(m+k+1)!](k+1)}$$
$$=\frac{(2m)!(2k+2)!(m+1)}{[m!(k+1)!(m+k+1)!](m+1)}.$$

亦即 $A(k+1)(m+1)(m+k+1)+B(k+1)(2m+2)(2m+1)$
$=(2k+2)(2k+1)(m+1)$.

令 $m=0$，$k=1$ 得 $A+B=3$ ①

令 $m=1$，$k=0$ 则有 $A+3B=1$ ②

由①②知 $A=4$，$B=-1$，于是

$$\frac{(2m)!(2k+2)!}{m!(k+1)!(m+k+1)!}$$
$$=4\cdot\frac{(2m)!(2k)!}{(m)!k!(m+k)!}-\frac{(2m+2)!(2k)!}{(m+1)!k!(m+k+1)!}$$

由归纳假设知，对任意非负整数 m，

$\dfrac{(2m)!\ (2k)!}{m!\ k!\ (m+k)!}$ 与 $\dfrac{(2m+2)!\ (2k)!}{(m+1)!\ k!\ (m+k+1)!}$ 均是整数，所以 $\dfrac{(2m)!\ (2k)!}{m!\ (k+1)!\ (m+k+1)!}$也是整数，即 $n=k+1$ 时，原命题也成立.

故由(i)、(ii)可得，对一切非负整数 m，n，原命题均成立.

例 35 证明：对于任何自然数 m，组合数 $C_{2^m}^1$，$C_{2^m}^2$，…，$C_{2^m}^{2^m-1}$ 都是偶数.

证明：直接对 m 归纳比较困难，令 $n=1$，2，…，2^m-1，则下列组合数 $C_{2^m-1}^n$应是奇数，因为 $C_{2^m-1}^{n-1}+C_{2^m-1}^n=C_{2^m}^n$是偶数，于是，证明 $C_{2^m-1}^n$是奇数，对 n 进行归纳.

(i)当 $n=1$ 时，$C_{2^m-1}^1=2^m-1$ 是奇数，命题为真.

(ii)假设 $n=k(1\leqslant k\leqslant 2^m-2)$时，$C_{2^m-1}^k$是奇数，则 $n=k+1$ 时，

$$C_{2^m-1}^{k+1}=\frac{(2^m-1)!}{(k+1)!(2^m-k-2)!}=\frac{(2^m-1)!}{k!(2^m-k-1)!}\cdot\frac{2^m-k-1}{k+1}$$

设$(2^m-1)!\ =2^a\cdot b$，b 为奇数；$k!\ (2^m-k-1)!\ =2^c\cdot d$，$d$ 为奇数；因为依据归纳假设 $C_{2^m-1}^k$为奇数，所以 $a=c$. 当 k 为偶数时，2^m-k-1 和 $k+1$ 均为奇数，从而 $C_{2^m-1}^{k+1}=\dfrac{b}{d}\cdot\dfrac{2^m-k-1}{k+1}$是奇数. 当 k 为奇数时，设 $k+1=z^e\cdot f$，f 为奇数；则 $2^m-k-1=2^e\cdot(z^{m-e}-f)$；而 $C_{2^m-1}^{k+1}=\dfrac{b}{d}\cdot\dfrac{(2^{m-e}-f)}{f}$是奇数. 所以 $C_{2^m-1}^{k+1}$是奇数，即 $n=k+1$ 时，命题为真.

由(i)、(ii)可得，对任意 $n\in N^*$ 且 $1\leqslant n\leqslant 2^m-1$，$C_{2^m-1}^n$ 是奇数.

故对任意 $n\in N^*$ 且 $1\leqslant n\leqslant 2^m-1$，$C_{2^m}^n$ 是偶数，原命题成立.

§3－3　数学归纳法的应用

数学归纳法在代数、几何、三角以及其他方面有着广泛的应用. 主要体现在以下几个方面：

一、恒等式问题

例1　若 $n\in N^*$，则

$1-3+5-7+\cdots+(-1)^{n-1}(2n-1)=(-1)^{n-1}\cdot n$.

证明：(i)当 $n=1$ 时，命题显然成立；

(ii)假设 $n=k$ 时有 $1-3+5-7+\cdots+(-1)^{k-1}(2k-1)=(-1)^{k-1}\cdot k$. 则 $n=k+1$ 时，

$$1-3+5-7+\cdots+(-1)^{k-1}(2k-1)+(-1)^{k}(2k+1)$$
$$=(-1)^{k-1}\cdot k+(-1)^{k}(2k+1)=(-1)^{k}(k+1).$$

即 $n=k+1$ 时，命题亦成立.

故由(i)、(ii)可得，对一切 $n\in N^*$ 命题都成立.

例2　若 $n\in N^*$，则 $1\cdot2\cdot3+2\cdot3\cdot4+3\cdot4\cdot5+\cdots+n(n+1)(n+2)=\frac{1}{4}n(n+1)(n+2)(n+3)$.

证明：(i)当 $n=1$ 时，左边 $=6$，右边 $=\frac{1}{4}\times1\times2\times3\times4=6$，命题成立；

(ii)假设 $n=k$ 时，$1\cdot2\cdot3+2\cdot3\cdot4+3\cdot4\cdot5+\cdots+k(k+1)(k+2)=\frac{1}{4}k(k+1)(k+2)(k+3)$，则 $n=k+1$ 时，

$$1\cdot2\cdot3+2\cdot3\cdot4+3\cdot4\cdot5+\cdots+k(k+1)(k+2)+(k+1)(k+2)(k+3)$$
$$=\frac{1}{4}k(k+1)(k+2)(k+3)+(k+1)(k+2)(k+3)$$
$$=\frac{1}{4}(k+1)(k+2)(k+3)(k+4).$$

即 $n=k+1$ 时命题亦成立.

故由(i)、(ii)可得，对一切 $n\in N^*$，命题都成立.

例3 若$n\in N^*$，a不是0也不是负整数，则

$$\frac{1}{a(a+1)}+\frac{1}{(a+1)(a+2)}+\cdots+\frac{1}{(a+n-1)(a+n)}=\frac{n}{a(a+n)}.$$

证明：由于a不是0也不是负整数，∴ 原式对一切自然数n有意义.

(i)当$n=1$时，命题显然成立；

(ii)假设$n=k$时，命题成立，即

$$\frac{1}{a(a+1)}+\frac{1}{(a+1)(a+2)}+\cdots+\frac{1}{(a+k-1)(a+k)}$$
$$=\frac{k}{a(a+k)},$$

则$n=k+1$时，

$$\frac{1}{a(a+1)}+\frac{1}{(a+1)(a+2)}+\cdots+\frac{1}{(a+k-1)(a+k)}$$
$$+\frac{1}{(a+k)(a+k+1)}=\frac{k}{a(a+k)}+\frac{1}{(a+k)(a+k+1)}$$
$$=\frac{k+1}{a(a+k+1)}.$$

即$n=k+1$时，命题亦成立.

故由(i)、(ii)可得，对一切$n\in N^*$命题都成立.

例4 用数学归纳法证明：对于任意自然数n，$1^2-2^2-3^2-4^2+\cdots+(-1)^{n-1}n^2=(-1)^{n-1}\frac{n(n+1)}{2}$.

证明：(i)当$n=1$时，等号左边$=1$，等号右边$=1$，命题成立；

(ii)假设$n=k$时，$1^2-2^2+3^2-4^2+\cdots+(-1)^{k-1}k^2=(-1)^{k-1}\frac{k(k+1)}{2}$，则$n=k+1$时，

$$1^2-2^2+3^2-4^2+\cdots+(-1)^{k-1}k^2+(-1)^k(k+1)^2$$
$$=(-1)^{k-1}\frac{k(k+1)}{2}+(-1)^k(k+1)^2$$
$$=(-1)^k\left[-\frac{k(k+1)}{2}+(k+1)^2\right]$$
$$=(-1)^k\frac{2(k+1)^2-k(k+1)}{2}$$
$$=(-1)^k\frac{(k+1)(k+2)}{2}.$$

即$n=k+1$时命题亦成立.

故由(i)、(ii)可得，本命题对一切自然数均成立.

例5　用数学归纳法证明 $1^3-2^3+3^3-4^3+\cdots+(-1)^{n-1}n^3=\frac{1}{8}[-1+(-1)^{n-1}(4n^3+6n^2-1)](n\in N^*)$.

证明: (i)当 $n=1$ 时，左边 $=1$，右边 $=1$，等式成立；

(ii)假设 $n=k$ 时，$1^3-2^3+3^3-4^3+\cdots+(-1)^{k-1}k^3=\frac{1}{8}[-1+(-1)^{k-1}(4k^3+6k^2-1)]$，则 $n=k+1$ 时，

$$\begin{aligned}
&1^3-2^3+3^3-4^3+\cdots+(-1)^{k-1}k^3+(-1)^k(k+1)^3\\
&=\frac{1}{8}[-1+(-1)^{k-1}(4k^3+6k^2-1)]+(-1)^k(k+1)^3\\
&=\frac{1}{8}[-1+(-1)^{k-1}(4k^3+6k^2-1)+8(-1)^k(k+1)^3]\\
&=\frac{1}{8}[-1+(-1)^k(4k^3+18k^2+24k+9)]\\
&=\frac{1}{8}[-1+(-1)^k(4k^3+12k^2+12k+4)+(6k^2+12k+6)-1]\\
&=\frac{1}{8}\{-1+(-1)^k[4(k+1)^3+6(k+1)^2-1]\}.
\end{aligned}$$

即 $n=k+1$ 时等式亦成立.

故由(i)、(ii)可得，对任意 $n\in N^*$ 等式成立.

例6　若 $n\in N^*$，则 $\frac{1^2}{1\cdot 3}+\frac{2^2}{3\cdot 5}+\frac{3^2}{5\cdot 7}+\cdots+\frac{n^2}{(2n-1)(2n+1)}=\frac{n(n+1)}{2(2n+1)}$.

证明: (i)当 $n=1$ 时，命题显然成立；

(ii)假设 $n=k$ 时有

$$\frac{1^2}{1\cdot 3}+\frac{2^2}{3\cdot 5}+\frac{3^2}{5\cdot 7}+\cdots+\frac{k^2}{(2k-1)(2k+1)}=\frac{k(k+1)}{2(2k+1)}.$$

则 $n=k+1$ 时，

$$\begin{aligned}
&\frac{1^2}{1\cdot 3}+\frac{2^2}{3\cdot 5}+\frac{3^2}{5\cdot 7}+\cdots+\frac{k^2}{(2k-1)(2k+1)}\\
&+\frac{(k+1)^2}{(2k+1)(2k+3)}=\frac{k(k+1)}{2(2k+1)}+\frac{(k+1)^2}{(2k+1)(2k+3)}\\
&=\frac{(k+1)[(k+1)+1]}{2[2(k+1)+1]}.
\end{aligned}$$

即 $n=k+1$ 时，命题亦成立.

故由(i)、(ii)可得，对一切自然数均成立.

例 7 若 $n\in N^*$，用数学归纳法证明：$x+2x^2+3x^3+\cdots+nx^n$ $\frac{x-(n+1)x^{n+1}+nx^{n+2}}{(1-x)^2}$.

证明：(i)当 $n=1$ 时，左式 $=x$，右式 $=\frac{x-2x^2+x^3}{(1-x)^2}=\frac{x(1-2x+x^2)}{(1-x)^2}=x$.

命题成立；

(ii)假设 $n=k$ 时，命题成立，即

$x+2x^2+3x^3+\cdots+kx^k=\frac{x-(k+1)x^{k+1}+kx^{k+2}}{(1-x)^2}$，则 $n=k+1$ 时，

$$x+2x^2+3x^3+\cdots+kx^k+(k+1)x^{k+1}$$

$$=\frac{x-(k+1)x^{k+1}+kx^{k+2}}{(1-x)^2}+(k+1)x^{k+1}$$

$$=\frac{1}{(1-x)^2}[x-(k+1)x^{k+1}+kx^{k+2}+(k+1)x^{k+1}-2(k+1)x^{k+2}+(k+1)x^{k+3}]$$

$$=\frac{1}{(1-x)^2}[x-(k+2)x^{k+2}+(k+1)x^{k+3}]$$

$$=\frac{1}{(1-x)^2}\{x-[(k+1)+1]x^{(k+1)+1}+(k+1)x^{k+1+2}\}.$$

即 $n=k+1$ 时命题亦成立.

故由(i)、(ii)可得，对于一切 $n\in N^*$ 命题都成立.

例 8 用数学归纳法证明：$n\in N^*$，有 $C_n^1+2C_n^2+3C_n^3+\cdots+nC_n^n=2^{n-1}\cdot n$.

证明：(i)当 $n=1$ 时，左边 $=C_1^1=1$，右边 $=2^{1-1}\times1=1$，等式成立；

(ii)假设 $n=k$ 时等式成立，即 $C_k^1+2C_k^2+3C_k^3+\cdots+kC_k^k=2^{k-1}\cdot k$.

则 $n=k+1$ 时，$C_{k+1}^1+2C_{k+1}^2+3C_{k+1}^3+\cdots+kC_{k+1}^k+(k+1)C_{k+1}^{k+1}$

$$=(C_k^0+C_k^1)+2(C_k^2+C_k^1)+3(C_k^3+C_k^2)+\cdots+k(C_k^k+C_k^{k-1})+(k+1)C_{k+1}^{k+1}$$

$$=(C_k^0+C_k^1+\cdots+C_k^k)+2(C_k^1+2C_k^2+3C_k^3+\cdots+kC_k^k)$$

$$=2^k+2k\cdot2^{k-1}=(k+1)2^k.$$

即 $n=k+1$ 时等式亦成立.

故由(i)、(ii)可得，$n\in N^*$ 时等式成立.

例 9 用数学归纳法证明：$(1\cdot2^2-2\cdot3^2)+(3\cdot4^2-4\cdot5^2)+\cdots+$

$[(2n-1)(2n)^2-2n(2n+1)^2]=-n(n+1)(4n+3)$（1989年全国高考文史类数学试题第22题）.

证明：(i) 当 $n=1$ 时，左边 $=-14$，右边 $=-1\times2\times7=-14$，等式成立；

(ii) 假设 $n=k$ 时等式成立，即有 $(1\cdot2^2-2\cdot3^2)+\cdots+[(2k-1)(2k)^2-2k(2k+1)^2]=-k(k+1)(4k+3)$.

那么，当 $n=k+1$ 时，$(1\cdot2^2-2\cdot3^2)+\cdots+[(2k-1)(2k)^2-2k(2k+1)^2]+[(2k+1)(2k+2)^2-(2k+2)(2k+3)^2]$

$$=-k(k+1)(4k+3)-2(k+1)[4k^2+12k+9-4k^2-6k-2]$$
$$=-(k+1)[4k^2+3k+2(6k+7)]$$
$$=-(k+1)(4k^2+15k+14)$$
$$=-(k+1)(k+2)(4k+7)$$
$$=-(k+1)[(k+1)+1][4(k+1)+3].$$

即 $n=k+1$ 时，等式亦成立.

故由(i)、(ii)可得，对任何 $n\in N^*$ 等式都成立.

例10　用数学归纳法证明：对于自然数 n，等式 $1-\frac{1}{2}+\frac{1}{3}-\frac{1}{4}+\cdots+\frac{1}{2n-1}-\frac{1}{2n}=\frac{1}{n+1}+\frac{1}{n+2}+\cdots+\frac{1}{2n}$ 成立.

证明：(i) 当 $n=1$ 时，左边 $=1-\frac{1}{2}=\frac{1}{2}$，右边 $=\frac{1}{1+1}=\frac{1}{2}$，等式成立；

(ii) 假设 $n=k$ 时，命题成立，即

$$1-\frac{1}{2}+\frac{1}{3}-\frac{1}{4}+\cdots+\frac{1}{2k-1}-\frac{1}{2k}=\frac{1}{k+1}+\frac{1}{k+2}+\cdots+\frac{1}{2k}.$$

则 $n=k+1$ 时，两边同时加上 $\frac{1}{2k+1}-\frac{1}{2k+2}$，得到

$$1-\frac{1}{2}+\frac{1}{3}-\frac{1}{4}+\cdots+\frac{1}{2k-1}-\frac{1}{2k}+\frac{1}{2k+1}-\frac{1}{2k+2}$$
$$=\frac{1}{k+1}+\frac{1}{k+2}+\cdots+\frac{1}{2k}+\frac{1}{2k+1}-\frac{1}{2k+2}$$
$$=\frac{1}{k+2}+\frac{1}{k+3}+\cdots+\frac{1}{2k+1}+\frac{1}{k+1}-\frac{1}{2k+2}$$
$$=\frac{1}{k+2}+\frac{1}{k+3}+\cdots+\frac{1}{2k+1}+\frac{1}{2k+2}$$

即 $n=k+1$ 时等式成立.

故由(i)、(ii)可得，$n\in N^*$ 时原等式成立.

例 11 求证：对任何自然数 n，$1\cdot2\cdot3\cdot\cdots\cdot k+2\cdot3\cdot4\cdot\cdots\cdot(k+1)+\cdots+n(n+1)\cdots(n+k-1)=\dfrac{n(n+1)\cdots(n+k)}{k+1}(k\in N^*)$.

证明：(i)当 $n=1$ 时，左边 $=1\cdot2\cdot3\cdots k$，

右边 $=\dfrac{1\cdot(1+1)\cdots(1+k-1)(1+k)}{k+1}=1\cdot2\cdot3\cdots k$，等式成立；

(ii)假设 $n=l(l\in N^*, l\geqslant1)$时，有 $1\cdot2\cdot3\cdots k+2\cdot3\cdot4\cdots(k+1)+\cdots+l(l+1)\cdots(l+k-1)=\dfrac{l(l+1)(l+2)\cdots(l+k)}{k+1}$，则 $n=l+1$ 时，

$$\begin{aligned}&1\cdot2\cdot3\cdots k+2\cdot3\cdot4\cdots(k+1)+\cdots+l(l+1)\cdots(l+k-1)\\&\quad+(l+1)(l+2)\cdots(l+k)\\&=\frac{l(l+1)(l+2)\cdots(l+k)}{k+1}+(l+1)(l+2)\cdots(l+k)\\&=\frac{(l+1)(l+2)\cdots(l+k)(l+k+1)}{k+1}\\&=\frac{(l+1)[(l+1)+1]\cdots[(l+1)+k]}{k+1}.\end{aligned}$$

即 $n=l+1$ 时等式亦成立.

故由(i)、(ii)可得，对任何 $n\in N^*$ 等式都成立.

例 12 已知 $f(1)=3, f(2)=5, f(n+1)=3f(n)-2f(n-1)(n\geqslant2)$. 证明：$f(n)=2^n+1(n\in N^*)$.

证明：(i)当 $n=1$ 时，$f(1)=3=2^1+1$，命题成立. 又 $n=2$ 时，$f(2)=5=2^2+1$，命题亦成立.

(ii)假设 $n\leqslant k(k\geqslant2)$时命题成立，则 $n=k+1$ 时，

$$\begin{aligned}f(k+1)&=3f(k)-2f(k-1)=3(2^k+1)-2(2^{k-1}+1)\\&=3\times2^k+3-2\times2^{k-1}-2=2^{k+1}+1.\end{aligned}$$

即 $n=k+1$ 时命题亦成立.

故由(i)、(ii)可得，$n\in N^*$ 命题成立.

例 13 定义 $a^{[0]}=1$，当 $n\geqslant1$ 时 $a^{[n]}=a(a-h)\cdots[a-(n-1)h]$. 求证：$(a+b)^{[n]}=\sum\limits_{m=0}^{n}C_n^m a^{[n-m]}b^{[m]}$.

证明：(i)$\because (a+b)^{[1]}=a+b$，

$$\sum_{m=0}^{1}C_1^m a^{[1-m]}b^{[m]}=C_1^0a^{[1]}b^{[0]}+C_1^1a^{[0]}b^{[1]}=a+b.$$

$\therefore$ 等式当 $n=1$ 时成立；

(ii)假设当 $n=k$ 时等式成立，即$(a+b)^{[k]}=\sum\limits_{m=0}^{k}C_k^m a^{[k-m]}b^{[m]}$

则 $(a+b)^{[k+1]}=(a+b)^{[k]}[(a+b)-kh]$

$=\sum_{m=0}^{k}C_k^m a^{[k-m]}b^{[m]}(a+b-kh)$

$=\sum_{m=0}^{k}C_k^m\{a^{[k-m]}[a-(k-m)h]b^{[m]}+a^{[k-m]}b^{[m]}(b-mh)\}$

$=\sum_{m=0}^{k}C_k^m\{a^{[k+1-m]}b^{[m]}+a^{[k-m]}b^{[m+1]}\}$

$=C_k^0a^{[k+1]}b^{[0]}+(C_k^0+C_k^1)a^{[k]}b^{[1]}+(C_k^1+C_k^2)a^{[k-1]}b^{[2]}+\cdots$

$+(C_k^{k-2}+C_k^{k-1})a^{[2]}b^{[k-1]}+(C_k^{k-1}+C_k^k)a^{[1]}b^{[k]}+C_k^ka^{[0]}b^{[k+1]}$

$=C_{k+1}^0a^{[k+1]}b^{[0]}+C_{k+1}^1a^{[k]}b^{[1]}+C_{k+1}^2a^{[k-1]}b^{[2]}+\cdots+C_{k+1}^{k-1}a^{[2]}b^{[k-1]}+C_{k+1}^ka^{[1]}b^{[k]}+C_{k+1}^{k+1}a^{[0]}b^{[k+1]}$

$=\sum_{m=0}^{k+1}C_{k+1}^m a^{[k+1-m]}b^{[m]}.$

即等式当 $n=k+1$ 时也成立.

故由(i)、(ii)可得，等式对一切自然数 n 都成立.

例 14　观察下面等式：

$1=1^2$

$2+3+4=9=3^2$

$3+4+5+6+7=25=5^2$

$4+5+6+7+8+9+10=49=7^2$

推出由等式提供的一般规律，并用数学归纳法证明你的结论.

解： 推测 $n+(n+1)+(n+2)+\cdots+(3n-2)=(2n-1)^2$.

下面用数学归纳法证明推测的正确性：

(i)当 $n=1$ 时，命题显然成立.

(ii)假设 $n=k$ 时，命题成立，即 $k+(k+1)+(k+2)+\cdots+(3k-2)=(2k-1)^2$，则 $n=k+1$ 时，

$(k+1)+(k+2)+\cdots+(3k-2)+(3k-1)+3k+(3k+1)$

$=k+(k+1)+(k+2)+\cdots+(3k-2)+(3k-1)+3k+(3k+1)-k$

$=(2k-1)^2+8k=(2k+1)^2=[2(k+1)-1]^2.$

即 $n=k+1$ 时，命题也成立.

故由(i)、(ii)可得，对一切 $n\in N^*$，命题皆成立.

二、不等式问题

例 15　证明：$(n+6)^2<2^{n+5}(n\in N^*)$.

证明：(i)当 $n=1$ 时，$49<64$，命题成立；

(ii)假设 $n=k$ 时，命题成立，即 $(k+6)^2<2^{k+5}$，则 $n=k+1$ 时，

$\because 2(k+6)^2-(k+7)^2=k^2+10k+23>0$.

$\therefore 2^{k+6}=2\cdot 2^{k+5}>2(k+6)^2>(k+7)^2$.

即 $n=k+1$ 时，命题亦成立.

故由(i)、(ii)可得，对任意 $n\in N^*$ 命题都成立.

例 16　$a_1,a_2,\cdots,a_n$ 都是正数，用数学归纳法证明：$(a_1+a_2+\cdots+a_n)^2\leqslant n(a_1^2+a_2^2+\cdots+a_n^2)$.

证明：(i)当 $n=1$ 及 $n=2$ 时，命题显然成立；

(ii)假设 $n=k$ 时，命题成立，即 $(a_1+a_2+\cdots+a_k)^2\leqslant k(a_1^2+a_2^2+\cdots+a_k^2)$. 则 $n=k+1$ 时，利用 $a^2+b^2\geqslant 2ab$ 有

$$(a_1+a_2+\cdots+a_k+a_{k+1})^2=[(a_1+a_2+\cdots+a_k)+a_{k+1}]^2$$

$$=(a_1+a_2+\cdots+a_k)^2+a_{k+1}^2+2(a_1+a_2+\cdots+a_k)a_{k+1}$$

$$\leqslant k(a_1^2+a_2^2+\cdots+a_k^2)+a_{k+1}^2+(a_1^2+a_{k+1}^2)+(a_2^2+a_{k+1}^2)+\cdots+(a_k^2+a_{k+1}^2)$$

$$=(k+1)(a_1^2+a_2^2+\cdots+a_k^2+a_{k+1}^2).$$

即 $n=k+1$ 时，命题亦成立.

故由(i)、(ii)可得，对一切 $n\in N^*$ 成立.

例 17　求证：$\underbrace{\sqrt{a+\sqrt{a+\cdots+\sqrt{a}}}}_{n\text{个根号}}<\sqrt{a}+1(a>0)$.

证明：(i)当 $n=1$ 时，$\sqrt{a}<\sqrt{a}+1$，命题成立；

(ii)假设 $n=k$ 时，命题成立，即 $\underbrace{\sqrt{a+\sqrt{a+\cdots+\sqrt{a}}}}_{k\text{个根号}}<\sqrt{a}+1$，则 $n=k+1$ 时，$\underbrace{\sqrt{a+\sqrt{a+\sqrt{a+\cdots+\sqrt{a}}}}}_{k+1\text{个根号}}=\sqrt{a+\underbrace{\sqrt{a+\sqrt{a+\cdots+\sqrt{a}}}}_{k\text{个根号}}}$

$$<\sqrt{a+(\sqrt{a}+1)}<\sqrt{a+2\sqrt{a}+1}=\sqrt{(\sqrt{a}+1)^2}=\sqrt{a}+1.$$

即 $n=k+1$ 时命题亦成立.

故由(i)、(ii)可得，对任意自然数命题都成立.

例 18　求证：$\left(\dfrac{n}{3}\right)^n<n!<\left(\dfrac{n}{2}\right)^n(n\geqslant 6)$.

证明：(i)当 $n=6$ 时，$\left(\frac{n}{3}\right)^n=2^6=64$，$n!=6!=720$，$\left(\frac{n}{2}\right)^n=3^6=729$，$64<720<729$，不等式成立；

(ii)假设 $n=k$ 时不等式成立，即 $\left(\frac{k}{3}\right)^k<k!<\left(\frac{k}{2}\right)^k$.

要证 $n=k+1$ 时不等式 $\left(\frac{k+1}{3}\right)^{k+1}<(k+1)!<\left(\frac{k+1}{2}\right)^{k+1}$ 也成立，由假设 $\left(\frac{k}{3}\right)^k<k!<\left(\frac{k}{2}\right)^k$ 可得

$(k+1)\left(\frac{k}{3}\right)^k<(k+1)!<\left(\frac{k}{2}\right)^k(k+1)$，

故只需证 $(k+1)\left(\frac{k}{3}\right)^k>\left(\frac{k+1}{3}\right)^{k+1}$，$\left(\frac{k+1}{2}\right)^{k+1}>\left(\frac{k}{2}\right)^k(k+1)$.

由不等式 $2<\left(1+\frac{1}{n}\right)^n<3$ 可得

$$\frac{\left(1+\frac{1}{k}\right)^k}{2}>1,\quad \frac{3}{\left(1+\frac{1}{k}\right)^k}>1,$$

$$\therefore \frac{(k+1)\left(\frac{k}{3}\right)^k}{\left(\frac{k+1}{3}\right)^{k+1}}=\frac{3}{\left(1+\frac{1}{k}\right)^k}>1,\quad \frac{\left(\frac{k+1}{2}\right)^{k+1}}{\left(\frac{k}{2}\right)^k(k+1)}=\frac{\left(1+\frac{1}{k}\right)^k}{2}>1,$$

$\therefore (k+1)\left(\frac{k}{3}\right)^k>\left(\frac{k+1}{3}\right)^{k+1}$，$\left(\frac{k+1}{2}\right)^{k+1}>\left(\frac{k}{2}\right)^k(k+1)$.

即 $n=k+1$ 时，$\left(\frac{k+1}{3}\right)^{k+1}<(k+1)!<\left(\frac{k+1}{2}\right)^{k+1}$ 成立.

故由(i)、(ii)可得，对一切 $n\geqslant 6(n\in N^*)$，$\left(\frac{n}{3}\right)^n<n!<\left(\frac{n}{2}\right)^n$ 成立.

例 19　用数学归纳法证明：$1+\frac{n}{2}\leqslant 1+\frac{1}{2}+\frac{1}{3}+\cdots+\frac{1}{2^n}\leqslant\frac{1}{2}+n$.

证明：(i)当 $n=1$ 时，$\because$ 左边 $=1+\frac{1}{2}=\frac{3}{2}$，右边 $=\frac{1}{2}+1$.

$\therefore \frac{3}{2}\leqslant 1+\frac{1}{2}\leqslant\frac{3}{2}$，命题成立；

(ii)假设 $n=k$ 时，命题成立，即 $1+\frac{k}{2}\leqslant 1+\frac{1}{2}+\frac{1}{3}+\cdots+\frac{1}{2^k}\leqslant\frac{1}{2}+k$.

则 $n=k+1$ 时，$1+\frac{1}{2}+\frac{1}{3}+\cdots+\frac{1}{2^k}+\frac{1}{2^k+1}+\frac{1}{2^k+2}+\cdots+\frac{1}{2^k+2^k}$

$>1+\frac{k}{2}+2^k\cdot\frac{1}{2^{k+1}}=1+\frac{k+1}{2}$

又 $1+\frac{1}{2}+\frac{1}{3}+\cdots+\frac{1}{2^k}+\frac{1}{2^k+1}+\frac{1}{2^k+2}+\cdots+\frac{1}{2^k+2^k}$

$<\frac{1}{2}+k+2^k\cdot\frac{1}{2^k}=\frac{1}{2}+(k+1).$

即 $n=k+1$ 时命题亦成立.

故由(i)、(ii)可得，对一切 $n\in N^*$ 原命题成立.

例 20 实数列 $\{R_n\}$ 中设 $R_1=1$，$R_{n+1}=1+\frac{n}{R_n}$，求证：$\sqrt{n}\leqslant R_n\leqslant\sqrt{n}+1$.

证明：(i)当 $n=1$ 时，命题显然成立；

(ii)假设 $n=k$ 时，$\sqrt{k}\leqslant R_k\leqslant\sqrt{k}+1$. 则 $n=k+1$ 时，由 $R_{k+1}=1+\frac{k}{R_k}$得 $1+\frac{k}{1+\sqrt{k}}\leqslant R_{k+1}\leqslant 1+\frac{k}{\sqrt{k}}$.

而 $1+\frac{k}{\sqrt{k}}=1+\sqrt{k}<1+\sqrt{k+1}$.

$1+\frac{k}{1+\sqrt{k}}\geqslant 1+\frac{k}{1+\sqrt{k+1}}=1+\frac{k+1-1}{1+\sqrt{k+1}}=1+\sqrt{k+1}-1=\sqrt{k+1}.$

$\therefore\ \sqrt{k+1}\leqslant R_{k+1}\leqslant\sqrt{k+1}+1.$

即 $n=k+1$ 时命题也成立.

故由(i)、(ii)可得，对一切自然数 n 命题成立.

例 21 用数学归纳法证明：$C_n^1+C_n^2+\cdots+C_n^n>n\cdot 2^{\frac{n-1}{2}}(n\geqslant 2)$.

证明：(i)当 $n=2$ 时，左边 $=C_2^1+C_n^2=2+1=3$，右边 $=2\times 2^{\frac{2-1}{2}}=2\sqrt{2}$，命题成立；

(ii)假设 $n=k$ 时，$C_k^1+C_k^2+\cdots+C_k^k>k\cdot 2^{\frac{k-1}{2}}$，则 $n=k+1$ 时 $C_{k+1}^1+C_{k+1}^2+\cdots+C_{k+1}^{k+1}=(C_k^0+C_k^1)+(C_k^1+C_k^2)+\cdots+(C_k^{k-1}+C_k^k)+C_k^k=C_k^0+2(C_k^1+C_k^2+\cdots+C_k^k)>1+2k\cdot 2^{\frac{k-1}{2}}$

又 $1+2k\cdot 2^{\frac{k-1}{2}}-(k+1)2^{\frac{k}{2}}=1+k\cdot 2^{\frac{k+1}{2}}-(k+1)2^{\frac{k}{2}}$

$=1+2^{\frac{k}{2}}[(\sqrt{2}-1)k-1]$ 当 $k>2$ 时，上式恒大于0.

$\therefore C_{k+1}^1+C_{k+1}^2+\cdots+C_{k+1}^{k+1}>(k+1)2^{\frac{(k-1)-1}{2}}$

即 $n=k+1$ 时，命题亦成立.

故由(i)、(ii)可得，$n\geqslant 2$ 时原命题成立.

例22　$\{a_n\}$ 的各项均是正数，且 $a_{n+1}\leqslant a_n-a_n^2$. 证明：对一切 $n\geqslant 2$ 都有 $a_n\leqslant \frac{1}{n+2}$.

证明：(i) 当 $n=2$ 时，$a_2\leqslant a_1-a_1^2=-\left(a_1-\frac{1}{2}\right)^2+\frac{1}{4}\leqslant\frac{1}{2+2}$，结论成立；

(ii) 假设 $n=k$ 时，结论成立，即 $a_n\leqslant\frac{1}{k+2}$.

因 $f(x)=x-x^2$ 在 $\left(0,\ \frac{1}{2}\right]$ 上是增函数，故 $f(x)$ 在 $\left(0,\ \frac{1}{k+2}\right]$ 上也是增函数，因此在 $a_k\leqslant\frac{1}{k+2}$ 的条件下有

$$a_{k+1}\leqslant a_k-a_k^2\leqslant\frac{1}{k+2}-\frac{1}{(k+2)^2}=\frac{k+1}{(k+2)^2}=\frac{k+1}{k^2+4k+4}<\frac{k+1}{k^2+4k+3}=\frac{k+1}{(k+1)(k+3)}=\frac{1}{k+3}=\frac{1}{(k+1)+2}.$$

即 $n=k+1$ 时结论也成立.

故由(i)、(ii)可得，对一切 $n\geqslant 2$，$n\in N^*$，$a_n\leqslant\frac{1}{n+2}$ 成立.

例23　用数学归纳法证明：对于任意 $x>0$ 和自然数 n 有 $x^n+x^{n-2}+\cdots+\frac{1}{x^{n-2}}+\frac{1}{x^n}\geqslant n+1$.

证明：(i) 当 $n=1$ 时，$\because x>0$，$x+\frac{1}{x}\geqslant 2$，命题成立；当 $n=2$ 时，$x^2+1+1+\frac{1}{x^2}\geqslant 2+2=4$，命题成立.

(ii) 假设 $n=k(k\geqslant 1)$ 时，命题成立，即 $x^k+x^{k-2}+\cdots+\frac{1}{x^{k-2}}+\frac{1}{x^k}\geqslant k+1$，则 $n=k+2$ 时，

$$x^{k+2}+x^k+x^{k-2}+\cdots+\frac{1}{x^{k-2}}+\frac{1}{x^k}+\frac{1}{x^{k+2}}$$

$$=\left(x^{k+2}+\frac{1}{x^{k+2}}\right)+\left(x^k+x^{k-2}+\cdots+\frac{1}{x^{k-2}}+\frac{1}{x^k}\right)$$

$$\geqslant 2+(k+1)=(k+2)+1.$$

即 $n=k+2$ 时，命题亦成立.

故由(i)、(ii)可得，对一切 $n\in N^*$ 原命题都成立.

注：本题在第一步验证了 $n=1$，2 时命题成立，一方面借以理解题意，另一方面也说明 n 为奇数时命题成立，n 为偶数时命题也成立. 再通过归纳递推，达到 n 为一切自然数时命题成立.

例 24 设 $a_i\in R$，且 $0\leqslant a_i\leqslant\frac{1}{2}$（或 $\frac{1}{2}\leqslant a_i\leqslant 1$），$i=1,2,\cdots,n$. 试证：$a_1a_2\cdots a_n+(1-a_1)(1-a_2)\cdots(1-a_n)\geqslant\frac{1}{2^{n-1}}$.

证明： 显然，只需讨论 $\frac{1}{2}\leqslant a_i\leqslant 1$ 的情况.

令 $\Delta_n=a_1a_2\cdots a_n+(1-a_1)(1-a_2)\cdots(1-a_n)$.

(i) 当 $n=1$ 时，$\Delta_1=a_1+(1-a_1)=1$，命题成立；

(ii) 再设 $\Delta_{n-1}\geqslant\frac{1}{2^{n-2}}$.

对于 n，令 $s=a_1a_2\cdots a_{n-1}$，$t=(1-a_1)(1-a_2)\cdots(1-a_{n-1})$.

由于 $\frac{1}{2}\leqslant a_i\leqslant 1$，故 $0\leqslant 1-a_i\leqslant\frac{1}{2}$，从而 $s\geqslant t$，

$$\Delta_n=sa_n+t(1-a_n)=(s-t)a_n+t\geqslant\frac{s-t}{2}+t=\frac{s+t}{2}=\frac{\Delta_{n-1}}{2}.$$

由归纳假设即得 $\Delta_n\geqslant\frac{1}{2^{n-1}}$.

故对任意 $n\in N^*$，命题成立.

例 25 已知 a_1，a_2，$\cdots$，a_n 是互不相等的正整数，求证：对任何正整数 n，下式成立：$\frac{a_1}{1^2}+\frac{a_2}{2^2}+\cdots+\frac{a_n}{n^2}\geqslant 1+\frac{1}{2}+\cdots+\frac{1}{n}$.

证明： (i) 当 $n=1$ 时，$\frac{a_1}{1^2}=1$，命题成立；

(ii) 假设 $n=k$ 时，命题成立，即 $\frac{a_1}{1^2}+\frac{a_2}{2^2}+\cdots+\frac{a_k}{k^2}\geqslant 1+\frac{1}{2}+\cdots+\frac{1}{k}$. 则 $n=k+1$ 时，由于 a_1，a_2，$\cdots$，a_{k+1} 是互不相等的正整数，其中必有一个不小于 $k+1$.

(1) 若 $a_{k+1}\geqslant k+1$，则

$$\frac{a_{k+1}}{(k+1)^2}\geqslant\frac{1}{k+1},\ \therefore\ \frac{a_1}{1^2}+\frac{a_2}{2^2}+\cdots+\frac{a_k}{k^2}+\frac{a_{k+1}}{(k+1)}\geqslant 1+\frac{1}{2}+\cdots+\frac{1}{k}+\frac{1}{k+1}.$$

(2)若 $a_{k+1}<k+1$，则不妨设 $a_t\geqslant k+1$，$t<k+1$.

$$\because\left[\frac{a_t}{t^2}+\frac{a_{k+1}}{(k+1)^2}\right]-\left[\frac{a_{k+1}}{t^2}+\frac{a_t}{(k+1)^2}\right]=(a_t-a_{k+1})\left[\frac{1}{t^2}-\frac{1}{(k+1)^2}\right]>0$$

$$\therefore\frac{a_1}{1^2}+\frac{a_2}{2^2}+\cdots+\frac{a_t}{t^2}+\cdots+\frac{a_{k+1}}{(k+1)^2}>\frac{a_1}{1^2}+\frac{a_2}{2^2}+\cdots+\frac{a_{k+1}}{t^2}+\cdots+\frac{a_t}{(k+1)^2}$$

记 $a'_{k+1}=a'_t$，$a'_t=a'_{k+1}$，于是，根据(1)的结论，在(2)的条件下命题对 $n=k+1$ 成立.

故对任何正整数 n 命题成立.

例 26　已知 m，n 为正整数.

(Ⅰ)用数学归纳法证明：当 $x>-1$ 时，$(1+x)^m\geqslant1+mx$；

(Ⅱ)对于 $n\geqslant6$，已知 $\left(1-\frac{1}{n+3}\right)^n<\frac{1}{2}$，求证：$\left(1-\frac{m}{n+3}\right)^n<\left(\frac{1}{2}\right)^m$，$m=1，2，\cdots，n$.

(Ⅲ)求出满足等式 $3^n+4^n+\cdots+(n+2)^n=(n+3)^n$ 的所有正整数 n.(2007 年湖北省高考理科数学试题 21 题).

(Ⅰ)**证明**：用数学归纳法证明.

(ⅰ)当 $m=1$ 时，原不等式成立，当 $m=2$ 时，左边 $=1+2x+x^2$，右边 $=1+2x$，因为 $x^2\geqslant0$，所以左边≥右边，原不等式成立；

(ⅱ)假设 $m=k$ 时，不等式成立，即 $(1+x)^k\geqslant1+kx$，则 $m=k+1$ 时，$\because x>-1$，$\therefore 1+x>0$，于是在不等式 $(1+x)^k\geqslant1+kx$ 两边同乘以 $1+x$ 得

$(1+x)^k(1+x)\geqslant(1+kx)(1+x)=1+(k+1)x+kx^2\geqslant1+(k+1)x$.

所以 $(1+x)^{k+1}\geqslant1+(k+1)x$，即当 $m=k+1$ 时，不等式也成立.

综(ⅰ)、(ⅱ)知，对一切正整数 m，不等式成立.

(Ⅱ)(Ⅲ)略.

例 27　(Ⅰ)已知函数 $f(x)=rx-x^r+(1-r)(x>0)$，其中 r 为有理数，且 $0<r<1$，求 $f(x)$ 的最小值；(Ⅱ)试用(Ⅰ)的结果证明如下命题：设 $a_1\geqslant0$，$a_2\geqslant0$，b_1，b_2 为正有理数，若 $b_1+b_2=1$，则 $a_1^{b_1}a_2^{b_2}\leqslant a_1b_1+a_2b_2$；(Ⅲ)请将(Ⅱ)中的命题推广到一般形式，并用数学归纳法证明你所推广的命题.

注：当 α 为正有理数时，有导公式 $(x^\alpha)'=\alpha x^{\alpha-1}$(2012 年湖北省高考理科数学试题 22 题).

(Ⅰ)(Ⅱ)解略.

(Ⅲ)**解**：(Ⅱ)中的命题推广到一般形式为：设 $a_1\geqslant0$，$a_2\geqslant0\cdots a_n\geqslant0$，$b_1$，$b_2$，$\cdots$，$b_n$ 为正有理数，若 $b_1+b_2+\cdots+b_n=1$，则

$$a_1^{b_1}a_2^{b_2}\cdots a_n^{b_n}\leqslant a_1b_1+a_2b_2+\cdots+a_nb_n \qquad ③$$

用数学归纳法证明.

(i)当 $n=1$ 时，$b_1=1$，$a_1\leqslant a_1$，③成立；

(ii)假设当 $n=k$ 时，③成立，即 $a_1\geqslant 0$，$a_2\geqslant 0$，…，$a_k\geqslant 0$，b_1，b_2，…，b_k为正有理数，若 $b_1+b_2+\cdots+b_k=1$，则 $a_1^{b_1}a_2^{b_2}\cdots a_k^{b_k}\leqslant a_1b_1+a_2b_2+\cdots+a_kb_k$，当 $n=k+1$ 时，$a_1\geqslant 0$，$a_2\geqslant 0$，…，$a_{k+1}\geqslant 0$，b_1，b_2，…，b_{k+1}为正有理数，若 $b_1+b_2+\cdots+b_{k+1}=1$，则 $1-b_{k+1}>0$，

于是，$a_1^{b_1}a_2^{b_2}a_k^{b_k}\cdots a_{k+1}^{b_{k+1}}=(a_1^{b_1}a_2^{b_2}\cdots a_k^{b_k})a_{k+1}^{b_{k+1}}$

$=(a_1^{\frac{b_1}{1-b_{k+1}}}a_2^{\frac{b_2}{1-b_{k+1}}}\cdots a_k^{\frac{b_k}{1-b_{k+1}}})^{1-b_{k+1}}a_{k+1}^{b_{k+1}}$

$\because\ \dfrac{b_1}{1-b_{k+1}}+\dfrac{b_2}{1-b_{k+1}}+\cdots+\dfrac{b_k}{1-b_{k+1}}=1$，

$\therefore\ a_1^{\frac{b_1}{1-b_{k+1}}}\ a_2^{\frac{b_2}{1-b_{k+1}}}\cdots\ a_k^{\frac{b_k}{1-b_{k+1}}}\leqslant a_1\times\dfrac{b_1}{1-b_{k+1}}+a_2\times\dfrac{b_2}{1-b_{k+1}}+\cdots+a_k\times\dfrac{b_k}{1-b_{k+1}}$

$=\dfrac{a_1b_1+a_2b_2+\cdots+a_kb_k}{1-b_{k+1}}$，

$\therefore\ (a_1^{\frac{b_1}{1-b_{k+1}}}a_2^{\frac{b_2}{1-b_{k+1}}}\cdots a_k^{\frac{b_k}{1-b_{k+1}}})^{1-b_{k+1}}a_{k+1}^{b+1}\leqslant\dfrac{a_1b_1+a_2b_2+\cdots+a_kb_k}{1-b_{k+1}}(1-b_{k+1})$

$+a_{k+1}b_{k+1}$，

$\therefore\ a_1^{b_1}a_2^{b_2}\cdots a_k^{b_k}\cdots a_{k+1}^{b_{k+1}}\leqslant a_1b_1+a_2b_2+\cdots+a_kb_k+a_{k+1}b_{k+1}$

即 $n=k+1$ 时③成立.

故由(i)、(ii)可知，对一切正整数，推广的命题成立.

例 28　观察下列式子：

$\sqrt{1^2+1}=\sqrt{2}<2$，

$\sqrt{2^2+2}=\sqrt{6}<3$，

$\sqrt{3^2+3}=\sqrt{12}<4$，

……

可归纳出什么结论？试用数学归纳法证明你的结论.

解：可归纳出 $\sqrt{n^2+n}<n+1$

用数学归纳法证明如下：

(i)当 $n=1$ 时，由观察的式子知命题成立；

(ii)假设 $n=k$ 时命题成立，即 $\sqrt{k^2+k}<k+1$，则 $n=k+1$ 时，由 $(k+1)^2+(k+1)=(k^2+k)+2k+2<(k+1)^2+2k+2=(k+2)^2-1<(k+2)^2$.

得 $\sqrt{(k+1)^2+(k+1)}<\sqrt{(k+2)^2}=(k+1)+1$.

即 $n=k+1$ 时，命题亦成立.

故由(i)、(ii)可得，对一切 $n\in N^*$，$\sqrt{n^2+n}<n+1$ 都成立.

三、整除性问题

例 29　n 是任意自然数，证明 $2^{6n-3}+3^{2n-1}$ 能被 11 整除.

证明：(i)当 $n=1$ 时，$2^{6-3}+3^{2-1}=11$，命题成立；

(ii)假设 $n=k$ 时命题成立，即 $11\mid(2^{6k-3}+3^{2k-1})$，则 $n=k+1$ 时，

$$\begin{aligned}2^{6(k+1)-3}+3^{2(k+1)-1}&=2^6\cdot2^{6k-3}+3^2\cdot3^{2k-1}\\&=2^6(2^{6k-3}+3^{2k-1})-2^6\cdot3^{2k-1}+3^2\cdot3^{2k-1}\\&=2^6(2^{6k-3}+3^{2k-1})-3^{2k-1}(2^6-3^2)\\&=2^6(2^{6k-3}+3^{2k-1})-55\cdot3^{2k-1},\end{aligned}$$

$$\because 11\mid(2^{6k-3}+3^{2k-1}),11\mid 55\cdot3^{2k-1},$$

$$\therefore 11\mid(2^{6(k+1)-3}+3^{2(k+1)}).$$

即 $n=k+1$ 时命题亦成立.

故由(i)、(ii)可得，对任意 $n\in N^*$ 命题都成立.

例 30　求证：$3^{2n+2}-8n-9$ 是 64 的倍数.

证明：(i)当 $n=1$ 时，$3^{2+2}-8-9=64$，命题成立；

(ii)假设 $n=k$ 时命题成立，即 $3^{2k+2}-8k-9$ 是 64 的倍数，

则 $n=k+1$ 时，

$$\begin{aligned}3^{2k+2+2}-8(k+1)-9&=9\times3^{2k+2}-8k-8-9\\&=9\times3^{2k+2}-9\times8k-9\times9+8\times8k+8\times9-8\\&=9(3^{2k+2}-8k-9)+64(k+1).\end{aligned}$$

$\because 3^{2k+2}-8k-9$ 是 64 的倍数，又 $64(k+1)$ 是 64 的倍数.

$\therefore 3^{2(k+1)+2}-8(k+1)-9$ 是 64 的倍数.

故由(i)、(ii)可得，对任意 $n\in N^*$，$3^{2n+2}-8n-9$ 是 64 的倍数.

例 31　当 a 是奇数，n 是自然数时，求证：$a^{4n+1}-a$ 能被 80 整除.

证明：(i)当 $n=1$ 时，$a^5-a=a(a^2+1)(a+1)(a-1)$，

$\because a$ 是奇数，$\therefore a^2+1$，$a+1$，$a-1$ 都是偶数，$\therefore a^5-a$ 能被 $2\times2\times2=8$ 整除，又$\because a+1$，$a-1$ 是二连续偶数，$\therefore$ $(a+1)(a-1)$除有因数 2×2 外，至少还有一个因数 2，$\therefore a^5-a$ 能 8×2 整除.

若 $a=5m(m\in Z)$，则 a^5-a 是 5 的倍数.

若 $a=5m\pm1$，则由$(a+1)(a-1)$是 5 的倍数，知 a^5-a 也是 5 的倍数.

若 $a=5m\pm2$，则 $a^2+1=(5m\pm2)^2+1=(5m)^2\pm20m+5$ 是5的倍数，

$\therefore a^5-a$ 是5的倍数.

$\therefore a^5-a$ 是80的倍数.

(ii)假设 $n=k$ 时，$a^{4k+1}-a$ 能被80整除，即 $a^{4k+1}-a=80m(m\in Z)$，则 $a^{4k+1}=80m+a$，当 $n=k+1$ 时，

$$\begin{aligned}a^{4(k+1)+1}-a&=a^4\cdot a^{4k+1}-a=a^4(80m+a)-a\\&=80m\cdot a^4+a^5-a\end{aligned}$$

$\because a^5-a$，$80ma^4$都能被80整除，

$\therefore a^{4(k+1)+1}-a$ 能被80整除.

故由(i)、(ii)可得，对一切 $n\in N^*$，$a^{4n+1}-a$ 都能被80整除.

例32 若 $n\in N^*$，求证：$1-(3+x)^n$能被 $x+2$ 整除.

证明：(i)当 $n=1$ 时，$1-(3+x)^1=-(x+2)$，命题显然成立；

(ii)假设 $n=k$ 时命题成立，即$(x+2)\mid[1-(3+x)^k]$，则 $n=k+1$ 时，由 $1-(3+x)^{k+1}=1-(3+x)(3+x)^k=(3+x)[1-(3+x)^k]-(x+2)$，

知$(x+2)\mid[1-(3+x)^{k+1}]$，即 $n=k+1$ 时，命题亦成立.

故由(i)、(ii)可知对一切 $n\in N^*$ 原命题都成立.

例33 求证：$(\sqrt{3}+1)^{2n+1}-(\sqrt{3}-1)^{2n+1}$能被 2^{n+1}整除$(n\in N^*)$.

证明：(i)当 $n=1$ 时，$(\sqrt{3}+1)^3-(\sqrt{3}-1)^3=3\sqrt{3}+3\cdot3+3\sqrt{3}+1-3\sqrt{3}+3\cdot3-3\sqrt{3}+1=20=2^2\cdot5$，能被 2^2整除，命题成立；

当 $n=2$ 时，$(\sqrt{3}+1)^5-(\sqrt{3}-1)^5=10\cdot3^2+20\cdot3+2=152=2^3\cdot19$ 能被 2^3整除，命题亦成立；

(ii)假设 $n=k-1$，$n=k(k\leqslant2)$时，命题成立.

令$\sqrt{3}+1=a$，$\sqrt{3}-1=b$.

即$(\sqrt{3}+1)^{2k-1}-(\sqrt{3}-1)^{2k-1}=2^k\cdot p$，就是 $a^{2k-1}-b^{2k-1}=2^k\cdot p$.

$(\sqrt{3}+1)^{2k+1}-(\sqrt{3}-1)^{2k+1}=2^{k+1}\cdot q$，就是 $a^{2k+1}-b^{2k+1}=2^{k+1}\cdot q$.

$(p,\ q\in Z)$，则 $n=k+1$ 时，

$$\begin{aligned}&a^{2k+3}-b^{2k+3}=a^2\cdot a^{2k+1}-b^2\cdot b^{2k+1}\\&=a^2\cdot a^{2k+1}-a^2\cdot b^{2k+1}+a^2b^{2k+1}-b^2\cdot b^{2k+1}+b^2\cdot a^{2k+1}-b^2\cdot a^{2k+1}\\&=a^2(a^{2k+1}-b^{2k+1})+b^2(a^{2k+1}-b^{2k+1})-a^2b^2(a^{2k-1}-b^{2k-1})\\&=(a^2+b^2)(a^{2k+1}-b^{2k+1})-a^2b^2(a^{2k-1}-b^{2k-1})\\&=(a^2+b^2)\cdot2^{k+1}\cdot q-a^2b^2\cdot2^k\cdot p\\&=[(\sqrt{3}+1)^2+(\sqrt{3}-1)^2]\cdot2^{k+1}\cdot q-(\sqrt{3}+1)^2(\sqrt{3}-1)^2\cdot2^k\cdot p\end{aligned}$$

$=8\cdot 2^{k+1}\cdot q-2^2\cdot 2^k\cdot p=2^{k+2}(4q-p)$.

$\therefore 2^{k+2}\mid(a^{2k+3}-b^{2k+3})$，即 $n=k+1$ 时，命题亦成立.

故由(i)、(ii)可得，对一切 $n\in N^*$ 命题成立.

例 34　证明：$a^n-nab^{n-1}+(n-1)b^n$能被$(a-b)^2$整除$(n\geqslant 2)$.

证明：(i)当 $n=2$ 时，原式 $=a^2-2ab+b^2=(a-b)^2$，命题显然成立；

(ii)假设 $n=k$ 时命题成立，即 $a^k-kab^{k-1}+(k-1)b^k$能被$(a-b)^2$整除，则 $n=k+1$ 时，

$$a^{k+1}-(k+1)ab^k+kb^{k+1}=a^{k+1}-kab^k-ab^k+kb^{k+1}$$
$$=a[a^k-kab^{k-1}+(k-1)b^k]+ka^2b^{k-1}-2kab^k+kb^{k+1}$$
$$=a[a^k-kab^{k-1}+(k-1)b^k]+kb^{k-1}(a^2-2ab+b^2)$$
$$=a[a^k-kab^{k-1}+(k-1)b^k]+kb^{k-1}(a-b)^2.$$

$\because$ 由归纳假设，$a^k-kab^{k-1}+(k-1)b^k$能被$(a-b)^2$整除，$kb^{k-1}(a-b)^2$显然能被$(a-b)^2$整除.

$\therefore a^{k+1}-(k+1)ab^k+kb^{k+1}$能被$(a-b)^2$整除.

即 $n=k+1$ 时命题亦成立.

故由(i)、(ii)可得，对 $n\geqslant 2$ 的自然数命题成立.

例 35　用数学归纳法证明：当 n 是正奇数时，x^n+y^n能被 $x+y$ 整除.

证明：令 $n=2m-1\,(m\in N^*)$，即证：当 m 是自然数时，$x^{2m-1}+y^{2m-1}$能被 $x+y$ 整除.

(i)当 $m=1$ 时，$x+y$ 能被 $x+y$ 整除，知 $m=1$ 时命题成立；

(ii)假设 $m=k$ 时，$x^{2k-1}+y^{2k-1}$能被 $x+y$ 整除. 则 $m=k+1$ 时有 $x^{2(k+1)-1}+y^{2(k+1)-1}=x^2\cdot x^{2k-1}+y^2\cdot y^{2k-1}$

$=x^2\cdot x^{2k-1}-x^{2k-1}\cdot y^2+x^{2k-1}\cdot y^2+y^2\cdot y^{2k-1}$

$=x^{2k-1}(x^2-y^2)+y^2(x^{2k-1}+y^{2k-1})$，即 $x^{2(k+1)-1}+y^{2(k+1)-1}$能被 $x+y$ 整除. 所以当 $m=k+1$ 时命题也成立.

故由(i)、(ii)可得，当 n 为正奇数时，命题成立.

例 36　证明：四个连续的正整数的积能被4！整除.

证明：设 $p_n=n(n+1)(n+2)(n+3)$　　(1)

(i)当 $n=1$ 时，$p_1=1\times 2\times 3\times 4=4!$，(1)式显然能被4！整除；

(ii)假设 $n=k$ 时，p_k能被4！整除，即存在正整数 N_1使得 $k(k+1)(k+2)(k+3)=4!\times N_1$

则$(k+1)(k+2)(k+3)(k+4)=k(k+1)(k+2)(k+3)+4(k+1)(k+2)(k+3)$

$=4!\times N_1+4(k+1)(k+2)(k+3)$.

然而$(k+1)(k+2)(k+3)$是三个连续正整数的积，因此，它至少有一个2的倍数以及一个3的倍数，所以存在一个正整数N_2，使得$4(k+1)(k+2)(k+3)=4!\times N_2$.

$\therefore\ (k+1)(k+2)(k+3)(k+4)=4!\times(N_1+N_2)$.

即$n=k+1$时，(1)式亦能被4！整除.

故由(i)、(ii)可得，对任何$n\in N^*$，(1)式均能被4！整除.

例37 证明：对任意自然数n，$2^{n+2}\cdot 3^n+5n-3$被25除余1.

证明：由题意只需证明$2^{n+2}\cdot 3^n+5n-4$被25整除即可.

(i)当$n=1$时，$2^{1+2}\cdot 3^1+5\times 1-4=24+5-4=25$，命题成立；

(ii)假设$n=k$时，$2^{k+2}\cdot 3^k+5k-4$被25整除，则$n=k+1$时，$2^{k+3}\cdot 3^{k+1}+5(k+1)-4=2\cdot 2^{k+2}\cdot 3\cdot 3^k+5k-4+5$

$=6(2^{k+2}\cdot 3^k+5k-4)-25(k-1)$.

由归纳假设知$2^{k+3}\cdot 3^{k+1}+5(k+1)-4$能被25整除，即$n=k+1$时命题亦成立.

故由(i)、(ii)可得，对一切$n\in N^*$，原命题成立.

例38 设数列$\{a_n\}$满足$a_1=a_2=1$，且对于任何$n\in N^*$，$a_{n+2}=a_{n+1}+a_n$，试证明：则$n=4k$时，a_n能被3整除($k\in N^*$).

证明：(i)当$k=1$时，$n=4$，$a_n=a_4=a_3+a_2=(a_2+a_1)+a_2=(1+1)+1=3$，命题成立；

(ii)假设$k=m$命题成立，即a_{4m}能被3整除，则$k=m+1$时，

$$\begin{aligned}a_n&=a_{4k}=a_{4m+4}=a_{4m+3}+a_{4m+2}=(a_{4m+2}+a_{4m+1})+(a_{4m+1}+a_{4m})\\&=(a_{4m+1}+a_{4m})+a_{4m+1}+a_{4m+1}+a_{4m}\\&=3a_{4m+1}+2a_{4m}.\end{aligned}$$

由归纳假设a_{4m}能被3整除，$\therefore a_{4m+4}$能被3整除，即$n=k+1$时命题亦成立.

故由(i)、(ii)可得，对一切$k\in N^*$原命题成立.

例39 证明7的奇次乘方与1的和，必是8的倍数.

证明：设7的奇次乘方为$7^{2n+1}(n\in N^*)$.

(i)当$n=1$时，$7^{2\times 1+1}+1=7^3+1=343+1=344$是8的倍数，命题成立；

(ii)假设$n=k$时命题成立，即$7^{2k+1}+1$是8的倍数，则$n=k+1$时，

$\because 7^{2(k+1)+1}+1=7^{2k+3}+1=7^2\cdot 7^{2k+1}+1$

$=7^2(7^{2k+1}+1)-48$.

$\therefore$由归纳假设知$7^{2(k+1)+1}+1$是8的倍数.

即 $n=k+1$ 时命题亦成立.

故由(i)、(ii)可得，对于一切 $n\in N^*$ 命题都成立.

例 40　设 l，m，n，p 均为整数，且 l，m，n 分别能被 p，p^2，p^3 整除，若方程 $x^3+lx^2+mx+n=0$ 的根为 α，β，γ，证明：对于任意自然数 k，$\alpha^k+\beta^k+\gamma^k$ 为整数，并能被 p^k 整除.

证明： 由已知条件知 $l=ap$，$m=bp^2$，$n=cp^3$（其中 a，b，c 为整数）.

又令 $\alpha^k+\beta^k+\gamma^k=A_k$，利用根与系数的关系

(i)当 $k=1$，2 时，$A_1=\alpha+\beta+\gamma=-ap$，$A_2=\alpha^2+\beta^2+\gamma^2=$

$(\alpha+\beta+\gamma)^2-2(\alpha\beta+\beta\gamma+\gamma\alpha)=l^2-2m=(a^2-2b)p^2$，命题成立；

当 $k=3$ 时，$A_3=\alpha^3+\beta^3+\gamma^3=(\alpha+\beta+\gamma)^3-3(\alpha+\beta+\gamma)(\alpha\beta+\beta\gamma+\gamma\alpha)+3\alpha\beta\gamma$

$=-l^3+3lm+3(-n)=(-l)(l^2-3m)+3(-n)$

$=(3ab-a^3-3c)p^3$，命题成立；

(ii)假设 $k\leqslant h(h\geqslant 3,\ h\in N^*)$ 时命题成立，则 $k=h+1$ 时，把原三次方程 $x^3+lx^2+mx+n=0$ 两边同乘以 x^{h-2} 得

$x^{h+1}+lx^h+mx^{h-1}+nx^{h-2}=0.$

$\because$ α，β，γ 是它的根，

$\therefore$ $\alpha^{h+1}+l\alpha^h+m\alpha^{h-1}+n\alpha^{h-2}=0$

$\beta^{h+1}+l\beta^h+m\beta^{h-1}+n\beta^{h-2}=0$

$\gamma^{h+1}+l\gamma^h+m\gamma^{h-1}+n\gamma^{h-2}=0$

把上面三个式子两边分别相加，得

$A_{h+1}+lA_h+mA_{h-1}+nA_{h-2}=0$

$\therefore$ $A_{h+1}=-apA_h-bp^2A_{h-1}-cp^3A_{h-2}.$

即 $k=h+1$ 时，命题亦成立.

故由(i)、(ii)可得，对任意 $k\in N^*$ 原命题成立.

四、数列问题

例 41　已知 $\alpha+\beta=m\neq 1$，$\alpha\beta=a$，$\alpha\neq\beta$，一个数列的组成规律是：$A_1=m-1$，$A_2=m-\dfrac{a}{A_1}$，$A_3=m-\dfrac{a}{A_2}$，…，$A_n=m-\dfrac{a}{A_{n-1}}$.

求证：当 $n\geqslant 2$ 时，$A_n=\dfrac{(\alpha^{n+1}-\beta^{n+1})-(\alpha^n-\beta^n)}{(\alpha^n-\beta^n)-(\alpha^{n-1}-\beta^{n-1})}$.

证明： (i)当 $n=2$ 时，由已知 $A_2=\alpha+\beta-\dfrac{\alpha\beta}{\alpha+\beta-1}=\dfrac{\alpha^2+\beta^2+\alpha\beta-\alpha-\beta}{\alpha+\beta-1}$.

而由通项公式

$$A_2=\frac{(\alpha^3-\beta^3)-(\alpha^2-\beta^2)}{(\alpha^2-\beta^2)-(\alpha-\beta)}$$

$$=\frac{(\alpha-\beta)(\alpha^2+\alpha\beta+\beta^2)-(\alpha+\beta)(\alpha-\beta)}{(\alpha+\beta)(\alpha-\beta)-(\alpha-\beta)}$$

$$=\frac{(\alpha-\beta)(\alpha^2+\beta^2+\alpha\beta-\alpha-\beta)}{(\alpha-\beta)(\alpha+\beta-1)}$$

$$=\frac{\alpha^2+\beta^2+\alpha\beta-\alpha-\beta}{\alpha+\beta-1}.$$

命题成立；

(ii)假设 $n=k$ 时命题成立，即 $A_k=\frac{(\alpha^{k+1}-\beta^{k+1})-(\alpha^k-\beta^k)}{(\alpha^k-\beta^k)-(\alpha^{k-1}-\beta^{k-1})}$.

则 $n=k+1$ 时，

$$A_{k+1}=m-\frac{a}{A_k}=\alpha+\beta-\frac{\alpha\beta[(\alpha^k-\beta^k)-(\alpha^{k-1}-\beta^{k-1})]}{(\alpha^{k+1}-\beta^{k+1})-(\alpha^k-\beta^k)}$$

$$=\frac{(\alpha^{k+2}-\beta^{k+2})-(\alpha^{k+1}-\beta^{k+1})}{(\alpha^{k+1}-\beta^{k+1})-(\alpha^k-\beta^k)}.$$

即 $n=k+1$ 时命题亦成立.

故由(i)、(ii)可得，对一切 $n\in N^*$ 命题都成立.

例 42　设 $\{a_n\}$ 中，$a_1=1$，$4a_{n+1}-a_na_{n+1}+2a_n=9(n\geqslant1)$，求 a_n.

解： 由 $4a_{n+1}-a_na_{n+1}+2a_n=9$ 得 $a_{n+1}=\frac{9-2a_n}{4-a_n}$.

$a_1=1$，$a_2=\frac{9-2a_1}{4-a_1}=\frac{9-2}{4-1}=\frac{7}{3}$，

$a_3=\frac{9-2a_2}{4-a_2}=\left(9-2\times\frac{7}{3}\right)\Big/\left(4-\frac{7}{3}\right)=\frac{13}{5}$，

$a_4=\frac{9-2a_3}{4-a_3}=\left(9-2\times\frac{13}{5}\right)\Big/\left(4-\frac{13}{5}\right)=\frac{19}{7}$，…

由此猜测 $a_n=\frac{6n-5}{2n-1}(n\geqslant1)$.

下面用数学归纳法证明猜测的正确性：

(i)当 $n=1$ 时，$a_1=\frac{6\times1-5}{2\times1-1}=1$，命题成立；

(ii)假设 $n=k$ 时，$a_k=\frac{6k-5}{2k-1}$，则 $n=k+1$ 时，

$$a_{k+1}=\frac{9-2a_k}{4-a_k}=\left(9-2\times\frac{6k-5}{2k-1}\right)\Big/\left(4-\frac{6k-5}{2k-1}\right)=\frac{6k+1}{2k+1}=\frac{6(k+1)-5}{2(k+1)-1}.$$

即 $n=k+1$ 时命题亦成立.

故由(i)、(ii)可得，当 $n\in N^*$ 时，$a_n=\frac{6n-5}{2n-1}$成立.

例 43　已知数列 $\{a_n\}$ 满足 $a_{n+1}=2a_n^3$且 $a_1=\sqrt{2}$，求 a_n的通项公式.

解： $\because a_{n+1}=2a_n^3$且 $a_1=\sqrt{2}$.

$\therefore a_2=2a_1^3=2(\sqrt{2})^3$,

$a_3=2a_2^3=2[2(\sqrt{2})^3]^3=2\cdot 2^3(\sqrt{2})^{3^2}$,

$a_4=2a_3^3=2[2\cdot 2^3(\sqrt{2})^{3^2}]^3=2\cdot 2^3\cdot 2^{3^2}(\sqrt{2})^{3^3}$,

……

猜想

$$\begin{aligned}a_n&=2\cdot 2^3\cdot 2^{3^2}\cdot\cdots\cdot 2^{3^{n-2}}(\sqrt{2})^{3^{n-1}}\\&=2^{1+3+3^2+\cdots+3^{n-2}}(\sqrt{2})^{3^{n-1}}\\&=2^{\frac{3^{n-1}-1}{2}}\cdot 2^{\frac{3^{n-1}}{2}}=2^{3^{n-1}-\frac{1}{2}}.\end{aligned}$$

下面用数学归纳法证明：

(i)当 $n=1$ 时，$a_1=\sqrt{2}$，$2^{3^{1-1}-\frac{1}{2}}=\sqrt{2}$，猜想成立；

(ii)假设 $n=k$ 时，$a_k=2^{3^{k-1}-\frac{1}{2}}$.

则 $n=k+1$ 时

$a_{k+1}=2a_k^3=2\cdot(2^{3^{k-1}-\frac{1}{2}})^3=2^{3^k-\frac{1}{2}}$.

即 $n=k+1$ 时猜想亦成立.

故由(i)、(ii)可得，对一切 $n\in N^*$，$a_n=2^{3^{n-1}-\frac{1}{2}}$成立.

例 44　已知数列 $\{a_n\}$ 中，$a_1=\sqrt{\frac{1}{2}\sqrt{3}}$，$a_n=\sqrt{\frac{1}{2}\sqrt{3a_{n-1}}}(n=1,2,3,\cdots)$.

(1)用 n 表示 a_n，并用数学归纳法加以证明；

(2)求$\lim\limits_{n\to\infty}a_n$.

(1)**解：** 由已知 $a_1=\sqrt{\frac{1}{2}\sqrt{3}}=2^{-\frac{1}{2}}\cdot 3^{\frac{1}{4}}$

$a_2=\sqrt{\frac{1}{2}\sqrt{3a_1}}=\sqrt{\frac{1}{2}\sqrt{3(2^{-\frac{1}{2}}\cdot 3^{\frac{1}{4}})}}=2^{-\frac{1}{2}-\frac{1}{8}}\cdot 3^{\frac{1}{4}+\frac{1}{42}}$

$=2^{-\frac{1}{2}(1+\frac{1}{4})}\cdot 3^{\frac{1}{4}+\frac{1}{4^2}}$,

$a_3=\sqrt{\frac{1}{2}\sqrt{3a_2}}=\sqrt{\frac{1}{2}\sqrt{3(2^{-\frac{1}{2}-\frac{1}{8}}\cdot 3^{\frac{1}{4}+\frac{1}{4^2}})}}=2^{-\frac{1}{2}-\frac{1}{8}-\frac{1}{32}}\cdot 3^{\frac{1}{4}+\frac{1}{4^2}+\frac{1}{4^3}}$

$=2^{-\frac{1}{2}(1+\frac{1}{4}+\frac{1}{4^2})}\cdot 3^{\frac{1}{4}+\frac{1}{4^2}+\frac{1}{4^3}}$,

……

一般有 $a_n=2^{-\frac{1}{2}(1+\frac{1}{4}+\frac{1}{4^2}+\cdots+\frac{1}{4^{n-1}})}\cdot 3^{\frac{1}{4}+\frac{1}{4^2}+\frac{1}{4^3}+\cdots+\frac{1}{4^n}}$.

证明：(i)当 $n=1$ 时，上式显然成立；

(ii)假设 $n=k$ 时原式成立，即 $a_k=2^{-\frac{1}{2}(1+\frac{1}{4}+\frac{1}{4^2}+\cdots+\frac{1}{4^{k-1}})}\cdot 3^{\frac{1}{4}+\frac{1}{4^2}+\cdots+\frac{1}{4^k}}$成立，则

$$\begin{aligned}a_{k+1}&=\sqrt{\frac{1}{2}\sqrt{3a_k}}\\&=2^{-\frac{1}{2}}\cdot 3^{\frac{1}{4}}\cdot[2^{-\frac{1}{2}(1+\frac{1}{4}+\frac{1}{4^2}+\cdots+\frac{1}{4^{k-1}})}\cdot 3^{\frac{1}{4}+\frac{1}{4^2}+\cdots+\frac{1}{4^k}}]^{\frac{1}{4}}\\&=2^{-\frac{1}{2}}\cdot 3^{\frac{1}{4}}\cdot[2^{-\frac{1}{2}(\frac{1}{4}+\frac{1}{4^2}+\cdots+\frac{1}{4^k})}\cdot 3^{\frac{1}{4^2}+\frac{1}{4^3}+\cdots+\frac{1}{4^{k+1}}}]\\&=2^{-\frac{1}{2}(1+\frac{1}{4}+\frac{1}{4^2}+\cdots+\frac{1}{4^k})}\cdot 3^{\frac{1}{4}+\frac{1}{4^2}+\cdots+\frac{1}{4^{k+1}}}\\&=2^{-\frac{1}{2}(1+\frac{1}{4}+\frac{1}{4^2}+\cdots+\frac{1}{4^{(k+1)-1}})}\cdot 3^{\frac{1}{4}+\frac{1}{4^2}+\cdots+\frac{1}{4^{k+1}}}.\end{aligned}$$

即 $n=k+1$ 时原式也成立.

故由(i)、(ii)可得，对一切 $n\in N^*$，式子：$a_n=2^{-\frac{1}{2}(1+\frac{1}{4}+\frac{1}{4^2}+\cdots+\frac{1}{4^{n-1}})}\cdot 3^{\frac{1}{4}+\frac{1}{4^2}+\cdots+\frac{1}{4^n}}$成立.

(2) $\lim\limits_{n\to\infty}a_n=\frac{\sqrt[3]{6}}{2}$(略).

例 45 数列 $\{a_n\}$ 满足 $a_1=1$，$a_n=a_{n-1}\cos x+\cos(n-1)x$，$x\neq k\pi(k\in Z)$，$n\geqslant 2$，求 a_n.

解：$a_1=1$，$a_2=\cos x+\cos x=2\cos x$，$a_3=2\cos^2x+\cos 2x=3-4\sin^2x=\frac{3\sin x-4\sin^3x}{\sin x}=\frac{\sin 3x}{\sin x}$.

由于 $a_1=\frac{\sin x}{\sin x}$，$a_2=\frac{\sin 2x}{\sin x}$，

由此猜测 $a_n=\frac{\sin nx}{\sin x}(n\in N^*)$.

下面用数学归纳法证明这个猜测正确：

(i)当 $n=1$ 时，$a_1=1=\frac{\sin x}{\sin x}$，命题成立；

(ii)假设 $n=k$ 时，$a_k=\dfrac{\sin kx}{\sin x}$，则 $n=k+1$ 时，

$$a_{k+1}=a_k\cos x+\cos kx=\frac{\sin kx}{\sin x}\cos x+\cos kx$$
$$=\frac{1}{\sin x}(\sin kx\cos x+\cos kx\sin x)$$
$$=\frac{\sin(k+1)x}{\sin x}.$$

即 $n=k+1$ 时命题亦成立.

故由(i)、(ii)可得，当 $n\in N^*$ 时，$a_n=\dfrac{\sin nx}{\sin x}$成立.

例 46　有无穷数列 $\{a_n\}$，a_1 不为$\dfrac{n}{n-1}$($n\geqslant 2$，$n\in N^*$)，$a_{n+1}=\dfrac{1}{2-a_n}$($n\in N^*$)，(1)用 n，a_1 表示 a_n；(2)求$\lim\limits_{n\to\infty}(a_1a_2\cdots a_n)$.

(1)**解**：$a_2=\dfrac{1}{2-a_1}(a_1\neq 2)$，$a_3=\dfrac{1}{2-a_2}=\dfrac{2-a_1}{3-2a_1}\left(a_1\neq\dfrac{3}{2}\right)$，$a_4=\dfrac{1}{2-a_3}=\dfrac{3-2a_1}{4-3a_1}\left(a_1\neq\dfrac{4}{3}\right)$，…，由此猜测当 $n\geqslant 2$ 时，

$$a_n=\frac{(n-1)-(n-2)a_1}{n-(n-1)a_1}\left(a_1\neq\frac{n}{n-1}\right).$$

下面用数学归纳法证明猜测的正确性：

(i)当 $n=2$ 时，$a_2=\dfrac{(2-1)-(2-2)a_1}{2-(2-1)a_1}=\dfrac{1}{2-a_1}$，命题成立；

(ii)假设 $n=k$ 时，$a_k=\dfrac{(k-1)-(k-2)a_1}{k-(k-1)a_1}\left(a_1\neq\dfrac{k}{k-1}\right)$，则 $n=k+1$ 时，

$$a_{n+1}=\frac{1}{2-a_k}=\frac{1}{2-\dfrac{(k-1)-(k-2)a_1}{k-(k-1)a_1}}$$
$$=\frac{k-(k-1)a_1}{2k-2(k-1)a_1-(k-1)+(k-2)a_1}$$
$$=\frac{k-(k-1)a_1}{(k+1)-ka_1}\left(a_1\neq\frac{k+1}{k}\right)$$

即 $n=k+1$ 时命题亦成立.

故由(i)、(ii)可得，当 $n\geqslant 2$ 时，$a_n==\dfrac{(n-1)-(n-2)a_1}{n-(n-1)a_1}$

$\left(a_1 \neq \dfrac{n}{n-1}\right)$.

(2) $\lim\limits_{n\to\infty}(a_1a_2\cdots a_n)=0$(略)

例 47 设 a_0 为常数，且 $a_n=3^{n-1}-2a_{n-1}(n\in N^*)$.

(1)证明对任意 $n\geqslant1$，$a_n=\dfrac{1}{5}[3^n+(-1)^{n-1}\cdot2^n]+(-1)^n\cdot2^na_0$.

(2)假设对任意 $n\geqslant1$ 有 $a_n>a_{n-1}$，求 a_n的取值范围.（2003 年广东省高考理科试题 22 题）.

(1)证法一：(i)当 $n=1$ 时，由已知 $a_1=1-2a_0$，等式成立；

(ii)假设 $n=k(k\geqslant1)$时，等式成立，即 $a_k=\dfrac{1}{5}[3^k+(-1)^{k-1}\cdot2^k]+(-1)^k\cdot2^ka_0$. 那么

$$a_{k+1}=3^k-2a_k=3^k-\frac{2}{5}[3^k+(-1)^{k-1}2^k]-(-1)^k2^{k+1}a_0.$$

$$=\frac{1}{5}[3^{k+1}+(-1)^k2^{k+1}]+(-1)^{k+1}2^{k+1}a_0.$$

也就是说，当 $n=k+1$ 时，等式也成立.

故由(i)、(ii)可知等式对任何 $n\in N^*$ 成立.

证法二：如果设 $a_n=3^{n-1}-2(a_{n-1}-a3^{n-1})$，用 $a_n=3^{n-1}-2a_{n-1}$代入可解出 $a=\dfrac{1}{5}$.

所以$\left\{a_n-\dfrac{3^n}{5}\right\}$是公比为 -2，首项为 $a_1-\dfrac{3}{5}$的等比数列.

$$\therefore a_n-\frac{3^n}{5}=\left(1-2a_0-\frac{3}{5}\right)(-2)^{n-1}(n\in N^*).$$

即 $a_n=\dfrac{1}{5}[3^n+(-1)^{n-1}2^n]+(-1)^n2^na_0$.

(2)略.

例 48 已知数列 a_0，a_1，a_2，…，a_n和 b_0，b_1，b_2，…，b_n满足条件 $a_0=1$，$a_1=2$，$a_k=\dfrac{1}{2}(a_{k-1}+a_{k-2})$，$b_0=0$，$b_1=1$，$b_k=\dfrac{1}{2}(b_{k-1}+b_{k-2})$($k>1$ 且 k 是整数)，又作新数列 $C_k=a_kb_{k-1}-a_{k-1}b_k(k=1, 2, 3, \cdots, n)$，试求 $S_n=C_1+C_2+\cdots+C_n$.

解： $\because a_0=1$，$a_1=2$，$b_0=0$，$b_1=1$，则 $C_1=a_1b_0-a_0b_1=-1$，又 $a_k=\dfrac{1}{2}(a_{k-1}+a_{k-2})$，$b_k=\dfrac{1}{2}(b_{k-1}+b_{k-2})$，

则 $a_2=\frac{1}{2}(a_1+a_0)=\frac{3}{2}$，$b_2=\frac{1}{2}(b_1+b_0)=\frac{1}{2}$，

$\therefore C_2=a_2b_1-a_1b_2=\frac{1}{2}$，同样求得，$C_3=-\frac{1}{4}$，

由此猜想 $C_n=(-1)^n\frac{1}{2^{n-1}}$.

证明：(i)当 $n=1$ 时，命题显然成立；

(ii)假设 $n=k$ 时命题成立，即 $C_k=(-1)^k\frac{1}{2^{k-1}}$，即 $a_kb_{k-1}-a_{k-1}b_k=(-1)^k\frac{1}{2^{k-1}}$，则 $n=k+1$ 时，

$$
\begin{aligned}
C_{k+1}=a_{k+1}b_k-a_kb_{k+1}&=\frac{1}{2}(a_k+a_{k-1})b_k-a_k\cdot\frac{1}{2}(b_k+b_{k-1})\\
&=\frac{1}{2}(a_kb_k+a_{k-1}b_k-a_kb_k-a_kb_{k-1})\\
&=-\frac{1}{2}(a_kb_{k-1}-a_{k-1}b_k)\\
&=-\frac{1}{2}(-1)^k\frac{1}{2^{k-1}}\\
&=(-1)^{k+1}\cdot\frac{1}{2^{(k+1)-1}}.
\end{aligned}
$$

即 $n=k+1$ 时命题亦成立.

故由(i)、(ii)可得，对一切 $n\in N^*$ 有 $C_n=(-1)^n\frac{1}{2^{n-1}}$.

$$
\begin{aligned}
S_n&=-1+\frac{1}{2}-\frac{1}{4}+\cdots+(-1)^n\frac{1}{2^{n-1}}\\
&=\frac{(-1)\left[1-\left(-\frac{1}{2}\right)^n\right]}{1-\left(-\frac{1}{2}\right)}\\
&=\frac{(-1)^n-2^n}{3\cdot 2^{n-1}}.
\end{aligned}
$$

例 49　设数列 $\{a_n\}$ 的各项均为正整数，它的前 n 项和记为 S_n，已知 $a_1=1$ 且对一切自然数 n 有 $S_{n+1}+S_n=(S_{n+1}-S_n)^2$，(1)求 S_1，S_2，S_3，S_4 的值；(2)求 S_n 的表达式.

解：(1) $\because S_2+S_1=(S_2-S_1)^2$，$S_1=a_1=1$.

$\therefore S_2^2-3S_2=0$

又$\because \{a_n\}$各项均为正整数，S_n也为正整数，$\therefore$ $S_2=3$，同法可求得$S_3=6$，$S_4=10$.

(2)推测$S_n=\frac{1}{2}n(n+1)$.

(i)当$n=1$时，$S_1=a_1=1$，又$S_1=\frac{1}{2}\times1\times(1+1)=1$，结论成立；

(ii)假设$n=k$时有$S_k=\frac{1}{2}k(k+1)$，则$n=k+1$时，$\because S_{k+1}+S_k=(S_{k+1}-S_k)^2$，$\therefore S_{k+1}^2-(2S_{k+1}+1)S_{k+1}+(S_k^2-S_k)=0$.

$\Delta=(2S_k+1)^2-4(S_k^2-S_k)=8S_k+1=4k^2+4k+1=(2k+1)^2$.

$\therefore S_{k+1}=\frac{k(k+1)+1\pm(2k+1)}{2}$，$\because S_{k+1}>S_k$，$\therefore S_{k+1}=\frac{(k+1)(k+2)}{2}$.

即$n=k+1$时结论成立.

故由(i)、(ii)可得，对一切$n\in N^*$均有$S_n=\frac{1}{2}n(n+1)$.

例50 设数列$\{a_n\}$中的首项为$a_1=\sqrt{2}$，递归方程为

$a_n=\sqrt{a+(-1)^n a_{n-1}}$，其中$a>2$，$n\in N^*$，求证：$0<a_{2n-1}<\sqrt{a}$.

证明：(i)当$n=1$时，$a_1=\sqrt{2}$，但$2<a$，$\therefore \sqrt{2}<\sqrt{a}$，故$0<a_1<\sqrt{a}$；

(ii)假设$n=2k-1$时命题成立，即$0<a_{2k-1}<\sqrt{a}$，则$n=2k+1$时，$a_{2k+1}=\sqrt{a-a_{2k}}=\sqrt{a-\sqrt{a+a_{2k-1}}}$.

由归纳假设$a_{2k-1}>0$知$\sqrt{a+a_{2k-1}}>0$，

$\therefore a_{2k+1}<\sqrt{a}$.

另外，$a>2$，$\therefore \sqrt{a}>1$，两边同乘以$\sqrt{a}$得$a>\sqrt{a}$，而由归纳假设$a_{2k-1}<\sqrt{a}$，所以$a_{2k-1}<a$.

因此，$a+a_{2k-1}<a+a$，$\sqrt{a+a_{2k-1}}<\sqrt{2a}$，$-\sqrt{a+a_{2k-1}}>-\sqrt{2a}$，$a-\sqrt{a+a_{2k-1}}>a-\sqrt{2a}$.

$\therefore$ $a_{2k+1}>\sqrt{a-\sqrt{2a}}>0$，于是$0<a_{2k+1}<\sqrt{a}$.

即$n=k+1$时命题亦成立.

故由(i)、(ii)可得，对一切$n\in N^*$命题都成立.

例51 数列a_1，a_2，…，a_n，…按$a_{n+2}=a_n+a_{n+1}(a=1,2,\cdots)$的规则构成，且$\frac{8}{5}\leqslant a_1\leqslant\frac{9}{5}$，$\left(\frac{8}{5}\right)^2\leqslant a_2\leqslant\left(\frac{9}{5}\right)^2$，求证$\left(\frac{8}{5}\right)^n\leqslant a_n\leqslant\left(\frac{9}{5}\right)^n$($n=1$,

2，…）.

证明：（i）当 $n=1$，2 时，由已知条件知命题成立；

（ii）假设 $n\leqslant k(k\geqslant 2)$ 时命题成立，即 $\left(\frac{8}{5}\right)^k\leqslant a_k\leqslant\left(\frac{9}{5}\right)^k$，则 $n=k+1$ 时，

$$\because\ \left(\frac{8}{5}\right)^{k-1}\leqslant a_{k-1}\leqslant\left(\frac{9}{5}\right)^{k-1},$$

$$\left(\frac{8}{5}\right)^{k}\leqslant a_{k}\leqslant\left(\frac{9}{5}\right)^{k},$$

两式各部分相加，得

$$\left(\frac{8}{5}\right)^{k-1}+\left(\frac{8}{5}\right)^{k}\leqslant a_{k-1}+a_k\leqslant\left(\frac{9}{5}\right)^{k-1}+\left(\frac{9}{5}\right)^{k}.$$

但已知 $a_{n+2}=a_n+a_{n+1}$，$\therefore\ a_{k-1}+a_k=a_{k+1}$.

$$\therefore\ \left(\frac{8}{5}\right)^{k-1}+\left(\frac{8}{5}\right)^{k}\leqslant a_{k+1}\leqslant\left(\frac{9}{5}\right)^{k-1}+\left(\frac{9}{5}\right)^{k}.$$

而 $\left(\frac{8}{5}\right)^{k-1}+\left(\frac{8}{5}\right)^{k}=\left(\frac{8}{5}\right)^{k-1}\times\frac{13}{5}>\left(\frac{8}{5}\right)^{k-1}\times\frac{64}{25}=\left(\frac{8}{5}\right)^{k+1}$，

$$\left(\frac{9}{5}\right)^{k-1}+\left(\frac{9}{5}\right)^{k}=\left(\frac{9}{5}\right)^{k-1}\times\frac{14}{5}<\left(\frac{9}{5}\right)^{k-1}\times\frac{81}{25}=\left(\frac{9}{5}\right)^{k+1}.$$

$$\therefore\ \left(\frac{8}{5}\right)^{k+1}\leqslant a_{k+1}\leqslant\left(\frac{9}{5}\right)^{k+1}.$$

即 $n=k+1$ 时命题亦成立.

故由（i）、（ii）可得，对所有 $n\in N^*$，都有 $\left(\frac{8}{5}\right)^n\leqslant a_n\leqslant\left(\frac{9}{5}\right)^n$.

例 52　已知数列 $\{b_n\}$ 是等差数列，$b_1=1$，$b_1+b_2+\cdots+b_{10}=145$.

（I）求数列 $\{b_n\}$ 的通项 b_n；

（II）设数列 $\{a_n\}$ 的通项 $a_n=\log_a\left(1+\frac{1}{b_n}\right)$（其中 $a>0$，且 $a\neq 1$）. 记 S_n 是数列 $\{a_n\}$ 的前 n 项和，试比较 S_n 与 $\frac{1}{3}\log_a b_{n+1}$ 的大小，并证明你的结论（1998 年全国高考理科数学试题 25 题）.

（I）**解：** $b_n=3n-2$（略）.

（II）**解：** 由 $b_n=3n-2$ 知

$$S_n=\log_a(1+1)+\log_a\left(1+\frac{1}{4}\right)+\cdots+\log_a\left(1+\frac{1}{3n-2}\right)$$

$$=\log_a\left[(1+1)\left(1+\frac{1}{4}\right)\cdot\cdots\cdot\left(1+\frac{1}{3n-2}\right)\right].$$

$\frac{1}{3}\log_a b_{n+1}=\frac{1}{3}\log_a(3n+1)=\log_a\sqrt[3]{3n+1}.$

因此要比较 S_n 与 $\frac{1}{3}\log_a b_{n+1}$ 的大小，可先比较

$(1+1)\left(1+\frac{1}{4}\right)\cdot\cdots\cdot\left(1+\frac{1}{3n-2}\right)$ 与 $\sqrt[3]{3n+1}$ 的大小.

取 $n=1$，有 $(1+1)>\sqrt[3]{3\cdot 1+1}$；

取 $n=2$，有 $(1+1)\left(1+\frac{1}{4}\right)>\sqrt[3]{3\times 2+1}$；

……

由此推测 $(1+1)\left(1+\frac{1}{4}\right)\cdot\cdots\cdot\left(1+\frac{1}{3n-2}\right)>\sqrt[3]{3n+1}$ （1）

若(1)式成立，则由对数函数性质可断定：

当 $a>1$ 时，$S_n>\frac{1}{3}\log_a b_{n+1}$；当 $0<a<1$ 时，$S_n<\frac{1}{3}\log_a b_{n+1}$.

下面用数学归纳法证明(1)式成立.

(i)当 $n=1$ 时，已验证(1)式成立.

(ii)假设 $n=k(k\geqslant 1)$ 时，(1)式成立，即

$$(1+1)\left(1+\frac{1}{4}\right)\cdot\cdots\cdot\left(1+\frac{1}{3k-2}\right)>\sqrt[3]{3k+1},$$

则 $n=k+1$ 时，

$$(1+1)\left(1+\frac{1}{4}\right)\cdot\cdots\cdot\left(1+\frac{1}{3k-2}\right)\left(1+\frac{1}{3(k+1)-2}\right)$$

$$>\sqrt[3]{3k+1}\left(1+\frac{1}{3k+1}\right).$$

$$=\frac{\sqrt[3]{3k+1}}{3k+1}(3k+2).$$

$$\because\left[\frac{\sqrt[3]{3k+1}}{3k+1}(3k+2)\right]^3-\left[\sqrt[3]{3k+4}\right]^3$$

$$=\frac{(3k+2)^3-(3k+4)(3k+1)^2}{(3k+1)^2}=\frac{9k+4}{(3k+1)^2}>0.$$

$$\therefore\frac{\sqrt[3]{3k+1}}{3k+1}(3k+2)>\sqrt[3]{3k+4}=\sqrt[3]{3(k+1)+1}.$$

因而 $(1+1)\left(1+\frac{1}{4}\right)\cdot\cdots\cdot\left(1+\frac{1}{3k-2}\right)\left(1+\frac{1}{3(k+1)-2}\right)$

$$>\sqrt[3]{3(k+1)+1}.$$

这就是说(1)式当 $n=k+1$ 时也成立.

故由(i)、(ii)知(1)式对任何正整数 n 都成立.

由此证得：

当 $a>1$ 时，$S_n>\frac{1}{3}\log_a b_{n+1}$；

当 $0<a<1$ 时，$S_n<\frac{1}{3}\log_a b_{n+1}$

例 53　$a>0$，数列 $\{a_n\}$ 满足 $a_1=a$，$a_{n+1}=a+\frac{1}{a_n}$，$n=1,2,\cdots$

(Ⅰ)已知数列 $\{a_n\}$ 的极限存在且大于零，求 $A=\lim\limits_{n\to\infty}a_n$(将 A 用 a 表示)；

(Ⅱ)设 $b_n=a_n-A$，$n=1,2,\cdots$　证明：$b_{n+1}=-\frac{b_n}{A(b_n+A)}$；

(Ⅲ)若 $|b_n|<\frac{1}{2^n}$　对 $n=1,2,\cdots$　都成立，求 a 的取值范围(2004 年湖北省高考理科数学试题 22 题).

(Ⅰ)(Ⅱ)略 $A=\frac{a+\sqrt{a^2+4}}{2}$.

(Ⅲ)**解**：令 $|b_1|\leqslant\frac{1}{2}$，得 $\left|a-\frac{1}{2}(a+\sqrt{a^2+4})\right|\leqslant\frac{1}{2}$.

$\therefore\left|\frac{1}{2}(\sqrt{a^2+4}-a)\right|\leqslant\frac{1}{2}$，$\therefore\sqrt{a^2+4}-a\leqslant1$，解得 $a\geqslant\frac{3}{2}$.

现证明 $a\geqslant\frac{3}{2}$时，$|b_n|\leqslant\frac{1}{2^n}$　对 $n=1,2,\cdots$　都成立.

(i)当 $n=1$ 时结论成立(已验证)；

(ii)假设 $n=k(k\geqslant1)$时结论成立，即 $|b_k|\leqslant\frac{1}{2^k}$，那么

$$|b_{k+1}|=\frac{b_k}{|A(b_k+A)|}\leqslant\frac{1}{A|b_k+A|}\times\frac{1}{2^k}.$$

故只需证明$\frac{1}{A|b_k+A|}\leqslant\frac{1}{2}$，即证 $A|b_k+A|\geqslant2$ 对 $a\geqslant\frac{3}{2}$成立.

由于 $A=\frac{a+\sqrt{a^2+4}}{2}=\frac{2}{\sqrt{a^2+4}-a}$.

而当 $a\geqslant\frac{3}{2}$时，$\sqrt{a^2+4}-a\leqslant1$.

$\therefore A\geqslant2$.

$\therefore |b_k+A|\geqslant A-|b_k|\geqslant 2-\frac{1}{2^k}\geqslant 1$，即 $A|b_k+A|\geqslant 2$，故当 $a\geqslant\frac{3}{2}$时，$|b_{k+1}|\leqslant\frac{1}{2}\times\frac{1}{2^k}=\frac{1}{2^{k+1}}$.

即 $n=k+1$ 时结论成立.

由(i)、(ii)可知结论对一切正整数都成立.

故 $|b_n|\leqslant\frac{1}{2^n}$对 $n=1$，2，…都成立的 a 的取值范围为$\left[\frac{3}{2}，+\infty\right)$.

例 54 已知数列 $\{a_n\}$ 满足：$a_1=\frac{3}{2}$，且 $a_n=\frac{3na_{n-1}}{2a_{n-1}+n-1}$($n\geqslant 2$，$n\in N^*$)

(1)求数列$\{a_n\}$的通项公式；

(2)证明：对于一切正整数 n，不等式 $a_1\cdot a_2\cdot\cdots\cdot a_n<2\cdot n!$ 成立.(2006 年江西省高考理科数学试题 22 题).

(1)解：将条件变为：$1-\frac{n}{a_n}=\frac{1}{3}\left(1-\frac{n-1}{a_{n-1}}\right)$，因此$\{1-\frac{n}{a_n}\}$为一个等比数列，其首项为 $1-\frac{1}{a_1}=\frac{1}{3}$，公比$\frac{1}{3}$，从而 $1-\frac{n}{a_n}=\frac{1}{3^n}$，据此

$$a_n=\frac{n\cdot 3^n}{3^n-1}(n\geqslant 1)\cdots\cdots 1°$$

(2)证明：据 1°得 $a_1\cdot a_2\cdot\cdots\cdot a_n=\frac{n!}{\left(1-\frac{1}{3}\right)\left(1-\frac{1}{3^2}\right)\cdots\left(1-\frac{1}{3^n}\right)}$.

为证：$a_1\cdot a_2\cdot\cdots\cdot a_n<2\cdot n!$

只要证当 $n\in N^*$ 时有$\left(1-\frac{1}{3}\right)\left(1-\frac{1}{3^2}\right)\cdots\left(1-\frac{1}{3^n}\right)>\frac{1}{2}$ ………………… 2°

显然，左端每个因式都是正数，先证明对于每个 $n\in N^*$ 有

$$\left(1-\frac{1}{3}\right)\left(1-\frac{1}{3^2}\right)\cdots\left(1-\frac{1}{3^n}\right)\geqslant 1-\left(\frac{1}{3}+\frac{1}{3^2}+\cdots+\frac{1}{3^n}\right)\cdots\cdots 3°$$

用数学归纳法证明 3°式：

(i)当 $n=1$ 时，3°式显然成立；

(ii)假设 $n=k$ 时，3°式成立，即

$$\left(1-\frac{1}{3}\right)\left(1-\frac{1}{3^2}\right)\cdots\left(1-\frac{1}{3^k}\right)\geqslant 1-\left(\frac{1}{3}+\frac{1}{3^2}+\cdots+\frac{1}{3^k}\right).$$

则 $n=k+1$ 时，

$$\left(1-\frac{1}{3}\right)\left(1-\frac{1}{3^2}\right)\cdots\left(1-\frac{1}{3^k}\right)\left(1-\frac{1}{3^{k+1}}\right)\geqslant\left[1-\left(\frac{1}{3}+\frac{1}{3^2}+\cdots+\frac{1}{3^k}\right)\right]\left(1-\frac{1}{3^{k+1}}\right)$$

$$=1-\left(\frac{1}{3}+\frac{1}{3^2}+\cdots+\frac{1}{3^k}\right)-\frac{1}{3^{k+1}}+\frac{1}{3^{k+1}}\left(\frac{1}{3}+\frac{1}{3^2}+\cdots+\frac{1}{3^k}\right)$$

$$\geqslant1-\left(\frac{1}{3}+\frac{1}{3^2}+\cdots+\frac{1}{3^k}+\frac{1}{3^{k+1}}\right).$$

即当 $n=k+1$ 时 3°式也成立.

故对一切 $n\in N^*$，3°式都成立.

利用3°得 $\left(1-\frac{1}{3}\right)\left(1-\frac{1}{3^2}\right)\cdots\left(1-\frac{1}{3^n}\right)\geqslant1-\left(\frac{1}{3}+\frac{1}{3^n}+\cdots+\frac{1}{3^n}\right)$

$$=1-\frac{\frac{1}{3}\left[1-\left(\frac{1}{3}\right)^n\right]}{1-\frac{1}{3}}=1-\frac{1}{2}\left[1-\left(\frac{1}{3}\right)^n\right]=\frac{1}{2}+\frac{1}{2}\left(\frac{1}{3}\right)^n>\frac{1}{2}.$$

故 2°成立，从而结论成立.

例 55　设函数 $f(x)=x-x\ln x$，数列 $\{a_n\}$ 满足：$0<a_1<1$，$a_{n+1}=f(a_n)$.（I）证明：函数 $f(x)$ 在区间 $(0,1)$ 是增函数；

（II）证明：$a_n<a_{n+1}<1$；

（III）$b\in(a_1,1)$，整数 $k\geqslant\frac{a_1-b}{a_1\ln b}$，证明：$a_{k+1}>b$（2008年全国高考理科数学试题22题）.

（I）（III）证明略.

（II）**证明：**用数学归纳法.

（i）当 $n=1$ 时，$0<a_1<1$，$a_1\ln a_1<0$，$a_2=f(a_1)=a_1-a_1\ln a_1>a_1$.

由于函数在区间 $(0,1)$ 是增函数，且函数 $f(x)$ 在 $x=1$ 处连续，则 $f(x)$ 在区间 $(0,1]$ 是增函数，$a_2=f(a_1)=a_1-a_1\ln a_1<1$. 即 $a_1<a_2<1$ 成立；

（ii）假设当 $n=k(k\in N^*)$ 时 $a_k<a_{k+1}<1$ 成立，即 $0<a_k<a_{k+1}<1$，那么，当 $n=k+1$ 时，由 $f(x)$ 在区间 $(0,1]$ 是增函数，由 $0<a_k<a_{k+1}<1$ 得 $f(a_k)<f(a_{k+1})<f(1)$，而 $a_{n+1}=f(a_n)$，则 $a_{k+1}=f(a_k)$，$a_{k+2}=f(a_{k+1})$，$a_{k+1}<a_{k+2}<1$，也就是说，当 $n=k+1$ 时，$a_k<a_{k+1}<1$ 也成立.

根据（i）、（ii）可得对任意的正整数 n，$a_n<a_{n+1}<1$ 恒成立.

例 56　已知数列 $a_n\geqslant0$，$a_1=0$，$a_{n+1}^2+a_{n+1}-1=a_n^2(n\in N^*)$，记

$S_n=a_1+a_2+\cdots+a_n$，

$$T_n=\frac{1}{1+a_1}+\frac{1}{(1+a_1)(1+a_2)}+\cdots+\frac{1}{(1+a_1)(1+a_2)\cdots(1+a_n)},$$

求证：当 $n\in N^*$ 时，

(Ⅰ)$a_n<a_{n+1}$；(Ⅱ)$S_n>n-2$；(Ⅲ)$T_n<3$.（2008 年浙江省高考理科数学试题 22 题）.

(Ⅰ)**证明**：用数学归纳法证明.

(i)当 $n=1$ 时，因为 a_2是方程 $x^2+x-1=0$ 的正根，所以 $a_1<a_2$；

(ii)假设 $n=k(k\in N^*)$时 $a_k<a_{k+1}$.

因为 $a_{k+1}^2-a_k^2=(a_{k+2}^2+a_{k+2}-1)-(a_{k+1}^2+a_{k+1}-1)$

$=(a_{k+2}-a_{k+1})(a_{k+2}+a_{k+1}+1)>0.$

所以 $a_{k+1}<a_{k+2}$.

即当 $n=k+1$ 时 $a_n<a_{n+1}$也成立.

由(i)、(ii)可知 $a_n<a_{n+1}$对任何 $n\in N^*$ 都成立.

(Ⅱ)(Ⅲ)证明略.

例 57 设数列$\{a_n\}$的前 n 项和为 S_n，满足 $2S_n=a_{n+1}-2^{n+1}+1$，$n\in N^*$，且 a_1，a_2+5，a_3成等差数列.

(1)求 a_1的值；

(2)求数列$\{a_n\}$的通项公式；

(3)证明：对一切正整数 n，有$\frac{1}{a_1}+\frac{1}{a_2}+\cdots+\frac{1}{a_n}<\frac{3}{2}$.（2012 年广东省高考理科数学试题 19 题）.

(1)(2)解略. $a_1=1$，$a_n=3^n-2^n$.

(3)证明：用数学归纳法证$\frac{1}{a_1}+\frac{1}{a_2}+\cdots+\frac{1}{a_n}\leqslant\frac{3}{2}-\frac{1}{2^n}$.

(i)当 $n=1$ 时，$a_1=1$，$\frac{1}{a_1}=1=\frac{3}{2}-\frac{1}{2}$，结论成立；

(ii)假设 $n=k$ 时结论成立，即$\frac{1}{a_1}+\frac{1}{a_2}+\cdots+\frac{1}{a_k}\leqslant\frac{3}{2}-\frac{1}{2^k}$.

则$\frac{1}{a_1}+\frac{1}{a_2}+\cdots+\frac{1}{a_k}+\frac{1}{a_{k+1}}\leqslant\frac{3}{2}-\frac{1}{2^k}+\frac{1}{3^{k+1}-2^{k+1}}$.

因为

$$\begin{aligned}(3^{k+1}-2^{k+1})-2^{k+1}&=(2+1)^{k+1}-2^{k+1}-2^{k+1}\\&=2^{k+1}+C_{k+1}^1 2^k+C_{k+1}^2 2^{k-1}+\cdots+1-2^{k+1}-2^{k+1}\\&>C_{k+1}^1 2^k-2^{k+1}\\&=2^k(k+1-2)\geqslant 0,\end{aligned}$$

所以 $3^{k+1}-2^{k+1}>2^{k+1}$，

$\therefore \dfrac{1}{3^{k+1}-2^{k+1}}<\dfrac{1}{2^{k+1}}$,

$\therefore \dfrac{1}{a_1}+\dfrac{1}{a_2}+\cdots+\dfrac{1}{a_k}+\dfrac{1}{a_{k+1}}\leqslant\dfrac{3}{2}-\dfrac{1}{2^k}+\dfrac{1}{3^{k+1}-2^{k+1}}<\dfrac{3}{2}-\dfrac{1}{2^k}+\dfrac{1}{2^{k+1}}$

$=\dfrac{3}{2}-\dfrac{1}{2^{k+1}}$.

也就是说当 $n=k+1$ 时，结论也成立.

由(i)、(ii)可知对任意的正整数 n，$\dfrac{1}{a_1}+\dfrac{1}{a_2}+\cdots+\dfrac{1}{a_n}\leqslant\dfrac{3}{2}-\dfrac{1}{2^n}$成立.

故对于一切正整数 n，$\dfrac{1}{a_1}+\dfrac{1}{a_2}+\cdots+\dfrac{1}{a_n}<\dfrac{3}{2}$.

注：此问还可用其他方法.

例58　设实数 $C>0$，整数 $p>1$，$n\in N^*$.

(Ⅰ)证明：当 $x>-1$ 且 $x\neq0$ 时，$(1+x)^p>1+px$；

(Ⅱ)数列$\{a_n\}$满足 $a_1>C^{\frac{1}{p}}$，$a_{n+1}=\dfrac{p-1}{p}a_n+\dfrac{C}{p}a_n^{1-p}$，证明：$a_n>a_{n+1}>C^{\frac{1}{p}}$.（2014 年安徽省高考理科数学试题 21 题）.

(Ⅰ)**证明**：(i)当 $p=2$ 时，$(1+x)^2=1+2x+x^2>1+2x$，原不等式成立；

(ii)假设 $p=k(k\geqslant2,\ k\in N^*)$时不等式$(1+x)^k>1+kx$ 成立.

当 $p=k+1$ 时，$(1+x)^{k+1}=(1+x)(1+x)^k>(1+x)(1+kx)$

$=1+(k+1)x+kx^2>1+(k+1)x$.

所以，$p=k+1$ 时，原不等式成立.

综合(i)、(ii)可得当 $x>-1$ 且 $x\neq0$ 时，对一切 $p>1$ 不等式$(1+x)^p>1+px$ 均成立.

(Ⅱ)**证明**：证法一，先用数学归纳法证明 $a_n>C^{\frac{1}{p}}$.

(i)当 $n=1$ 时，由假设 $a_1>C^{\frac{1}{p}}$知 $a_n>C^{\frac{1}{p}}$；

(ii)假设 $n=k(k\geqslant1,\ k\in N^*)$时不等式 $a_k>C^{\frac{1}{p}}$成立.

由 $a_{n+1}=\dfrac{p-1}{p}a_n+\dfrac{c}{p}a_n^{1-p}$易知 $a_n>0$，$n\in N^*$.

当 $n=k+1$ 时，$\dfrac{a_{k+1}}{a_k}=\dfrac{p-1}{p}+\dfrac{C}{p}a_k^{-p}=1+\dfrac{1}{p}\left(\dfrac{C}{a_k^p}-1\right)$.

由 $a_k>C^{\frac{1}{p}}>0$ 得 $-1<-\dfrac{1}{p}<\dfrac{1}{p}\left(\dfrac{C}{a_k^p}-1\right)<0$.

由(I)的结论$\left(\frac{a_{k+1}}{a_k}\right)^p=\left[1+\frac{1}{p}\left(\frac{c}{a_k^p}-1\right)\right]^p>1+p\cdot\frac{1}{p}\left(\frac{c}{a_k^p}-1\right)=\frac{C}{a_k^p}$

因此，$a_{k+1}^p>C$，即 $a_{k+1}>C^{\frac{1}{p}}$.

所以当 $n=k+1$ 时，不等式 $a^n>C^{\frac{1}{p}}$ 也成立.

由(i)、(ii)可得对一切正整数 n 不等式 $a^n>C^{\frac{1}{p}}$ 均成立.

再由$\frac{a_{n+1}}{a_n}=1+\frac{1}{p}\left(\frac{C}{a_n^p}-1\right)$得$\frac{a_{n+1}}{a_n}<1$，即 $a_{n+1}<a_n$.

综上所述，$a_n>a_{n+1}>C^{\frac{1}{p}}$，$n\in N^*$.

例 59　已知函数$f(x)=x^2-4$，设曲线 $y=f(x)$ 在点$[x_n, f(x_n)]$处的切线与 x 轴的交点为$(x_{n+1}, 0)(n\in N^*)$，其中 x_1 为正实数.

(I) 用 x_n 表示 x_{n+1}；

(II) 证明：对一切正整数 n，$x_{n+1}\leqslant x_n$的充要条件是 $x_1\geqslant 2$；

(III) 若 $x_1=4$，记 $a_n=\lg\frac{x_n+2}{x_n-2}$，证明数列$\{a_n\}$成等比数列，并求数列$\{a_n\}$的通项公式.（2007 年四川省高考理科数学试题 21 题）

(I) **解**：由题设可得$f'(x)=2x$，所以过曲线上点的$[x_n, f(x_n)]$的切线方程为$y-f(x_n)=f'(x_n)(x-x_n)$，即

$y-(x_n^2-4)=2x_n(x-x_n)$

令　$y=0$ 得$-(x_n^2-4)=2x_n(x_{n+1}-x_n)$　即　$x_n^2+4=2x_nx_{n+1}$.

显然 $x_n\neq 0$，$\therefore x_{n+1}=\frac{x_n}{2}+\frac{2}{x_n}$.

(II) **证明**：必要性

若对于一切正整数 n，$x_{n+1}\leqslant x_n$，则 $x_2\leqslant x_1$，

即$\frac{x_1}{2}+\frac{2}{x_1}\leqslant x_1$，而 $x_1>0$，$\therefore x_1^2\geqslant 4$，即有 $x_1\geqslant 2$.

(充分性)若 $x_1\geqslant 2$，由 $x_{n+1}=\frac{x_n}{2}+\frac{2}{x_n}$，用数学归纳法易得 $x_n>0$，从而

$x_{n+1}=\frac{x_n}{2}+\frac{2}{x_n}\geqslant 2\sqrt{\frac{x_n}{2}\times\frac{2}{x_n}}=2(n\geqslant 1)$，即 $x_{n+1}\geqslant 2(n\geqslant 1)$，又 $x_1\geqslant 2$，$\therefore x_n\geqslant 2(n\geqslant 1)$.

于是，$x_{n+1}-x_n=\frac{2}{x_n}-\frac{x_n}{2}=\frac{4-x_n^2}{2x_n}=\frac{(2-x_n)(2+x_n)}{2x_n}\leqslant 0$.

即 $x_{n+1}\leqslant x_n$对一切正整数 n 成立.

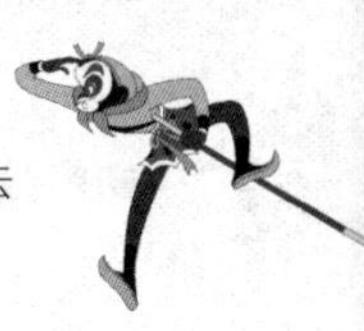

(Ⅲ)略.

例 60　设数列 a_1，a_2，…，a_n…中的每一项都不为 0，证明：$\{a_n\}$为等差数列的充分必要条件是：对任何 $n\in N^*$，都有：

$\frac{1}{a_1a_2}+\frac{1}{a_2a_3}+\cdots+\frac{1}{a_na_{n+1}}=\frac{n}{a_1a_{n+1}}$.（2010 年安徽省高考理科数学试题 20 题）.

证明：先证必要性.

设数列$\{a_n\}$的公差为 d，若 $d=0$，则所述等式显然成立，若 $d\neq0$，则

$$\frac{1}{a_1a_2}+\frac{1}{a_2a_3}+\cdots+\frac{1}{a_na_{n+1}}=\frac{1}{d}\left[\left(\frac{1}{a_1}-\frac{1}{a_2}\right)+\left(\frac{1}{a_2}-\frac{1}{a_3}\right)+\cdots+\left(\frac{1}{a_n}-\frac{1}{a_{n+1}}\right)\right]$$

$$=\frac{1}{d}\left(\frac{1}{a_1}-\frac{1}{a_{n+1}}\right)=\left(\frac{n}{a_1a_{n+1}}\right).$$

再证充分性.

设所述等式对一切 $n\in N^*$ 成立.

首先在等式

$$\frac{1}{a_1a_2}+\frac{1}{a_2a_3}=\frac{2}{a_1a_3} \quad ①$$

两端同时乘以 $a_1a_2a_3$ 即得 $a_1+a_3=2a_2$.

所以 a_1，a_2，a_3 成等差数列，记公差为 d，则 $a_2=a_1+d$.

假设 $a_k=a_1+(k-1)d$，则 $n=k+1$ 时，观察如下二等式

$$\frac{1}{a_1a_2}+\frac{1}{a_2a_3}+\cdots+\frac{1}{a_{k-1}a_k}=\frac{k-1}{a_1a_k} \quad ②$$

$$\frac{1}{a_1a_2}+\frac{1}{a_2a_3}+\cdots+\frac{1}{a_{k-1}a_k}+\frac{1}{a_ka_{k+1}}=\frac{k}{a_1a_{k+1}} \quad ③$$

将②代入③得

$$\frac{k-1}{a_1a_k}+\frac{1}{a_ka_{k+1}}=\frac{k}{a_1a_{k+1}}.$$

在该式两边同时乘以 $a_1a_ka_{k+1}$ 得 $(k-1)a_{k+1}+a_1=ka_k$.

把 $a_k=a_1+(k-1)d$ 代入后，整理得 $a_{k+1}=a_1+kd$.

由数学归纳法原理知，若对任何 $n\in N^*$，都有：

$\frac{1}{a_1a_2}+\frac{1}{a_2a_3}+\cdots+\frac{1}{a_na_{n+1}}=\frac{n}{a_1a_{n+1}}$成立.

则$\{a_n\}$是公差为 d 的等差数列.

例 61　数列 a_1，a_2，…，a_n 有 $a_1=a_2=1$，$a_{n+1}=a_n+2a_{n-1}(n\geqslant2)$，求证：

(1) a_n是奇数；(2) $a_n^2-a_{n+1}a_{n-1}=(-2)^{n-1}(n\geqslant2)$；(3)这个数列相邻两项互质.

证明：

(1)(i) $a_1=a_2=1$，$a_3=1+2=3$ 是奇数；

(ii)假设 a_k是奇数，而 $2a_{k-1}$是偶数，则 $a_{k+1}=a_k+2a_{k-1}$是奇数.

由(i)、(ii)可得 a_n是奇数.

(2)(i)当 $n=2$ 时，左边 $=1^2-3\times1=-2$，命题成立；

(ii)假设 $n=k$ 时命题成立，即 $a_k^2-a_{k+1}a_{k-1}=(-2)^{k-1}$.

则 $a_{k+1}^2-a_{k+2}a_k=a_{k+1}(a_k+2a_{k-1})-(a_{k+1}+2a_k)a_k$

$=2a_{k+1}a_{k-1}-2a_k^2=(-2)(a_k^2-a_{k+1}a_{k-1})=(-2)^k$.

即 $n=k+1$ 时，命题也成立.

由(i)、(ii)知对任何自然数命题成立.

(3)设 a_n和 a_{n+1}的最大公约数为 G，则 G 是 $a_n^2-a_{n+1}a_{n-1}$的因数，根据(2)，可知 G 是 $(-2)^{n-1}$的因数，又因为 G 是奇数，所以 $G=1$，故 a_n与 a_{n+1}互质.

例 62　若 a_0，a_1，a_2成等差数列，则有 $a_0-2a_1+a_2=0$；若 a_0，a_1，a_2，a_3成等差数列，则有 $a_0-3a_1+3a_2-a_3=0$；若 a_0，a_1，a_2，a_3，a_4成等差数列，则有 $a_0-4a_1+6a_2-4a_3+a_4=0$；试归纳出当 a_0，a_1，a_2，…，a_n成等差数列时相应的关系式，并用数学归纳法证明你的结论.

猜想 $C_n^0a_0-C_n^1a_1+C_n^2a_2+\cdots+(-1)^nC_n^na_n=0$.

(i)当 $n=3$ 时，显然猜想正确；

(ii)假设 $n=k$ 时猜想正确，则有

$$C_k^0a_0-C_k^1a_1+C_k^2a_2+\cdots+(-1)^kC_k^ka_k=0 \quad ①$$

$$C_k^0a_1-C_k^1a_2+C_k^2a_3+\cdots+(-1)^kC_k^ka_{k+1}=0 \quad ②$$

① - ②得

$$C_k^0a_0-(C_k^1+C_k^2)a_1+(C_k^2+C_k^1)a_2-\cdots+(-1)^{k-1}$$
$$(C_k^k+C_k^{k-1})a_k-(-1)^kC_k^ka_{k+1}=0$$

由于 $C_k^i+C_k^{i+1}=C_{k+1}^{i+1}(i=1,2,\cdots,k)$，故得

$$C_{k+1}^0a_0-C_{k+1}^1a_1+C_{k+1}^2a_2-\cdots+(-1)^{k+1}C_{k+1}^{k+1}a_{k+1}=0.$$

$\therefore n=k+1$ 时命题成立.

故对任意 $n\geqslant3(n\in N^*)$猜想正确.

例 63　已知数列 $\{a_n\}$ 满足：$a_1\in N^*$，$a_1\leqslant36$，且

$$a_{n+1}=\begin{cases}2a_n, & a_n\leqslant18\\ 2a_n-36; & a_n>18\end{cases}\quad(n=1,2,\cdots)，记集合 M=\{a_n|n\in N^*\}.$$

(Ⅰ)若 $a_1=6$，写出集合 M 的所有元素；

(Ⅱ)若集合 M 存在一个元素是3的倍数，证明：M 的所有元素都是3的倍数；

(Ⅲ)求集合 M 的元素个数的最大值.（2015年北京市高考理科数学试题20题）.

(Ⅰ)**解**：$\{6, 12, 24\}$.

(Ⅱ)**证明**：因为集合 M 存在一个元素是3的倍数，所以不妨设 a_k 是3的倍数.

由 $a_{n+1}=\begin{cases}2a_n, & a_n\leqslant 18\\ 2a_n-36, & a_n>18\end{cases}$. 可归纳证明对任意 $n\geqslant k$，a_n 是3的倍数.

如果 $k=1$，则 M 的所有元素都是3的倍数.

如果 $k>1$，因为 $a_k=2a_{k-1}$ 或 $a_k=2a_{k-1}-36$，所以 $2a_{k-1}$ 是3的倍数. 于是 a_{k-1} 是3的倍数，类似的 a_{k-1}，…，a_1 都是3的倍数，从而对任意 $n\geqslant 1$，a_n 是3的倍数，因此 M 的所有元素都是3的倍数.

综上，当集合 M 存在一个元素是3的倍数时，则 M 的所有元素都是3的倍数.

(Ⅲ)**解**：由 $a_1\leqslant 36$，$a_n=\begin{cases}2a_{n-1}, & a_{n-1}\leqslant 18\\ 2a_{n-1}-36, & a_{n-1}>18\end{cases}$. 可归纳证明 $a_n\leqslant 36(n=2, 3, \cdots)$.

由于 a_1 是正整数，$a_2=\begin{cases}2a_1, & a\leqslant 18\\ 2a_n-36, & a_n>18\end{cases}$. 所以 a_2 是2的倍数，从而当 $n\geqslant 3$ 时，a_n 是4的倍数.

如果 a_1 是3的倍数，由(Ⅱ)知对所有正整数 n，a_n 是3的倍数. 因此，当 $n\geqslant 3$ 时，$a_n\in\{12, 24, 36\}$，这时 M 的元素个数不超过5.

如果 a_1 不是3的倍数，由(Ⅱ)知对所有正整数 n，a_n 不是3的倍数.

因此，当 $n\geqslant 3$ 时，$a_n\in\{4, 8, 16, 20, 28, 32\}$，这时 M 的元素个数不超过8.

当 $a_1=1$ 时，$M=\{1, 2, 4, 8, 16, 20, 28, 32\}$，有8个元素.

综上可知，集合 M 的元素个数最大值为8.

五、三角问题

例64　用数学归纳法证明：$\sin\theta+\sin 2\theta+\sin 3\theta+\cdots+\sin n\theta=$

$$\frac{\sin\frac{n\theta}{2}\sin\frac{(n+1)\theta}{2}}{\sin\frac{\theta}{2}}\left(\sin\frac{\theta}{2}\neq 0\right).$$

证明：（i）当 $n=1$ 时，左边 $=\sin\theta$，右边 $=\dfrac{\sin\frac{\theta}{2}\sin\theta}{\sin\frac{\theta}{2}}=\sin\theta$，等式成立.

（ii）假设 $n=k$ 时，等式成立，即

$$\sin\theta+\sin2\theta+\sin3\theta+\cdots+\sin k\theta=\frac{\sin\frac{k\theta}{2}\sin\frac{(k+1)\theta}{2}}{\sin\frac{\theta}{2}}.$$

则当 $n=k+1$ 时，

$$\begin{aligned}
&\sin\theta+\sin2\theta+\sin3\theta+\cdots+\sin k\theta+\sin(k+1)\theta\\
&=\frac{\sin\frac{k\theta}{2}\sin\frac{(k+1)\theta}{2}}{\sin\frac{\theta}{2}}+2\sin\frac{(k+1)\theta}{2}\cos\frac{(k+1)\theta}{2}\\
&=\sin\frac{(k+1)\theta}{2}\left[\sin\frac{k\theta}{2}+2\cos\frac{(k+1)\theta}{2}\sin\frac{\theta}{2}\right]\Big/\sin\frac{\theta}{2}\\
&=\sin\frac{(k+1)\theta}{2}\left[\sin\frac{k\theta}{2}+\sin\frac{(k+2)\theta}{2}-\sin\frac{k\theta}{2}\right]\Big/\sin\frac{\theta}{2}\\
&=\frac{\sin\frac{(k+1)\theta}{2}\sin\frac{[(k+1)+1]\theta}{2}}{\sin\frac{\theta}{2}}.
\end{aligned}$$

即 $n=k+1$ 时等式也成立.

故由（i）、（ii）可得，对一切 $n\in N^*$ 等式成立.

例 65　已知 $\sin\alpha\neq0$，用数学归纳法证明：

$$\cos\alpha+\cos2\alpha+\cdots+n\cos n\alpha=\frac{(n+1)\cos n\alpha-n\cos(n+1)\alpha-1}{4\sin^2\frac{\alpha}{2}}.$$

证明：（i）当 $n=1$ 时，左边 $=\cos\alpha$，右边 $=\dfrac{2\cos\alpha-\cos2\alpha-1}{4\sin^2\frac{\alpha}{2}}$

$=\dfrac{2\cos\alpha-2\cos^2\alpha+1-1}{2(1-\cos\alpha)}=\dfrac{2\cos\alpha(1-\cos\alpha)}{2(1-\cos\alpha)}=\cos\alpha$，命题成立.

(ii)假设 $n=k$ 时有

$$\cos\alpha+2\cos2\alpha+\cdots+k\cos k\alpha=\frac{(k+1)\cos k\alpha-k\cos(k+1)\alpha-1}{4\sin^2\frac{\alpha}{2}}.$$

则当 $n=k+1$ 时，

$$\begin{aligned}
&\cos\alpha+2\cos2\alpha+\cdots+k\cos k\alpha+(k+1)\cos(k+1)\alpha\\
&=\frac{(k+1)\cos k\alpha-k\cos(k+1)\alpha-1}{4\sin^2\frac{\alpha}{2}}+(k+1)\cos(k+1)\alpha\\
&=\frac{(k+1)\cos k\alpha-k\cos(k+1)\alpha-1}{2(1-\cos\alpha)}+(k+1)\cos(k+1)\alpha\\
&=\frac{(k+1)\cos k\alpha-k\cos(k+1)\alpha-1+2(k+1)(1-\cos\alpha)\cos(k+1)\alpha}{2(1-\cos\alpha)}\\
&=\frac{(k+2)\cos(k+1)\alpha+(k+1)\cos k\alpha-2(k+1)\cos\alpha\cos(k+1)\alpha-1}{2(1-\cos\alpha)}\\
&=\frac{(k+2)\cos(k+1)\alpha+(k+1)\cos k\alpha-(k+1)[\cos(k+2)\alpha+\cos k\alpha]-1}{2(1-\cos\alpha)}\\
&=\frac{(k+2)\cos(k+1)\alpha-(k+1)\cos(k+2)\alpha-1}{4\sin^2\frac{\alpha}{2}}.
\end{aligned}$$

即 $n=k+1$ 时命题亦成立.

故由(i)、(ii)可得，对一切 $n\in N^*$ 命题成立.

例 66　用数学归纳法证明：$\frac{\sin\theta}{\cos2\theta+\cos\theta}+\frac{\sin2\theta}{\cos4\theta+\cos\theta}+\cdots+\frac{\sin n\theta}{\cos2n\theta+\cos\theta}=\frac{1}{4\sin\frac{\theta}{2}}\left(\frac{1}{\cos\frac{2n+1}{2}\theta}-\frac{1}{\cos\frac{\theta}{2}}\right)$.

证明：(i)当 $n=1$ 时，

左式 $=\frac{\sin\theta}{\cos2\theta+\cos\theta}$，右边 $=\frac{1}{4\sin\frac{\theta}{2}}\left(\frac{1}{\cos\frac{3}{2}\theta}-\frac{1}{\cos\frac{\theta}{2}}\right)=\frac{1}{4\sin\frac{\theta}{2}}\cdot\frac{\cos\frac{\theta}{2}-\cos\frac{3}{2}\theta}{\cos\frac{3}{2}\theta\cos\frac{1}{2}\theta}=\frac{1}{4\sin\frac{\theta}{2}}\cdot\frac{2\sin\theta\sin\frac{\theta}{2}}{\frac{1}{2}(\cos2\theta+\cos\theta)}=\frac{\sin\theta}{\cos2\theta+\cos\theta}$，等式成立；

(ii)假设 $n=k$ 时等式成立，即

$$\frac{\sin\theta}{\cos2\theta+\cos\theta}+\frac{\sin2\theta}{\cos4\theta+\cos\theta}+\cdots+\frac{\sin k\theta}{\cos2k\theta+\cos\theta}$$

$$=\frac{1}{4\sin\frac{\theta}{2}}\left(\frac{1}{\cos\frac{2k+1}{2}\theta}-\frac{1}{\cos\frac{\theta}{2}}\right).$$

在等式两边同时加上

$\dfrac{\sin(k+1)\theta}{\cos2(k+1)\theta+\cos\theta}$，得

$$\frac{\sin\theta}{\cos2\theta+\cos\theta}+\frac{\sin2\theta}{\cos4\theta+\cos\theta}+\cdots+\frac{\sin k\theta}{\cos2k\theta+\cos\theta}+\frac{\sin(k+1)\theta}{\cos2(k+1)\theta+\cos\theta}$$

$$=\frac{1}{4\sin\frac{\theta}{2}}\left(\frac{1}{\cos\frac{2k+1}{2}\theta}-\frac{1}{\cos\frac{\theta}{2}}\right)+\frac{\sin(k+1)\theta}{\cos2(k+1)\theta+\cos\theta}$$

而 $$\frac{\sin(k+1)\theta}{\cos2(k+1)\theta+\cos\theta}=\frac{4\sin\frac{\theta}{2}\sin(k+1)\theta}{4\sin\frac{\theta}{2}[\cos2(k+1)\theta+\cos\theta]}$$

$$=\frac{2\left[\cos\left(k+\frac{1}{2}\right)\theta-\cos\left(k+\frac{3}{2}\right)\theta\right]}{4\sin\frac{\theta}{2}\left[2\cos(k+\frac{3}{2})\theta\cos\left(k+\frac{1}{2}\right)\theta\right]}$$

$$=\frac{1}{4\sin\frac{\theta}{2}}\left(\frac{1}{\cos\frac{2k+3}{2}\theta}-\frac{1}{\cos\frac{2k+1}{2}\theta}\right).$$

将其代入上式右端，得

$$\frac{\sin\theta}{\cos2\theta+\cos\theta}+\frac{\sin2\theta}{\cos4\theta+\cos\theta}+\cdots+\frac{\sin k\theta}{\cos2k\theta+\cos\theta}+\frac{\sin(k+1)\theta}{\cos2(k+1)\theta+\cos\theta}$$

$$=\frac{1}{4\sin\frac{\theta}{2}}\left(\frac{1}{\cos\frac{2(k+1)+1}{2}\theta}-\frac{1}{\cos\frac{\theta}{2}}\right).$$

即 $n=k+1$ 时等式亦成立.

故由(i)、(ii)可得，对一切 $n\in N^*$ 原等式成立.

例 67　用数学归纳法证明等式：

$$\cos\frac{x}{2}\cdot\cos\frac{x}{2^2}\cdot\cos\frac{x}{2^3}\cdot\cdots\cdot\cos\frac{x}{2^n}=\frac{\sin x}{2^n\sin\frac{x}{2^n}}$$

对一切自然数 n 都成立(注意：用其他方法证明这个式子不给分)(1981年全国高考理工类数学试题第六题).

证明：(i)当 $n=1$ 时，

左边 $=\cos\frac{x}{2}$，而右边 $=\frac{\sin x}{2\sin\frac{x}{2}}=\frac{2\sin\frac{x}{2}\cos\frac{x}{2}}{2\sin\frac{\pi}{2}}=\cos\frac{x}{2}$，所以当 $n=1$ 时，等式成立.

(ii)假设 $n=k$ 时等式成立，即

$$\cos\frac{x}{2}\cdot\cos\frac{x}{2^2}\cdot\cos\frac{x}{2^3}\cdot\cdots\cdot\cos\frac{x}{2^k}=\frac{\sin x}{2^k\sin\frac{x}{2^k}}.$$

两边同乘以 $\cos\frac{x}{2^{k+1}}$，得

$$\cos\frac{x}{2}\cdot\cos\frac{x}{2^2}\cdot\cos\frac{x}{2^3}\cdot\cdots\cdot\cos\frac{x}{2^k}\cdot\cos\frac{x}{2^{k+1}}$$

$$=\frac{\sin x\cdot\cos\frac{x}{2^{k+1}}}{2^k\sin\frac{x}{2^k}}=\frac{\sin x\cos\frac{x}{2^{k+1}}}{2^k\cdot 2\sin\frac{x}{2^{k+1}}\cos\frac{x}{2^{k+1}}}=\frac{\sin x}{2^{k+1}\sin\frac{x}{2^{k+1}}}.$$

所以，当 $n=k+1$ 时等式也成立.

由(i)、(ii)，就证明了对于一切自然数等式都成立.

例 68　用数学归纳法证明：$\mathrm{tg}\alpha\mathrm{tg}2\alpha+\mathrm{tg}2\alpha\mathrm{tg}3\alpha+\cdots+\mathrm{tg}(n-1)\alpha\mathrm{tg}n\alpha=\frac{\mathrm{tg}n\alpha}{\mathrm{tg}\alpha}-n(n\geqslant 2,\ n\in N^*)$.

证明：(i)当 $n=2$ 时，左边 $=\mathrm{tg}\alpha\mathrm{tg}2\alpha$，右边 $=\frac{\mathrm{tg}2\alpha}{\mathrm{tg}\alpha}-2=\frac{\mathrm{tg}2\alpha-2\mathrm{tg}\alpha}{\mathrm{tg}\alpha}=\frac{\frac{2\mathrm{tg}\alpha}{1-\mathrm{tg}^2\alpha}-2\mathrm{tg}\alpha}{\mathrm{tg}\alpha}=\frac{2-2+2\mathrm{tg}^2\alpha}{1-\mathrm{tg}^2\alpha}=\mathrm{tg}\alpha\mathrm{tg}2\alpha$，等式成立.

(ii)假设 $n=k$ 时等式成立，即 $\mathrm{tg}\alpha\mathrm{tg}2\alpha+\mathrm{tg}2\alpha\mathrm{tg}3\alpha+\cdots+\mathrm{tg}(k-1)\alpha\mathrm{tg}k\alpha=\frac{\mathrm{tg}k\alpha}{\mathrm{tg}\alpha}-k$，则当 $n=k+1$ 时，有 $\mathrm{tg}\alpha+\mathrm{tg}2\alpha\mathrm{tg}3\alpha+\cdots+\mathrm{tg}k\alpha\mathrm{tg}(k+1)\alpha=\frac{\mathrm{tg}k\alpha}{\mathrm{tg}\alpha}-k+\mathrm{tg}k\alpha\mathrm{tg}(k+1)\alpha=\frac{1}{\mathrm{tg}\alpha}[\mathrm{tg}k\alpha+\mathrm{tg}\alpha\mathrm{tg}k\alpha\mathrm{tg}(k+1)\alpha+\mathrm{tg}\alpha]-(k+1)=\frac{\mathrm{tg}(k+1)\alpha}{\mathrm{tg}\alpha}-(k+1)$.

即 $n=k+1$ 时等式亦成立.

由(i)、(ii)可得，对一切 $n\geqslant 2$，$n\in N^*$ 等式成立.

例 69 通过计算 $\cos\frac{\pi}{2^2}$，$\cos\frac{\pi}{2^3}$，$\cos\frac{\pi}{2^4}$，…猜想出 $\cos\frac{\pi}{2^n}=?$，并用数学归纳法证明.

解： $\because \cos\frac{\pi}{2^2}=\cos\frac{\pi}{4}=\frac{\sqrt{2}}{2}$，$\cos\frac{\pi}{2^3}=\cos\left(\frac{\pi}{4}/2\right)=\sqrt{\frac{\cos\frac{\pi}{4}+1}{2}}=\sqrt{\frac{\frac{\sqrt{2}}{2}+1}{2}}$

$=\frac{\sqrt{2+\sqrt{2}}}{2}$，$\cos\frac{\pi}{2^4}=\sqrt{\frac{\cos\frac{\pi}{2^3}+1}{2}}=\sqrt{\left(\frac{\sqrt{2+\sqrt{2}}}{2}+1\right)\Big/2}=\frac{\sqrt{2+\sqrt{2+\sqrt{2}}}}{2}$，

由此猜测 $\cos\frac{\pi}{2^n}=\frac{\sqrt{2+\sqrt{2+\cdots+\sqrt{2+\sqrt{2}}}}}{2}$（$n-1$ 层根号）.

下面用数学归纳法证明它的正确性：

(i)当 $n=2$ 时，$\cos\frac{\pi}{2^2}=\frac{\sqrt{2}}{2}$，猜测成立；

(ii)假设 $n=k$ 时，$\cos\frac{\pi}{2^k}=\frac{\sqrt{2+\sqrt{2+\cdots+\sqrt{2+\sqrt{2}}}}}{2}$（$k-1$ 层根号），

则 $n=k+1$ 时

$$\cos\frac{\pi}{2^{k+1}}=\sqrt{\frac{\cos\frac{\pi}{2^k}+1}{2}}=\sqrt{\frac{\frac{\sqrt{2+\sqrt{2+\cdots+\sqrt{2+\sqrt{2}}}}}{2}+1}{2}}\ \}(k-1\text{ 层根号})$$

$$=\frac{\sqrt{2+\sqrt{2+\cdots+\sqrt{2+\sqrt{2}}}}}{2}(k\text{ 层根号}).$$

即 $n=k+1$ 时，猜想亦成立.

由(i)、(ii)可得，当 $n\geqslant 2$ 时，

$\cos\frac{\pi}{2^n}=\frac{\sqrt{2+\sqrt{2+\cdots+\sqrt{2+\sqrt{2}}}}}{2}$（$n-1$ 层根号）成立.

例 70 求证：$2^{n-1}(\sin^{2n}\alpha+\cos^{2n}\alpha)\geqslant 1(n\in N^*)$.

证明： 此式等价于 $\frac{\sin^{2n}\alpha+\cos^{2n}\alpha}{2}\geqslant\left(\frac{\sin^2\alpha+\cos^2\alpha}{2}\right)^n$.

(i)当 $n=1$ 时，上式取等号，故不等式成立；

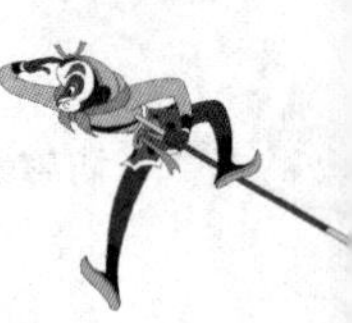

(ii)假设 $n=k$ 时$\dfrac{\sin^{2k}\alpha+\cos^{2k}\alpha}{2}\geqslant\left(\dfrac{\sin^2\alpha+\cos^2\alpha}{2}\right)^k$.

则 $n=k+1$ 时,

$$\left(\frac{\sin^2\alpha+\cos^2\alpha}{2}\right)^{k+1}=\left(\frac{\sin^2\alpha+\cos^2\alpha}{2}\right)^k\cdot\frac{\sin^2\alpha+\cos^2\alpha}{2}$$

$$\leqslant\frac{\sin^{2k}\alpha+\cos^{2k}\alpha}{2}\cdot\frac{\sin^2\alpha+\cos^2\alpha}{2}$$

$$=\frac{1}{4}[\sin^{2(k+1)}\alpha+\cos^{2(k+1)}\alpha+\sin^{2k}\alpha\cos^2\alpha+\cos^{2k}\alpha\sin^2\alpha]$$

$$=\frac{1}{2}[\sin^{2(k+1)}\alpha+\cos^{2(k+1)}\alpha]-\frac{1}{4}(\sin^{2k}\alpha-\cos^{2k}\alpha)(\sin^2\alpha-\cos^2\alpha)$$

$$<\frac{1}{2}[\sin^{2(k+1)}\alpha+\cos^{2(k+1)}\alpha].$$

($\because\ \sin^2\alpha-\cos^2\alpha$ 与 $\sin^{2k}\alpha-\cos^{2k}\alpha$ 同号，故其积非负)

即 $n=k+1$ 时不等式亦成立.

由(i)、(ii)可得，对 $n\in N^*$ 原不等式成立.

例 71　设数列$\{a_n\}$由 $a_1=1$，$a_{n+1}=a_n\cos\theta+\cos n\theta$($n\in N^*$，且 $\cos\theta\neq\pm1$)确定，求证：$a_n=\dfrac{\sin n\theta}{\sin\theta}$.

证明：(i)当 $n=1$ 时，$\dfrac{\sin n\theta}{\sin\theta}=1=a_1$，结论成立；

(ii)假设 $n=k$ 时结论成立，即 $a_k=\dfrac{\sin k\theta}{\sin\theta}$，则 $n=k+1$ 时，$a_{k+1}=$

$a_k\cos\theta+\cos k\theta=\dfrac{\sin k\theta\cos\theta}{\sin\theta}+\cos k\theta=\dfrac{\sin k\theta\cos\theta+\cos k\theta\sin\theta}{\sin\theta}=\dfrac{\sin(k+1)\theta}{\sin\theta}$.

即当 $n=k+1$ 时结论亦成立.

由(i)、(ii)可得，对一切 $n\in N^*$，$a_n=\dfrac{\sin n\theta}{\sin\theta}$均成立.

例 72　求数列的前 n 项的和：

$s_n=\operatorname{arctg}\dfrac{1}{2}+\operatorname{arctg}\dfrac{1}{2\times2^2}+\cdots+\operatorname{arctg}\dfrac{1}{2n^2}$.

解：(i)当 $n=1$ 时，$s_1=\operatorname{arctg}\dfrac{1}{2}$；

当 $n=2$ 时，$s_2=\operatorname{arctg}\dfrac{1}{2}+\operatorname{arctg}\dfrac{1}{2\times2^2}=\operatorname{arctg}\dfrac{\dfrac{1}{2}+\dfrac{1}{2\times2^2}}{1-\dfrac{1}{2}\times\dfrac{1}{2\times2^2}}$

$$= \operatorname{arctg} \frac{2 \times 2^2 + 2}{2^4 - 1} = \operatorname{arctg} \frac{2}{3}.$$

$$\left(\because \operatorname{arctg} \frac{1}{2} < \frac{\pi}{4},\ \operatorname{arctg} \frac{1}{2 \times 2^2} < \frac{\pi}{4},\ \therefore \operatorname{arctg} \frac{1}{2} + \operatorname{arctg} \frac{1}{2 \times 2^2} < \frac{\pi}{2}\right)$$

当 $n = 3$ 时，类似可得 $s_3 = \operatorname{arctg} \frac{3}{4}$

猜测 $s_n = \operatorname{arctg} \frac{n}{n+1}$.

用数学归纳法证明：

(i)当 $n = 1$ 时，由上可知，结论成立；

(ii)假设 $n = k$ 时结论成立，即 $s_k = \operatorname{arctg} \frac{k}{k+1}$.

则 $n = k + 1$ 时，

$$s_{k+1} = \operatorname{arctg} \frac{k}{k+1} + \operatorname{arctg} \frac{1}{2 \times (k+1)^2}$$

$$= \operatorname{arctg} \frac{\frac{k}{k+1} + \frac{1}{2 \times (k+1)^2}}{1 - \frac{k}{2 \times (k+1)^3}} = \operatorname{arctg} \frac{(k+1)(2k^2 + k + 1)}{(k+2)(2k^2 + k + 1)}$$

$$= \operatorname{arctg} \frac{k+1}{(k+1)+1}.$$

即 $n = k + 1$ 时结论也成立.

故由(i)、(ii)可得，数列的前 n 项的和为 $s_n = \operatorname{arctg} \frac{n}{n+1}$.

例 73　证明：$T_n(x) = \cos(n \cdot \arccos x)$ 是关于 x 的 n 次多项式.

证明：(i)当 $n = 1$ 时，$T_1(x) = \cos(1 \cdot \arccos x) = x$；

当 $n = 2$ 时，$T_2(x) = \cos(2 \cdot \arccos x) = 2x^2 - 1$；

即 $T_1(x)$、$T_2(x)$ 均分别为 x 的一次、二次多项式，命题成立；

(ii)假设 $n = k - 1$，$n = k$ 时，$T_{k-1}(x)$，$T_k(x)$ 是 x 的 $k - 1$，k 次多项式，则 $n = k + 1$ 时，

$$\begin{aligned} T_{k+1}(x) &= \cos[(k+1)\arccos x] \\ &= \cos(k \cdot \arccos x + \arccos x) \\ &= \cos(k \cdot \arccos x)\cos(\arccos x) - \sin(k \cdot \arccos x)\sin(\arccos x) \\ &= T_k(x) \cdot x - \sqrt{1 - \cos^2(k \cdot \arccos x)} \cdot \sqrt{1 - \cos^2(\arccos x)} \\ &= T_k(x) \cdot x - \sqrt{1 - T_k^2(x)} \cdot \sqrt{1 - x^2}. \end{aligned}$$

但$\sqrt{1-T_k^2(x)}\cdot\sqrt{1-x^2}$是否是$x$的多项式难于确定，我们可以设想：如能证明$T_{k+1}(x)+T_{k-1}(x)$是关于$x$的$k+1$次多项式，则$T_{k+1}(x)$必为$x$的$k+1$次多项式.

$$T_{k+1}(x)+T_{k-1}(x)=\cos[(k+1)\arccos x]+\cos[(k-1)\arccos x]$$

$$=2\cos\left[\frac{(k+1)\arccos x+(k-1)\arccos x}{2}\right]\cdot\cos\left[\frac{(k+1)\arccos x-(k-1)\arccos x}{2}\right]$$

$$=2\cos(k\cdot\arccos x)\times\cos(\arccos x)=2\cdot T_k(x)\cdot x$$

即$T_{k+1}(x)=2\cdot T_k(x)\cdot x-T_{k-1}(x)$.

$\therefore$ $T_{k+1}(x)$是关于x的$k+1$次多项式.

即$n=k+1$时命题亦成立.

故由(i)、(ii)可得，$T_n(x)=\cos(n\cdot\arccos x)$必定是关于$x$的$n$次多项式.

例74　已知函数$f_0(x)=\dfrac{\sin x}{x}(x>0)$，设$f_n(x)$是$f_{n-1}(x)$的导数，$n\in N^*$.

(1)求$2f_1\left(\dfrac{\pi}{2}\right)+\dfrac{\pi}{2}f_2\left(\dfrac{\pi}{2}\right)$的值；

(2)证明：对任意的$n\in N^*$，等式$\left|nf_{n-1}\left(\dfrac{\pi}{4}\right)+\dfrac{\pi}{4}f_n\left(\dfrac{\pi}{4}\right)\right|=\dfrac{\sqrt{2}}{2}$都成立(2014年江苏省高考理科数学试题23题)

(1)解略$2f_1\left(\dfrac{\pi}{2}\right)+\dfrac{\pi}{2}f_2\left(\dfrac{\pi}{2}\right)=-1$.

(2)证明：由已知得$xf_0(x)=\sin x$，等式两边分别对x求导，得

$f_0(x)+xf_0'(x)=\cos x$，即$f_0(x)+xf_1(x)=\cos x=\sin\left(x+\dfrac{\pi}{2}\right)$.

类似可得，$2f_1(x)+xf_2(x)=-\sin x=\sin x(x+\pi)$；

$3f_2(x)+xf_3(x)=-\cos x=\sin\left(x+\dfrac{3\pi}{2}\right)$；

$4f_3(x)+xf_4(x)=\sin x=\sin(x+2\pi)$；

下面用数学归纳法证明等式$nf_{n-1}(x)+xf_n(x)=\sin\left(x+\dfrac{n\pi}{2}\right)$对所有的$n\in N^*$都成立.

(i)当$n=1$时，由上式可知等式成立；

(ii)假设则$n=k$时等式成立，即

$kf_{k-1}(x)+xf_k(x)=\sin\left(x+\dfrac{k\pi}{2}\right)$.

因为$[kf_{k-1}(x)+xf_k(x)]'=kf'_{k-1}(x)+f_k(x)+xf'_k(x)$

$=(k+1)f_k(x)+f_{k+1}(x)$,

$\left[\sin\left(x+\frac{k\pi}{2}\right)\right]'=\cos\left(x+\frac{k\pi}{2}\right)=\sin\left[\left(x+\frac{(k+1)\pi}{2}\right)\right]$.

因此当$n=k+1$时，等式也成立.

综合(i)、(ii)可知$nf_{n-1}(x)+xf_n(x)=\sin\left(x+\frac{n\pi}{2}\right)$对所有的$n\in N^*$都成立.

令　$x=\frac{\pi}{4}$可得$nf_{n-1}\left(\frac{\pi}{4}\right)+\frac{\pi}{4}f_n\left(\frac{\pi}{4}\right)=\sin\left(\frac{\pi}{4}+\frac{n\pi}{2}\right)(n\in N^*)$.

$\therefore\quad\left|nf_{n-1}\left(\frac{\pi}{4}\right)+\frac{\pi}{4}f_n\left(\frac{\pi}{4}\right)\right|=\frac{\sqrt{2}}{2}(n\in N^*)$.

六、几何问题

例75　若平面上有n条直线，其中任两条都不平行，也无三条共点，则这些直线分平面成$\frac{1}{2}n(n+1)+1$个部分.

证明：(i)当$n=1$时，显然一条直线将平面分成两部分，而$\frac{1}{2}\times1\times(1+1)+1=2$，命题成立；

(ii)假设$n=k$时命题成立，即k条直线分平面成$\frac{1}{2}k(k+1)+1$部分，则$n=k+1$时，因第$k+1$条直线被原k条直线分成$k+1$段，每段将所在平面分成两部分，即增加了$k+1$块平面部分，故$k+1$条直线分平面为

$\frac{1}{2}k(k+1)+1+(k+1)=\frac{1}{2}(k+1)(k+2)+1$部分，即$n=k+1$时命题亦成立；

由(i)、(ii)可得，$n\in N^*$时原命题成立.

例76　平面上有n条抛物线，其中每两条都只相交于两点，并且每三条都不相交于同一点，求证：这n条抛物线把平面分成$f(n)=n^2+1$个部分.

证明：如图3-7所示，(i)当$n=1$时，抛物线把平面分成两部分，又$f(1)=1^2+1=2$，命题成立；

(ii)假设$n=k$时命题成立，即满足条件的k条抛物线把平面分成$f(k)=k^2+1$个部分，则$n=k+1$时，即又增加一条满足条件的抛物线，它与原

k 条抛物线有 $2k$ 个交点，把增加的这条抛物线分成 $2k+1$ 段，所分的平面上块的总数增加了 $2k+1$ 个.

$\because f(k+1)=f(k)+2k+1=k^2+1+2k+1=(k+1)^2+1.$

即 $n=k+1$ 时，命题亦成立.

故由(i)、(ii)可得，对一切 $n\in N^*$ 命题都成立.

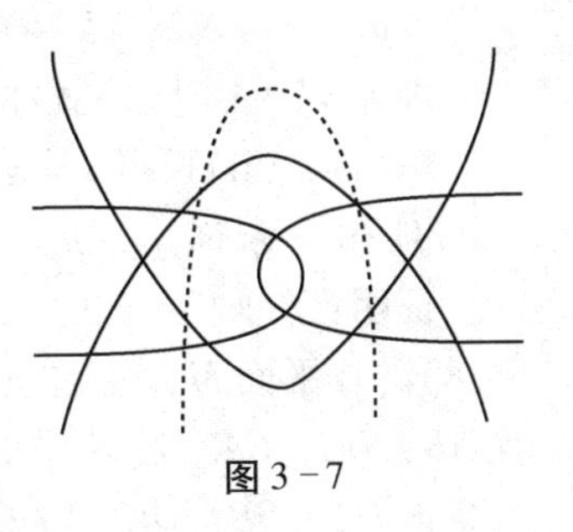

图3－7

例77　平面上有 n 条直线，将平面分为若干个区域，那么总可以只用红白两种颜色来给各个区域上色，使得具有公共边界(是一个线段或射线)的两个区域的颜色不相同.

证明：(i)当 $n=1$ 时，命题显然成立；

(ii)假设 $n=k$ 时命题成立，则 $n=k+1$ 时，相当于在画了 k 条直线并已上好色的平面 p 上再画第 $k+1$ 条直线，这第 $k+1$ 条直线将平面 p 分为 p_1 及 p_2 两部分，现在规定一种上色办法：在 p_1 中的各个区域颜色不变，在 p_2 中的区域，红色改为白色，白色改为红色，这种上色办法，就使被 $k+1$ 条直线分成若干区域的平面 p 的具有公共边界的任何两个区域 R_1 及 R_2 不同色. 因为 R_1 与 R_2 不外两种情况：第一种是不以第 $k+1$ 条直线为界，那么 R_1 及 R_2 就都位于 p_1 或都位于 p_2，因此，由上色办法，它们是不同色的；第二种情况是以第 $k+1$ 条直线为边界，那么，它们只能位于第 $k+1$ 条直线的异侧(若为同侧，则两区域就有重叠部分，这与题中所给区域的直观含义不符)，在画第 $k+1$ 条直线之前，它们是同色的；在画了第 $k+1$ 条线并上色后，它们就不同色了，这就证明了命题在画第 $k+1$ 条线后仍然是成立的，按归纳原理，命题对一切自然数 n 都成立.

例78　通过一点有 n 个平面，其中没有任何三个平面共线，用数学归纳法证明这些平面把空间分成 (n^2-n+2) 个部分.

证明：设适合条件的 n 个平面把空间分成 p_n 个部分，下面证明：

$$p_n=n^2-n+2 \tag{1}$$

(i)当 $n=1$ 时，由于 $p_1=2$，且 $1^2-1+2=2$，所以(1)式成立；

(ii)假设 $n=k$ 时，$p_k=k^2-k+2$，则 $n=k+1$ 时，

因为已有 k 个平面适合条件，如果再有一个平面 α 也适合条件，那么在平面 α 上必有 k 条交线，所以，平面 α 被分成 $2k$ 个部分.

这个 $2k$ 个部分，就使得空间随着平面 α 的增加而增加了 $2k$ 个空间部分.

$\therefore p_{k+1}=p_k+2k=k^2-k+2+2k=(k+1)^2-(k+1)+2.$

即 $n=k+1$ 时(1)式亦成立.

由(i)、(ii)可得，$n\in N^*$ 时 $p_n=n^2-n+2$ 均成立.

例 79 求证：凸 n 面角的面角和小于 $360°$（n 是大于 2 的自然数）.

证明：(i)当 $n=3$ 时，在三面角 $S-ABC$ 中（图 3-8），作平面 M，使它与三面角的棱交于 A，B，C，连 AB，BC，CA. 过 S 作 $SO\perp$ 平面 ABC，O 是垂足，并且连 OA，OB，OC，过 O 作 $OD\perp AB$，D 是垂足点，连 SD，则 $SD\perp AB$，在 Rt$\triangle SOB$ 中，$OB<SB$，易知

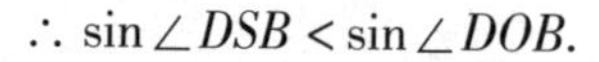

$$\sin\angle DSB=\frac{DB}{SB},\ \sin\angle DOB=\frac{DB}{OB},$$

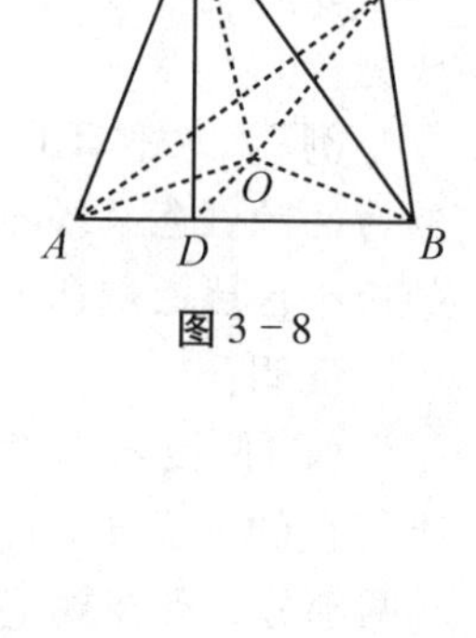

图 3-8

$\therefore \sin\angle DSB<\sin\angle DOB.$

$\because \angle DSB$ 与 $\angle DOB$ 都是锐角，

$\therefore \angle DSB<\angle DOB.$

同理 $\angle ASD<\angle AOD$，$\therefore \angle ASB<\angle AOB.$

同理 $\angle ASC<\angle AOC$，$\angle BSC<\angle BOC$，相加，得

$$\angle ASB+\angle ASC+\angle BSC<\angle AOB+\angle AOC+\angle BOC=360°.$$

(ii)假设 $n=k$ 时命题成立，($k\in N^*$，$k\geqslant 3$)，那么当 $n=k+1$ 时，有凸 $(k+1)$ 面角 $S-A_1\cdots A_iA_{i+1}A_{i+2}A_{i+3}\cdots A_{k+1}$，作平面 M，使它与凸 $(k+1)$ 面角的所有棱相交，得凸多边形 $A_1\cdots A_iA_{i+1}A_{i+2}A_{i+3}\cdots A_{k+1}$（图 3-9），经过挑选总可找到 A_iA_{i+1} 与 $A_{i+2}A_{i+3}$，延长后交于一点 B，连 SB 就得到凸 k 面角 $S-A_1\cdots A_iBA_{i+3}\cdots A_{k+1}$，它的面角之和小于 $360°$.

在三面角 $S-A_{i+1}BA_{i+2}$ 中

$$\angle A_{i+1}SB+\angle BSA_{i+2}>\angle A_{i+1}SA_{i+2}.$$

$\therefore$ 凸 $(k+1)$ 面角 $S-A_1\cdots A_i\cdots A_{k+1}$ 的面角之和 $<$ 凸 k 面角 $S-A_1\cdots B\cdots A_{k+1}$ 的面角和 $<360°$

S
A_1
A_{k+1}
A_i
A_{i+3}
A_{i+1}
A_{i+2}
B

图 3-9

即 $n=k+1$ 时命题也成立.

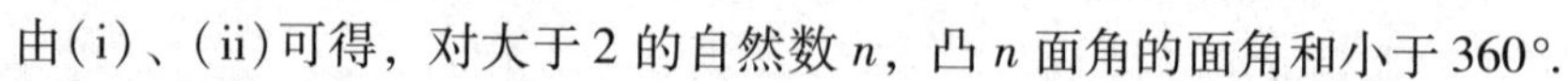

由(i)、(ii)可得，对大于 2 的自然数 n，凸 n 面角的面角和小于 $360°$.

例 80 已知 n 个任意的正方形（n 是大于 1 的自然数），试证明：可以用剪刀把它们剪开，然后组拼成一个新的正方形.

证明：(i)当 $n=2$ 时，记两个正方形 $A_1B_1C_1D_1$ 和 $A_2B_2C_2D_2$ 的边长为 a 和 b，且 $a\geqslant b$，在正方形 $A_1B_1C_1D_1$ 的各边上顺序截取 A_1M，B_1N，C_1P，

D_1Q，使 $A_1M=B_1N=C_1P=D_1Q=\frac{a+b}{2}$. 连 MP，NQ 交于 O，易知 $MP\perp NQ$，沿线段 MP，NQ 把正方形 $A_1B_1C_1D_1$ 剪开，得到四个全等的部分. 如图 3－10 所示，把这四块与正方形 $A_2B_2C_2D_2$ 相拼，如图 3－11 所示，就得到一个新的正方形.

(ii)假设 $n=k$ 时命题成立，则 $n=k+1$ 时，可从中先取出两个正方形，用上法把它们剪拼一个正方形，这时变为只有 k 个正方形，根据归纳假设，这 k 个正方形能剪拼成一个正方形，所以当 $n=k+1$ 时命题也成立.

由(i)、(ii)可得，对于大于 1 的自然数 n 命题成立.

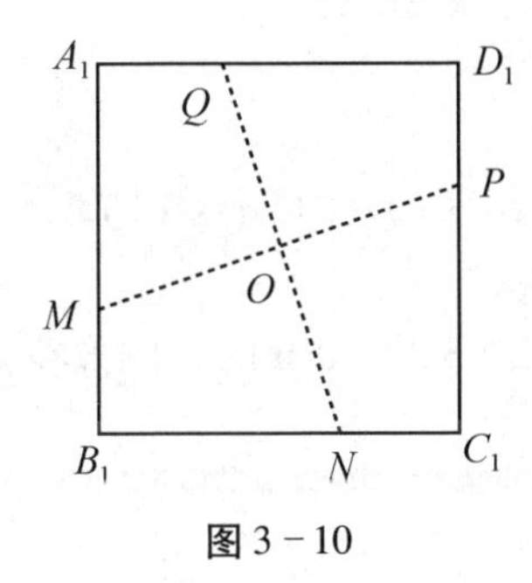

图 3－10

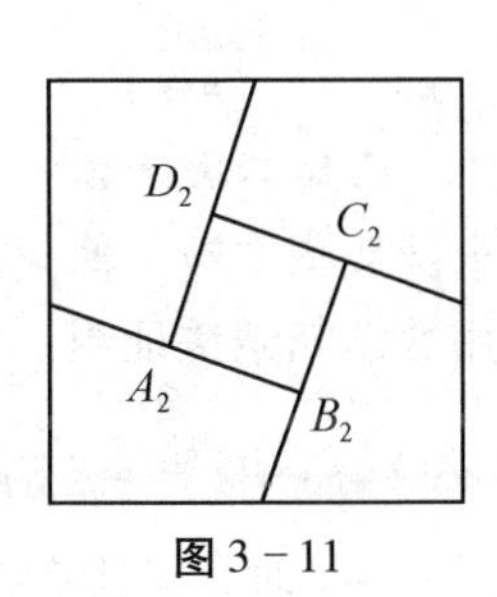

图 3－11

例 81　已知 a，b 为正整数，设两直线 l_1：$y=b-\frac{b}{a}x$ 与 l_2：$y=\frac{b}{a}x$ 的交点为 (x_1, y_1)，且对于 $n\geqslant 2$ 的自然数，两点 $(0, b)$、$(x_{n-1}, 0)$ 的连线与直线 $y=\frac{b}{a}x$ 交于点 (x_n, y_n)，(1) 求数列 $\{x_n\}$、$\{y_n\}$ 的通项；(2) 用数学归纳法证明之.

(1)解：$y=b-\frac{b}{a}x$，即 $\frac{x}{a}+\frac{y}{b}=1$，直线通过 $(a, 0)$、$(b, 0)$，同 $y=\frac{b}{a}x$ 的交点为 $\left(\frac{a}{2}, \frac{b}{2}\right)$，则 $\frac{a}{2}=x_1$，过两点 $(0, b)$、$(x_{n-1}, 0)$ 的直线方程为 $\frac{x}{x_{n-1}}+\frac{y}{b}=1$，它与 $y=\frac{b}{a}x$ 的交点为 (x_n, y_n)，则 $\frac{x_n}{x_{n-1}}+\frac{y_n}{b}=1$，$y_n=\frac{b}{a}x_n$，

$\therefore \frac{1}{x_n}-\frac{1}{x_{n-1}}=\frac{1}{a}(n\geqslant 2)$，于是知数列 $\{\frac{1}{x_n}\}$ 是首项为 $\frac{2}{a}$，公差为 $\frac{1}{a}$ 的等差数列，$\therefore \frac{1}{x_n}=\frac{n+1}{a}$，由此可得 $x_n=\frac{a}{n+1}$，$y_n=\frac{b}{n+1}$.

(2)证明：(i)当 $n=1$ 时，$x_1=\frac{a}{2}$，$y_1=\frac{b}{2}$，命题成立；

(ii)假设 $n=k$ 时有 $x_k=\frac{a}{k+1}$，$y_k=\frac{b}{k+1}$. 通过$(x_k, 0)$，$(0, b)$且过直线 $y=\frac{b}{a}x$ 的点(x_{k+1}, y_{k+1})即为所求.

$\therefore \frac{x_{k+1}}{x_k}+\frac{y_{k+1}}{b}=1$，$y_{k+1}=\frac{b}{a}x_{k+1}$，

联合解之，得 $x_{k+1}=\frac{a}{k+2}$，$y_{k+1}=\frac{b}{k+2}$，

即 $n=k+1$ 时命题也成立.

故由(i)、(ii)可得，对任一大于1的自然数 n，有

$x_n=\frac{a}{n+1}$，$y_n=\frac{b}{n+1}$.

例82 已知二次函数 $y=a(a+1)x^2-(2a+1)x+1(a\in N^*)$.

(1)求函数图像被 x 轴截得的线段长；

(2)用数学归纳法证明：当 a 依次取1，2，3，…，n 时，图像在 x 轴上截得的 n 条线段长的和是$\frac{n}{n+1}$；

(3)当 $n\to\infty$ 时，求所有线段的和.

(1)解：由 $a(a+1)x^2-(2a+1)x+1=0$ 知

$x_1+x_2=\frac{2a+1}{a(a+1)}$，$x_1\cdot x_2=\frac{1}{a(a+1)}$，

$$\therefore |x_2-x_1|=\sqrt{(x_1+x_2)^2-4x_1x_2}=\sqrt{\frac{(2a+1)^2}{a^2(a+1)^2}-\frac{4}{a(a+1)}}$$

$$=\frac{1}{a(a+1)}\ (a\in N^*).$$

(2)当 $a=1$，2，3，…，n 时，截得的线段长度依次为

$\frac{1}{2}$，$\frac{1}{6}$，$\frac{1}{12}$，…，$\frac{1}{n(n+1)}$.

$\therefore S_n=\frac{1}{2}+\frac{1}{6}+\frac{1}{12}+\cdots+\frac{1}{n(n+1)}$，由已知 $S_n=\frac{n}{n+1}$.

证明：(i)当 $n=1$ 时，$S_1=\frac{1}{2}$，$\frac{n}{n+1}=\frac{1}{2}$，等式成立；

(ii)假设 $n=k$ 时等式成立，即 $S_k=\frac{k}{k+1}$，则 $n=k+1$ 时，

$$S_{k+1}=\frac{1}{2}+\frac{1}{6}+\cdots+\frac{1}{k(k+1)}+\frac{1}{(k+1)(k+2)}$$

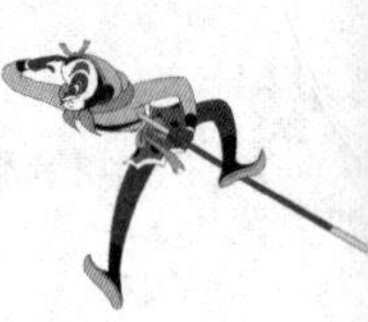

$$=\frac{k}{k+1}+\frac{1}{(k+1)(k+2)}=\frac{k+1}{(k+1)+1}.$$

即 $n=k+1$ 时等式亦成立.

故由(i)、(ii)可得，对一切 $n\in N^*$ 等式都成立.

(3) $S=\lim\limits_{n\to\infty}\frac{n}{n+1}=1$(略)

例83　设点 $A_n(x_n,\ 0)$，$P_n(x_n,\ 2^{n-1})$ 和抛物线 C_n: $y=x^2+a_nx+b_n$($n\in N^*$)，其中 $a_n=-2-4n-\frac{1}{2^{n-1}}$，$x_n$ 由以下方法得到：$x_1=1$，点 $P_2(x_2,\ 2)$ 在抛物线 C_1: $y=x^2+a_1x+b_1$ 上，点 $A_1(x_1,\ 0)$ 到 P_2 的距离是 A_1 到 C_1 上点的最短距离，……，点 $P_{n+1}(x_{n+1},\ 2^n)$ 在抛物线 C_n: $y=x^2+a_nx+b_n$ 上，点 $A_n(x_n,\ 0)$ 到 P_{n+1} 的距离是 A_n 到 C_n 上点的最短距离，(Ⅰ)求 x_2 及 C_1 的方程；(Ⅱ)证明：$\{x_n\}$ 是等差数列.（2005 年浙江省高考理科数学试题 20 题）

解:(Ⅰ)由题意得 $A_1(1,\ 0)$，C_1: $y=x^2-7x+b_1$，设点 $P(x,\ y)$ 是 C_1 上任意一点，则

$$|A_1P|=\sqrt{(x-1)^2+y^2}=\sqrt{(x-1)^2+(x^2-7x+b_1)^2}.$$

令　$f(x)=(x-1)^2+(x^2-7x+b_1)^2$，则

$$f'(x)=2(x-1)+2(x^2-7x+b_1)(2x-7).$$

由题意 $f'(x_2)=0$，即

$2(x_2-1)+2(x_2^2-7x_2+b_1)(2x_2-7)=0$，又 $P_2(x_2,\ 2)$ 在 C_1 上，$\therefore x_2^2-7x_2+b_1=2$，解得 $x_2=3$，$b_1=14$.

故 C_1 的方程为 $y=x^2-7x+14$.

(Ⅱ)设点 $P(x,\ y)$ 是 C_n 上任意一点，则

$$|A_nP|=\sqrt{(x-x_n)^2+y^2}=\sqrt{(x-x_n)^2+(x^2+a_nx+b_n)^2}.$$

令　$g(x)=(x-x_n)^2+(x^2+a_nx+b_n)^2$，则

$$g'(x)=2(x-x_n)+2(x^2+a_nx+b_n)(2x+a_n).$$

由题意 $g'(x_{n+1})=0$，即

$$2(x_{n+1}-x_n)+2(x_{n+1}^2+a_nx_{n+1}+b_n)(2x_{n+1}+a_n)=0,$$

又 $\because$ $2^n=x_{n+1}^2+a_nx_{n+1}+b_n$，

$\therefore (x_{n+1}-x_n)+2^n(2x_{n+1}+a_n)=0(n\geqslant1)$，

即 $(1+2^{n+1})x_{n+1}-x_n+2^na_n=0.$　　　　(＊)

下面用数学归纳法证明 $x_n=2n-1$.

(i)当 $n=1$ 时，$x_1=1$，等式成立；

(ii)假设 $n=k$ 时等式成立，即 $x_k=2k-1$.

则 $n=k+1$ 时，由(＊)知

$(1+2^{k+1})x_{k+1}-x_k+2^k a_k=0$.

又 $a_k=-2-4k-\dfrac{1}{2^{k-1}}$,

$\therefore\ x_{k+1}=\dfrac{x_k-2^k a_k}{1+2^{k+1}}=2k+1=2(k+1)-1$.

即当 $n=k+1$ 时等式亦成立.

由(i)、(ii)可知等式对 $n\in N^*$ 成立.

$\therefore \{x_n\}$是等差数列.

七、其他问题

例 84 设$f(x)$是非负函数，对于 $x_1x_2\geqslant 0$，下式恒成立：$f(x_1+x_2)=f(x_1)+f(x_2)+2\sqrt{f(x_1)f(x_2)}$.

试用数学归纳法证明：对于任意自然数 n，有$f(nx)=n^2f(x)$.

证明：(i)当 $n=1$ 时，左边$=f(1\cdot x)=f(x)$，右边$=1^2\cdot f(x)=f(x)$，命题成立；

(ii)假设 $n=k$ 时命题成立，即$f(kx)=k^2f(x)$，则 $n=k+1$ 时，

$$\begin{aligned}f[(k+1)x]&=f(kx+x)=f(kx)+f(x)+2\sqrt{f(kx)f(x)}\\&=k^2f(x)+f(x)+2\sqrt{k^2f(x)f(x)}=k^2f(x)+f(x)+2kf(x)\\&=(k+1)^2f(x).\end{aligned}$$

即 $n=k+1$ 时命题也成立.

故由(i)、(ii)可得，对于任意自然数 n 有$f(nx)=n^2f(x)$.

例 85 在非负整数集上定义函数$f(0)=2$，$f(1)=3$，$f(k+1)=3f(k)-2f(k-1)$，求$f(n)$，并证明之.

证明：$f(0)=2=2^0+1$，$f(1)=3=2^1+1$，$f(3)=3f(1)-2f(0)=9-4=5=2^2+1$，由此猜测$f(n)=2^n+1$.

下面用数学归纳法证明猜测的正确性：

(i)当 $n=0$ 时，$f(0)=2^0+1=2$，命题成立，当 $n=1$ 时，$f(1)=2^1+1=3$，命题亦成立；

(ii)假设 $n\leqslant k$ 时($k\in Z$，$k>0$)时有$f(k-1)=2^{k-1}+1$，$f(k)=2^k+1$，则 $n=k+1$ 时，

$f(k+1)=3f(k)-2f(k-1)=3(2^k+1)-2(2^{k-1}+1)$

$=3\times 2^k+3-2^k-2$

$=2^{k+1}+1.$

即 $n=k+1$ 时命题亦成立；

故由(i)、(ii)可得，对于 $n\in Z$ 且 $n>0$，$f(n)=2^n+1$ 成立.

例 86　已知 $x^2-3x+1=0$，试证明：$x^{2^n}+x^{-2^n}(n\in N^*)$ 的末位数字是 7.

证明：由 $x^2-3x+1=0$ 可得 $x+x^{-1}=3$.

(i)当 $n=1$ 时，$x^{2^n}+x^{-2^n}=x^2+x^{-2}=(x+x^{-1})^2-2=7$，命题成立；

(ii)假设 $n=k$ 时命题成立，即 $x^{2^k}+x^{-2^k}$ 的个位数字是 7，则 $n=k+1$ 时，

$x^{2^{k+1}}+x^{-2^{k+1}}=(x^{2^k}+x^{-2^k})^2-2.$

$\because x^{2^k}+x^{-2^k}$ 的个位数是 7，

$\therefore (x^{2^k}+x^{-2^k})^2$ 的个位数是 9，于是

$x^{2^{k+1}}+x^{-2^{k+1}}$ 的个位数是 $9-2=7$.

即 $n=k+1$ 时命题也成立.

故由(i)、(ii)可得，对任 $n\in N^*$ 命题成立.

例 87　用数学归纳法求证：如果 m 和 n 是正整数，那么 $\sqrt[n]{m}$ 和 $\sqrt[m]{n}$ 中最小者不能大于 $\sqrt[3]{3}$.

证明：首先设 $m=n$，于是只需证明 $\sqrt[n]{n}\leqslant\sqrt[3]{3}$，或 $3^n\geqslant n^3$.

(i)当 $n=1$，2，3，4 时，不等式显然成立；

(ii)假设 $n=k(k\geqslant 4)$ 时，不等式成立，即 $3^k\geqslant k^3$，则 $n=k+1$ 时，3^{k+1}

$=3\times 3^k\geqslant 3\times k^3=(k^3+3k^2+3k+1)+(2k^3-3k^2-3k-1)$

$=(k+1)^3+[(k-3)k^2+(k^2-3)k-1].$

当 $k\geqslant 4$ 时，中括号内显然为正值，$\therefore 3^{k+1}>(k+1)^3$.

即 $n=k+1$ 时，不等式也成立.

故由(i)、(ii)可得，对一切 $n\in N^*$，$3^n\geqslant n^3$.

其次，设 $1\leqslant n\leqslant m$，于是 $\sqrt[m]{n}<\sqrt[n]{n}\leqslant\sqrt[3]{3}$，对于 $1\leqslant m<n$ 的情况，同理可得.

$\therefore \sqrt[n]{m}$ 和 $\sqrt[m]{n}$ 中最小者不能大于 $\sqrt[3]{3}$.

例 88　证明：方程 $\frac{1}{x_1^2}+\frac{1}{x_2^2}+\cdots+\frac{1}{x_n^2}=\frac{1}{x_{n+1}^2}(n\geqslant 2)$ 永远有整数解.

证明：(i)当 $n=2$ 时，即有 $\frac{1}{x_1^2}+\frac{1}{x_2^2}=\frac{1}{x_3^2}$，注意到

$\frac{3^2}{5^2}+\frac{4^2}{5^2}=1$，$\frac{3^2\times4^2}{5^2\times4^2}+\frac{4^2\times3^2}{5^2\times3^2}=1$，即$\frac{1}{20^2}+\frac{1}{15^2}=\frac{1}{12^2}$，这时方程有整数解(20，15，12).

(ii)假设$n=k(k\geqslant2)$时，命题成立，即方程$\frac{1}{x_1^2}+\frac{1}{x_2^2}+\cdots+\frac{1}{x_k^2}=\frac{1}{x_{k+1}^2}$有整数解，令其解为：

$x_1=a_1$，$x_2=a_2$，…，$x_k=a_k$，$x_{k+1}=a_{k+1}$，

则$n=k+1$时，有方程

$\frac{1}{x_1^2}+\frac{1}{x_2^2}+\cdots+\frac{1}{x_k^2}+\frac{1}{x_{k+1}^2}=\frac{1}{x_{k+2}^2}$.

由归纳假设有

$\frac{1}{a_1^2}+\frac{1}{a_2^2}+\cdots+\frac{1}{a_k^2}=\frac{1}{a_{k+1}^2}$，又$\frac{1}{20^2}+\frac{1}{15^2}=\frac{1}{12^2}$

于是有

$$\frac{1}{20^2a_1^2}+\frac{1}{20^2a_2^2}+\cdots+\frac{1}{20^2a_k^2}=\frac{1}{20^2a_{k+1}^2} \quad ①$$

及

$$\frac{1}{20^2a_{k+1}^2}+\frac{1}{15^2a_{k+1}^2}=\frac{1}{12^2a_{k+1}^2} \quad ②$$

由①与②得，

$$\frac{1}{(20a_1)^2}+\frac{1}{(20a_2)^2}+\cdots+\frac{1}{(20a_k)^2}+\frac{1}{(15a_{k+1})^2}=\frac{1}{(12a_{k+1})^2}.$$

令$x_1=20a_1$，$x_2=20a_2$，…，$x_k=20a_k$，$x_{k+1}=15a_{k+1}$，$x_{k+2}=12a_{k+1}$，这便是$n=k+1$时方程的整数解.

故由(i)、(ii)可得，对一切$(n\geqslant2)(n\in N^*)$命题成立.

例89　$\{x_n\}_{n\in N^*}$是一组实数，且对任一非负整数n满足：$x_0^3+x_1^3+\cdots+x_n^3=(x_0+x_1+\cdots+x_n)^2$.

证明：对所有非负整数n，存在一个非负整数m，使得$x_0+x_1+\cdots+x_n=\frac{m(m+1)}{2}$.（1991年法国数学竞赛题）

证明：用数学归纳法.

(i)当$n=0$时得$x_0^3=x_0^2$，所以$x_0=0$或1，此时可取$m=0$或1，

(ii)假设$n=k$时命题成立，考虑$n=k+1$.

令　$C=x_0+x_1+\cdots+x_k$，则有$x_0^3+x_1^3+\cdots+x_k^3=C^2$，根据归纳假设，存在非负整数$m$，使得$C=\frac{m(m+1)}{2}$，

$\therefore C^2+x_{k+1}^3=(C+x_{k+1})^2$. 解得 $x_{k+1}=0, -m, m+1$,

当 $x_{k+1}=0$ 时, $x_0+x_1+\cdots+x_k+x_{k+1}=\dfrac{m(m+1)}{2}$,

当 $x_{k+1}=-m(m>0)$时, $x_0+x_1+\cdots+x_{k+1}=\dfrac{(m-1)m}{2}$,

当 $x_{k+1}=m+1$ 时, $x_0+x_1+\cdots+x_{k+1}=\dfrac{(m+1)(m+2)}{2}$,

$\therefore$ 当 $n=k+1$ 时，命题也成立.

故由(i)、(ii)可知命题得证.

例 90　有两种瓶装油，一种盛油 5 斤，一种盛油 3 斤，证明：买 n 斤油($n>7$, $n\in N^*$)只要取出若干瓶即可.

证明: (i)当 $n=8$ 时，$\because 3+5=8$，命题显然成立；

(ii)假设 $n=k$ 时，命题成立，此时取出的办法只有两种：第一种是不取 5 斤的油瓶，此时 3 斤的油瓶至少要取 3 个；第二种是至少取 1 个 5 斤的油瓶. 对于 $k+1$ 斤，若为第一种情况，只要将 3 个 3 斤的油瓶换成两个 5 斤的油瓶即可，若为第二种情况，只要把一个 5 斤的油瓶换成 2 个 3 斤的油瓶即可，也就是说 $n=k+1$ 时命题也成立. 根据归纳原理，当 $n>7$, $n\in N^*$ 时，命题都成立.

例 91　某农科小组研究 $n(n\geqslant 2)$ 种害虫之间的关系以便设法消灭它们，他们发现取其中两种害虫，都必然有一种可吞食另外一种. 试证明：可以把这 n 种害虫排成一行，使前一种可吞食后一种.

证明: (i)当 $n=2$ 时，即只有两种害虫的情况，结论显然成立；

(ii)假设 $n=k$ 时，结论成立，则 $n=k+1$ 时，用反证法证明此时结论成立.

先在 $k+1$ 种害虫中取出 k 种，由归纳假设，它们可以排成一行，使前者吞食后者，我们将这 k 种害虫标记为：$a_1\to a_2\to\cdots\to a_k$，其中 $a_i\to a_j$表示 a_i可吞食 a_j.

设另有一种害虫 a_{k+1}，今假设增加 a_{k+1}后结论便不再正确，如果能由此导出矛盾，那么结论也就证明完毕.

由反证法可以得到：

(1) $a_1\to a_{k+1}$，否则就有 $a_{k+1}\to a_1$，从而这 $k+1$ 种害虫可排成 $a_{k+1}\to a_1\to a_2\to\cdots\to a_k$，这与“自设”矛盾；

(2)若 $a_i\to a_{k+1}(i<k)$，则 $a_{i+1}\to a_{k+1}$，否则就有 $a_{k+1}\to a_{i+1}$，从而这种 $k+1$种害虫可排成 $a_1\to a_2\to a_i\to a_{k+1}\to a_{i+1}\to\cdots\to a_k$，这也与“自设”矛盾；

由(1)(2)可归纳出 $a_j \to a_{k+1}(j=1, 2, \cdots, k)$，从而 $a_k \to a_{k+1}$ 这就有 $a_1 \to a_2 \to \cdots \to a_k \to a_{k+1}$

这仍与自设矛盾. 证毕.

例 92 已知函数 $y=f(x)$ 的图像是自原点出发的一条折线，当 $n \leqslant y \leqslant n+1(n=0, 1, 2, \cdots)$ 时，该图像是斜率为 b 的线段(其中正常数 $b \neq 1$)，设数列 $\{x_n\}$ 由 $f(x_n)=n(n=1, 2, \cdots)$ 定义.

(Ⅰ)求 x_1，x_2 和 x_n 的表达式；

(Ⅱ)求 $f(x)$ 的表达式，并写出其定义域；

(Ⅲ)证明：$y=f(x)$ 与 $y=x$ 的图像没有横坐标大于 1 的交点. (1999 年全国高考理科数学试题 23 题)

(Ⅰ)解略 $x_n=\dfrac{b-\left(\dfrac{1}{b}\right)^{n-1}}{b-1}$.

(Ⅱ)解略 $f(x)=n+b^n(x-x_n)(x_n \leqslant x \leqslant x_{n+1}, n=1, 2, 3, \cdots)$.

(Ⅲ)证明：首先证明当 $b>1$，$1<x<\dfrac{b}{b-1}$ 时，恒有 $f(x)>x$.

用数学归纳法证明：

(i)由(Ⅱ)知当 $n=1$ 时，在 $(1, x_2]$ 上，$y=f(x)=1+b(x-1)$.

所以 $f(x)-x=(x-1)(b-1)>0$ 成立.

(ii)假设 $n=k$ 时，在 $(x_k, x_{k+1}]$ 上，恒有 $f(x)>x$ 成立.

可得 $f(x_{k+1})=k+1>x_{k+1}$.

在 $(x_{k+1}, x_{k+2}]$ 上，$f(x)=k+1+b^{k+1}(x-x_{k+1})$.

所以 $f(x)-x=k+1+b^{k+1}(x-x_{k+1})-x=(b^{k+1}-1)(x-x_{k+1})+(k+1-x_{k+1})>0$ 也成立.

由(i)、(ii)知，对所有自然数，n 在 $(x_n, x_{n+1}]$ 上都有 $f(x)>x$ 成立.

即 $1<x<\dfrac{b}{b-1}$ 时，恒有 $f(x)>x$.

其次，当 $b<1$，仿上证明，可知 $x>1$ 时，恒有 $f(x)<x$ 成立.

故函数 $y=f(x)$ 的图像与 $y=x$ 的图像没有横坐标大于 1 的交点.

例 93 自然状态下的鱼类是一种可再生资源，为持续利用这一资源，需从宏观上考察其再生能力及捕捞强度对鱼群总量的影响，用 x_n 表示某鱼群在第 n 年初的总量，$n \in N^*$，且 $x_1>0$，不考虑其他因素，设在第 n 年内鱼群的繁殖量及捕捞量都与 x_n 成正比，死亡量与 x_n^2 成正比，这些比例系数依次为正常数 a，b，c.

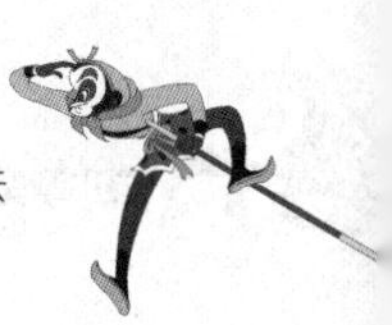

(Ⅰ)求 x_{n+1} 与 x_n 的关系式；

(Ⅱ)猜测：当且仅当 x_1，a，b，c 满足什么条件时，每年年初鱼群的总量保持不变？(不要求证明)

(Ⅲ)设 $a=2$，$c=1$，为保证对任意 $x_1\in(0,\ 2)$ 都有 $x_n>0$，$n\in N^*$，则捕捞强度 b 的最大允许值是多少？证明你的结论.（2005 年湖南省高考理科数学试题 20 题）

(Ⅰ)解略　$x_{n+1}=x_n(a-b+1-cx_n)$，$n\in N^*$

(Ⅱ)解略　当且仅当 $a>b$ 且 $x_1=\dfrac{a-b}{c}$ 时，每年年初鱼群的总量保持不变.

(Ⅲ)若 b 的值使得 $x_n>0$，$n\in N^*$，由 $x_{n+1}=x_n(3-b-x_n)$，$n\in N^*$，知 $0<x_n<3-b$，$n\in N^*$ 特别地有 $0<x_1<3-b$，即 $0<b<3-x_1$，而 $x_1\in(0,\ 2)$，所以 $b\in(0,\ 1]$.

由此猜测 b 的最大允许值是 1.

下证当 $x_1\in(0,\ 2)$、$b=1$ 时，都有 $x_n\in(0,\ 2)$，$n\in N^*$

(i)当 $n=1$ 时，结论显然成立；

(ii)假设 $n=k$ 时，结论成立，即 $x_k\in(0,\ 2)$.

则 $n=k+1$ 时，$x_{k+1}=x_k(2-x_k)>0$，

又因为 $x_{k+1}=x_k(2-x_k)=-(x_k-1)^2+1\leqslant1<2$，

所以 $x_{k+1}\in(0,\ 2)$，故当 $n=k+1$ 时结论也成立.

由(i)、(ii)可知，对任意的 $n\in N^*$，都有 $x_n\in(0,\ 2)$.

综上所述，为保证对任意 $x_1\in(0,\ 2)$ 都有 $x_n>0$，$n\in N^*$，则捕捞强度 b 的最大允许值是 1.

例 94　已知函数 $f(x)=x^2+x-1$，α，β 是方程 $f(x)=0$ 的两个根($\alpha>\beta$)，$f'(x)$ 是 $f(x)$ 的导数，设 $a_1=1$，$a_{n+1}=a_n-\dfrac{f(a_n)}{f'(a_n)}(n=1,\ 2,\ \cdots)$.

(1)求 α，β 的值；

(2)证明：对任意的正整数 n 都有 $a_n>\alpha$；

(3)记 $b_n=\ln\dfrac{a_n-\beta}{a_n-\alpha}(n=1,\ 2,\ 3,\ \cdots)$，求数列 $\{b_n\}$ 的前 n 项和 S_n.（2007 年高考理科数学广东卷 21 题）

(1)**解**：由 $x^2+x-1=0$ 得 $x=\dfrac{-1\pm\sqrt5}{2}$.

$\therefore\ \alpha=\dfrac{-1+\sqrt5}{2}$，$\beta=\dfrac{-1-\sqrt5}{2}$.

(2)证明：(用数学归纳法).

(i)当 $n=1$ 时，$a_1=1>\dfrac{\sqrt{5}-1}{2}$，命题成立；

(ii)假设 $n=k(k\geqslant 1,\ k\in N^*)$时命题成立，即 $a_k>\dfrac{\sqrt{5}-1}{2}$.

$$\therefore\ a_{k+1}=\frac{a_k^2+1}{2a_k+1}=\frac{a_k+\frac{1}{2}}{2}+\frac{\frac{5}{8}}{a_k+\frac{1}{2}}-\frac{1}{2}\geqslant 2\cdot\sqrt{\frac{5}{16}}-\frac{1}{2}=\alpha.$$

又等号成立时 $a_k=\dfrac{\sqrt{5}-1}{2}$,

$\therefore a_k>\dfrac{\sqrt{5}-1}{2}$时，$a_{k+1}>\alpha$. $\therefore n=k+1$ 时命题成立.

由(i)、(ii)知，对任意 $n\in N^*$ 均有 $a_n>\alpha$.

(3)解略.

例 95 设数列$\{a_n\}$：1，-2，-2，3，3，3，-4，-4，-4，-4，…，$(-1)^{k-1}k$，…，$(-1)^{k-1}k$，…，即当$\dfrac{(k-1)k}{2}<n\leqslant\dfrac{k(k+1)}{2}(n\in N^*)$时，$a_n=(-1)^{k-1}k$，记 $S_n=a_1+a_2+\cdots+a_n(n\in N^*)$，定义集合 $P_I=\{n\mid S_n$是 a_n的整数倍；$n\in N^*$；且 $1\leqslant n\leqslant I\}$.

(1)求集合 P_{11}中元素的个数；(2)求集合 P_{2000}中元素的个数；(2013 年江苏省高考理科数学试题 23 题).

解：(i)由数列$\{a_n\}$的定义得：$a_1=1$，$a_2=-2$，$a_3=-2$，$a_4=3$，$a_5=3$，$a_6=3$，$a_7=-4$，$a_8=-4$，$a_9=-4$，$a_{10}=-4$，$a_{11}=5$，所以 $S_1=1$，$S_2=-1$，$S_3=-3$，$S_4=0$，$S_5=3$，$S_6=6$，$S_7=2$，$S_8=-2$，$S_9=-6$，$S_{10}=-10$，$S_{11}=-5$，从而 $S_1=a_1$，$S_4=0\times a_1$，$S_5=a_5$，$S_6=2a_6$，$S_{11}=-a_{11}$，所以，集合 P_{11}中元素的个数为 5.

(2)先证：$S_{i(2i+1)}=-i(2i+1)(i\in N^*)$.

(i)当 $i=1$ 时，$S_{i(2i+1)}=S_3=-3$，$-i(2i+1)=-3$，故原等式成立；

(ii)假设 $i=m$ 时等式成立，即 $S_{m(2m+1)}=-m(2m+1)$. 则

$$\begin{aligned} i=m+1\text{ 时，}S_{(m+1)(2m+3)}&=S_{m(2m+1)}+(2m+1)^2-(2m+1)^2\\ &=-m(2m+1)-4m-3=-(2m^2+5m+3)\\ &=-(m+1)(2m+3). \end{aligned}$$

综合(i)、(ii)可得 $S_{i(2i+1)}=-i(2i+1)$对任意 $i\in N^*$成立.

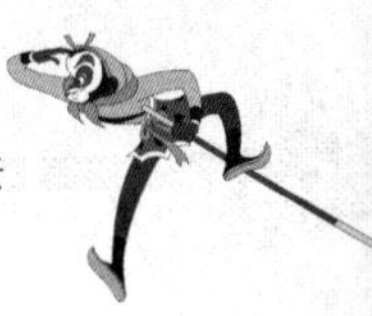

于是$S_{(i+1)(2i+1)}=S_{i(2i+1)}+(2i+1)^2=-i(2i+1)+(2i+1)^2=(2i+1)(i+1)$.

由上可知$S_{i(2i+1)}$是$2i+1$的倍数，而$a_{i(2i+1)+j}=2i+1(j=1,2,\cdots,2i+1)$.

所以$S_{i(2i+1)+j}=S_{i(2i+1)}+j(2i+1)$是$a_{i(2i+1)+j}(j=1,2,\cdots,2i+1)$的倍数，又$S_{(i+1)(2i+1)}=(i+1)(2i+1)$不是$2i+2$的倍数，而$a_{(i+1)(2i+1)+j}=-(2i+2)(j=1,2,\cdots,2i+1)$，所以$S_{(i+1)(2i+1)+j}=S_{(i+1)(2i+1)}-j(2i+2)=(2i+1)(i+1)-j(2i+2)$不是$a_{(i+1)(2i+1)+j}(j=1,2,\cdots,2i+2)$的倍数，故当$I=i(2i+1)$时，集合$P_I$中元素的个数为$1+3+\cdots+(2i-1)=i^2$，于是当$I=i(2i+1)+j(1\leqslant j\leqslant 2i+1)$时，集合$P_I$中元素的个数为$i^2+j$，又$2000=31\times(2\times31+1)+47$，故集合$P_{2000}$中元素的个数为：

$31^2+47=1008$.

例96　随机将$1,2,\cdots,2n(n\in N^*,n\geqslant2)$，这$2n$个连续正整数分成$A$，$B$两组，每组$n$个数，$A$组最小数为$a_1$，最大数为$a_2$；$B$组最小数为$b_1$，最大数为$b_2$；记$\xi=a_2-a_1$，$\eta=b_1-b_2$.

(1)当$n=3$时，求ξ的分布和数学期望；

(2)令C表示事件ξ与η的取值恰好相等，求事件C发生的概率$P(C)$；

(3)对(2)中的事件C，$\overline{C}$表示C的对立事件，判断$P(C)$和$P(\overline{C})$的大小关系，并说明理由.（2014年江西省高考理科数学试题21题）

(1)(2)解略，当$n=2$时，$P(C)=\dfrac{2}{3}$，当$n\geqslant3$时，$P(C)=\dfrac{2(2+\sum\limits_{k=1}^{n-2}C_{2k}^{k})}{C_{2n}^{n}}$.

(3)由(2)当$n=2$时，$P(\overline{C})=\dfrac{1}{3}$，因此$P(C)>P(\overline{C})$.

而当$n\geqslant3$时，$P(C)<P(\overline{C})$，理由如下：

$$P(C)<P(\overline{C})\text{ 等价于 }4(2+\sum_{k=1}^{n-2}C_{2k}^{k})<C_{2n}^{n} \qquad ①$$

用数学归纳法来证明：

(i)当$n=3$时，①式左边$=4(2+C_2^1)=16$，①式右边$=C_6^3=20$，所以①式成立；

(ii)假设$n=m(m\geqslant3)$时①式成立，即$4(2+\sum\limits_{k=1}^{m-2}C_{2k}^{k})<C_{2m}^{m}$成立，那么，则$n=m+1$时，

$$①式左边=4(2+\sum_{k=1}^{m+1-2}C_{2k}^{k})=4(2+\sum_{k=1}^{m-2}C_{2k}^{k})+4C_{2m-2}^{m-1}$$
$$<C_{2m}^{m}+4C_{2m-2}^{m-1}$$
$$=\frac{(2m)!}{m!\ m!}+\frac{4[(2m-2)!]}{(m-1)!\ (m-1)!}=\frac{(m+1)^2(2m)[(2m-2)!](4m-1)}{(m+1)!\ (m+1)!}$$
$$<\frac{(m+1)^2(2m)[(2m-2)!](4m)}{(m+1)!\ (m+1)!}$$
$$=C_{2m+2}^{m+1}\cdot\frac{2(m+1)m}{(2m+1)(2m-1)}<C_{2m+2}^{m+1}=①式右边$$

即当 $n=m+1$ 时①式成立.

由(i)、(ii)得对于 $n\geqslant3$ 的所有正整数，都有 $P(C)<P(\overline{C})$ 成立.

习 题 三

1. 对任意自然数 n，求证：$1\cdot3\cdot5\cdot\cdots\cdot(2n-1)=\frac{(2n)!}{2^n\cdot n!}$；

2. 若 $n\in N^*$，则 $\frac{1}{1\cdot4}+\frac{1}{4\cdot7}+\cdots+\frac{1}{(3n-2)(3n+1)}=\frac{n}{3n+1}$；

3. 若 $n\in N^*$，则 $1^2+3^2+5^2+7^2+\cdots+(2n-1)^2=\frac{n(2n-1)(2n+1)}{3}$；

4. 若 $n\in N^*$，则 $1^2+4^2+7^2+\cdots+(3n-2)^2=\frac{n}{2}(6n^2-3n-1)$；

5. 若 $n\in N^*$，则 $2^2+5^2+8^2+\cdots+(3n-1)^2=\frac{n}{2}(6n^2+3n-1)$；

6. 若 $n\in N^*$，用数学归纳法证明：$1^3+2^3+\cdots+n^3+3(1^5+2^5+\cdots+n^5)=\frac{n^3(n+1)^3}{2}$；

7. 若 $n\in N^*$，则 $1^3+3^3+5^3+7^3+\cdots+(2n-1)^3=n^2(2n^2-1)$；

8. 若 $n\in N^*$，则 $\frac{1}{1\cdot5}+\frac{1}{5\cdot9}+\cdots+\frac{1}{(4n-3)(4n+1)}=\frac{n}{4n+1}$；

9. 用数学归纳法证明：$\left(1-\frac{1}{4}\right)\left(1-\frac{1}{9}\right)\left(1-\frac{1}{16}\right)\cdots\left(1-\frac{1}{n^2}\right)=\frac{n+1}{2n}$ $(n\geqslant2,\ n\in N^*)$；

10. 用数学归纳法证明：$(n+1)(n+2)(n+3)\cdots(2n)=2^n\cdot1\cdot3\cdot5\cdot\cdots\cdot(2n-1)$ $(n\in N^*)$；

11. 数列 J_1，J_2，J_3，…按照下列法则组成：

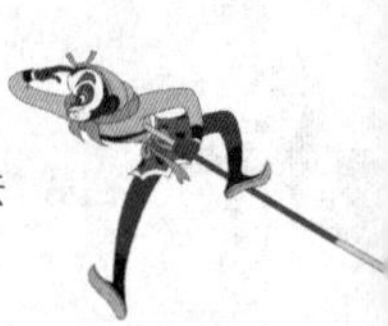

$J_1=-1$，$J_2=\frac{1}{2}$，$J_n=\frac{n-1}{n}J_{n-2}$，

求证：$J_n=(-1)^n\frac{(n-1)!!}{n!!}(n\geqslant 3)$；

12. 若$f(0)=0$，$f(1)=1$，$f(n+1)=f(n)+f(n-1)(n\in N^*)$，则 $f(n)=\frac{1}{\sqrt{5}}\left[\left(\frac{1+\sqrt{5}}{2}\right)^n-\left(\frac{1-\sqrt{5}}{2}\right)^n\right]$；

13. 已知，$a_0=2$，$a_1=3$，且对于不小于2的任意自然数k，都有$a_k=3a_{k-1}-2a_{k-2}$，则$a_n=1+2^n$(n为自然数)，试用数学归纳法证明之；

14. 已知数列$\{a_n\}$中，$a_1=0$，$a_2=1$，且满足$a_n=2a_{n-1}-2a_{n-2}(n>2)$，求证：当$n>2$时，$a_n=2^{\frac{n-1}{2}}\sin\frac{n-1}{4}\pi$；

15. 已知正数数列a_1，a_2，…满足$a_1^2\leqslant a_2$，$a_n^2\leqslant a_{n-1}a_{n+1}(n\geqslant 2)$，求证：$a_1^n\leqslant a_n$；

16. 已知$\{x_n\}$中，$x_1=2$，$x_{n+1}=\frac{x_n}{2}+\frac{1}{x_n}$，且$x_n>0$，求证：$\sqrt{2}<x_n<\sqrt{2}+\frac{1}{n}$；

17. 已知数列$\{a_n\}$的各项均为正数，且$a_n^2\leqslant a_n-a_{n+1}(n>1)$，求证：$a_n<\frac{1}{n}$；

18. 若a，b，c是互不相等的正数且成等差数列，当$n\in N^*$且$n>1$时，求证：$a^n+c^n>2b^n$；

19. 求证：$1+\frac{1}{\sqrt{2}}+\cdots+\frac{1}{\sqrt{n}}>\sqrt{n}(n>1)$；

20. 已知$y_1=\frac{3}{8}$，$y_n=\frac{3}{8}+\frac{1}{2}y_{n-1}^2$，求证：$y_{n-1}<y_n<\frac{1}{2}(n>1)$；

21. 已知a是不等于1的正数，试证明：$\frac{a^{2n+2}-1}{a(a^{2n}-1)}>\frac{n+1}{n}$；

22. 当$n\geqslant 3$时，求证：$2^n>2n+1$；

23. 在数列$\{a_n\}$中：$a_1=1$，且$a_{n+1}=1+\frac{n}{a_n}$，求证：$\sqrt{n}\leqslant a_n\leqslant\sqrt{n}+1$；

24. 已知$a_n=\frac{1+2^2+3^2+\cdots+n^2}{(n+1)^n}$，求证：$a_n<1$；

25. 设n是自然数，证明：$\left(\frac{3}{2}\right)^n>n$；

26. 若a_1，a_2，…，a_n为实数，且$0<a_k<1(k=1,2,\cdots,n)$．求证：在$n\geqslant 2$时，$a_1a_2a_3\cdots a_n>a_1+a_2+a_3+\cdots+a_n+1-n$；

27. 设$\alpha>0$，$n\geqslant 3$，用数学归纳法证明：$(1+\alpha)^n>1+n\alpha+\dfrac{n(n-1)}{2}\alpha^2$；

28. 已知$s=1+\dfrac{1}{2}+\dfrac{1}{3}+\cdots+\dfrac{1}{n}+\cdots$．求证：$s_{2^n}>1+\dfrac{n}{2}(n\in N^*,\ n\geqslant 2)$；

29. 对于正数a_1，a_2，a_3，…，a_n…有下列不等式关系：

$a_1\cdot\dfrac{1}{a_1}\geqslant 1$；

$(a_1+a_2)\cdot\left(\dfrac{1}{a_1}+\dfrac{1}{a_2}\right)\geqslant 4$；

$(a_1+a_2+a_3)\left(\dfrac{1}{a_1}+\dfrac{1}{a_2}+\dfrac{1}{a_3}\right)\geqslant 9$；

(1)写出推广到n个正数时的猜想；

(2)用数学归纳法证明你的猜想；

30. 证明：$\dfrac{1}{1^2}+\dfrac{1}{2^2}+\cdots+\dfrac{1}{n^2}<2(n\in N^*)$；

31. 设$A_n=3^{3^{\cdot^{\cdot^{3}}}}$（共$n$重3），$B_n=8^{8^{\cdot^{\cdot^{8}}}}$（共$n$重8），证明：对一切$n\in N^*$，都有$A_{n+1}>B_n$；

32. 求证：$(x^{n-1}-1)(x^n-1)(x^{n+1}-1)(n\geqslant 2)$能被$(x-1)(x^2-1)(x^3-1)$整除；

33. 当n是4的正整数倍时，证明：$7+7^2+7^3+\cdots+7^n$能被100整除；

34. 求证：$11^{n+2}+12^{2n+1}$能被133整除$(n\in N^*)$；

35. 设n是任意自然数，求证：$14\mid(3^{4n+2}+5^{2n+1})$；

36. 求证$n\in N^*$时，$3^{n+1}+2^n\cdot 5^{n+2}$能被7整除；

37. 求证：$5^{6n-1}+7^{6n+1}$能被9整除$(n\in N^*)$；

38. 用数学归纳法证明：n为正偶数时，x^n-y^n能被$x+y$整除；

39. 证明当m是偶数时m^3+20m能被48整除；

40. 证明：$49^n+16n-1$能被64整除$(n\in N^*)$；

41. 用数学归纳法证明：$3\cdot 5^{2n-1}+2^{3n-2}$是17的倍数$(n\in N^*)$；

42. 一组数列的组成规律是：$u_1=a$，对一切$k\geqslant 1$有$u_{k+1}=b\cdot u_k+c(b\neq 1)$，则$u_n=\dfrac{ab^n+(c-a)b^{n-1}-c}{b-1}$；

43. 已知数列$\{a_n\}$满足$a_1=1$，$4a_{n+1}-a_na_{n+1}+2a_n=9$，试求其通项

a_n；

44. 已知数列$\{a_n\}$满足$a_1=1$，$a_{n+1}=1+3a_n$，n为自然数，试用归纳法推出$\{a_n\}$的通项表达式，并加以证明；

45. 设p，γ满足$p>\gamma>0$，且为常数，又$\{a_n\}$满足$a_1=\gamma$，$a_{n+1}-pa_n=\gamma^{n+1}(n\in N^*)$，求$a_n$；

46. 设无穷数列$\{a_n\}$具有关系：$a_{n+1}=\dfrac{1}{2-a_n}(n\geqslant 1)$.

(1)试用a_1，n表达a_n；(2)求$\lim\limits_{n\to\infty}a_1a_2\cdots a_n$.

47. 数列$\{a_n\}$中，用s_n表示前n项和，已知$a_1=1$，当$n\geqslant 2$时，a_n，s_n，$s_n-\dfrac{1}{2}$成等比数列，(1)写出a_n的表达式，并加以证明；(2)求$\lim\limits_{n\to\infty}\dfrac{2s_n}{na_n}$；

48. 已知数列$\{a_n\}$，$a_1=1$，$a_{n+1}=6(1+2+3+\cdots+n)+1(n\geqslant 1)$，试用数学归纳法证明$s_n=a_1+a_2+\cdots+a_n=n^3$；

49. 已知$z\in\{z\mid z^2+z+1=0,\ z\in C\}$，考察数列$\left\{\dfrac{1}{z^n}\right\}$的前$3n$项和的规律，并用数学归纳法证明；

50. 已知$x_1>0$，$x_1\neq 1$，且$x_{n+1}=\dfrac{x_n(x_n^2+3)}{3x_n^2+1}(n\in N^*)$，试证：数列$\{x_n\}$或者对任意自然数$n$都满足$x_n<x_{n+1}$，或者对任意自然数$n$都满足$x_n>x_{n+1}$；

51. 对于给定的数列$\{a_n\}$有$a_1=5$，$a_{n+1}=\dfrac{1}{4}\left(a_n+\dfrac{16}{a_n}+8\right)(n=1,2,3,\cdots)$，求证：$4<a_n<4+\left(\dfrac{1}{4}\right)^{n-1}$；

52. 数列$\{a_n\}(n=1,2,3,\cdots)$满足下面两个条件：

(1)$|a_n|<2$；(2)$a_{n+1}a_n-2a_{n+1}+2a_n<0$.

求证：(1)$a_n>-\dfrac{2}{n}$；(2)对于每一个确定的n，当非负整数$k\in[0,n)$时，有$\dfrac{2}{k+1}>a_{n-k}$；

53. 设$a>2$，给定数列$\{x_n\}$，其中$x_1=a$，$x_{n+1}=\dfrac{x_n^2}{2(x_n-1)}(n=1,2,\cdots)$，求证：

(1)$x_n>2$，且$\dfrac{x_{n+1}}{x_n}<1(n=1,2,\cdots)$；

(2)如果 $a\leqslant 3$，那么 $x_n\leqslant 2+\frac{1}{2^{n-1}}(n=1,2,\cdots)$；

(3)$a>3$，那么当 $n\geqslant\frac{\lg\frac{a}{3}}{\lg\frac{4}{3}}$ 时，必有 $x_{n+1}<3$.（1984 年全国高考数学理工类第八题）

54. 已知数列$\{a_n\}$的各项都是正数且满足：$a_0=1$，$a_{n+1}=\frac{1}{2}a_n(4-a_n)$，$n\in N^*$.

(1)证明：$a_n<a_{n+1}<2$，$n\in N^*$；

(2)求数列$\{a_n\}$的通项；

(2005 年江西省高考理科数学试题 21 题)

55. 已知不等式$\frac{1}{2}+\frac{1}{3}+\cdots+\frac{1}{n}>\frac{1}{2}[\log_2 n]$，其中 n 为大于 2 的整数，$[\log_2 n]$表示不超过 $\log_2 n$ 的最大整数，设数列$\{a_n\}$各项为正数，且满足 $a_1=b(b>0)$，$a_n\leqslant\frac{na_{n-1}}{n+a_{n-1}}(n=2,3,4,\cdots)$.

(Ⅰ)证明：$a_n<\frac{2b}{2+b[\log_2 n]}(n=3,4,5,\cdots)$；

(Ⅱ)猜测数列$\{a_n\}$是否有极限，如果有，写出极限的值；

(Ⅲ)试确定一个正整数 N，使得当 $n>N$ 时，对任意 $b>0$，都有 $a_n<\frac{1}{5}$.

(2005 年湖北省高考理科数学试题 22 题)

56. 已知函数 $f(x)=x-\sin x$，数列$\{a_n\}$满足：$0<a_1<1$，$a_{n+1}=f(a_n)$ $(n=1,2,3,\cdots)$，证明：

(Ⅰ)$0<a_{n+1}<a_n<1$；

(Ⅱ)$a_{n+1}<\frac{1}{6}a_n^3$.

(2006 年湖南省高考理科数学试题 19 题)

57. 已知数列$\{a_n\}$的前 n 项和 $s_n=a_n-\left(\frac{1}{2}\right)^{n-1}+2$($n$ 为正整数)

(Ⅰ)令 $b_n=2^n a_n$，求证数列$\{b_n\}$是等差数列，并求数列$\{a_n\}$的通项公式；

(Ⅱ)令 $c_n=\frac{n+1}{n}a_n$，$T_n=c_1+c_2+\cdots+c_n$，试比较 T_n 与 $\frac{5n}{2n+1}$ 的大小，并予以证明.

(2009 年湖北省高考理科数学试题 19 题)

58. 首项为正数的数列 $\{a_n\}$ 满足 $a_{n+1}=\frac{1}{4}(a_n^2+3)$，$n\in N^*$.

(Ⅰ)证明：若 a_1 为奇数，则对一切 $n\geqslant 2$，a_n 都是奇数；

(Ⅱ)若对一切 $n\in N^*$ 都有 $a_{n+1}>a_n$，求 a_1 的取值范围. (2009 年安徽省高考理科数学试题 21 题)

59. 已知数列 $\{a_n\}$ 满足：$x_1=1$，$x_n=x_{n-1}+\ln(1+x_{n-1})(n\in N^*)$. 证明：当 $n\in N^*$ 时，

(Ⅰ)$0<x_{n-1}<x_n$；(Ⅱ)$2x_{n-1}-x_n<\frac{x_nx_{n+1}}{2}$；

(Ⅲ)$\frac{1}{2^{n-1}}<x_n<\frac{1}{2^{n-2}}$.

(2017 年浙江省高考理科数学试题 22 题)

60. 求证：数列 $\{a_n\}(a_n\neq 0)$ 是等差数列的充要条件是：$\frac{1}{a_1a_2}+\frac{1}{a_2a_3}+\cdots+\frac{1}{a_{k-1}a_k}=\frac{k-1}{a_1a_k}(k=3，4，5，\cdots，n)$；

61. 设数列 $\{a_n\}$ 满足 $a_1=0$，$a_{n+1}=ca_n^3+1-c$，$n\in N^*$，其中 c 为实数.

(Ⅰ)证明：$a_n\in[0,1]$ 对任意 $n\in N^*$ 成立的充分必要条件是 $c\in[0,1]$；

(Ⅱ)设 $0<c<\frac{1}{3}$，证明：$a_n\geqslant 1-(3c)^{n-1}$，$n\in N^*$；

(Ⅲ)设 $0<c<\frac{1}{3}$，证明：$a_1^2+a_2^2+\cdots+a_n^2>n-1-\frac{2}{1-3c}$，$n\in N^*$.

(2008 年安徽省高考理科数学试题 21 题)

62. 证明：数列 $x_1=1$，$x_2=1+\frac{x_1}{1+x_1}$，$\cdots$，$x_{n+1}=1+\frac{x_n}{1+x_n}$，$\cdots$是递增数列；

63. 设数列 $\{a_n\}$ 满足关系：$a_1=2p$，$a_n=2p-\frac{p^2}{a_{n-1}}$，其中 p 为不等于零的常数，求证：p 不在数列 $\{a_n\}$ 中；

64. 已知一个无穷数列 x_1，x_2，$\cdots$，$x_n\cdots(x_i\neq 0)$，在 $n\geqslant 3$ 时满足条件 $(x_1^2+x_2^2+\cdots+x_{n-1}^2)(x_2^2+x_3^2+\cdots+x_n^2)=(x_1x_2+x_2x_3+\cdots+x_{n-1}x_n)^2$，求证这个无穷数列是等比数列；

65. 已知 $\sin\alpha\neq0$，用数学归纳法证明：$\sin\alpha+2\sin2\alpha+\cdots+n\sin n\alpha=\dfrac{(n+1)\sin n\alpha-n\sin(n+1)\alpha}{4\sin^{2}\dfrac{\alpha}{2}}$；

66. 求证：$\dfrac{1}{\sin2x}+\dfrac{1}{\sin4x}+\cdots+\dfrac{1}{\sin2^{n}x}=\text{ctg}x-\text{ctg}2^{n}x\left(其中\ n\neq\dfrac{m\pi}{2^{p}}\right)$，$p=0,1,2,\cdots$，$m$ 为任意整数；

67. 用数学归纳法证明：$\dfrac{1}{2}+\cos\alpha+\cos2\alpha+\cdots+\cos n\alpha=\dfrac{\cos n\alpha-\cos(n+1)\alpha}{2(1-\cos\alpha)}$；

68. 用数学归纳法证明：$\cos x\cos2x\cdot\cdots\cdot\cos(2^{n-1}x)=\dfrac{\sin(2^{n}x)}{2^{n}\sin x}$；

69. 用数学归纳法证明：$\cos\dfrac{45^{\circ}}{2^{n}}=\dfrac{1}{2}\sqrt{2+\sqrt{2+\underset{n+1个2}{\sqrt{2}+\cdots+\sqrt{2}}}}\ (n\in N^{*})$；

70. (1) 求证：$|\sin2\alpha|\leqslant2|\sin\alpha|$（$\alpha$ 为任意角）；

(2) 用数学归纳法证明：$|\sin n\alpha|\leqslant n|\sin\alpha|$.

71. 数列 $\{a_n\}$ 由 $a_1=\sqrt{2}$，$a_{n+1}=\sqrt{2+a_n}\ (n\geqslant1)$ 确定，求证：$a_n=2\cos\dfrac{\pi}{2^{n+1}}$；

72. 一个数列的组成规律是：$A_1=\cos\theta$，$A_2=\cos2\theta$，对一切自然数 $k>2$，$A_k=(2\cos\theta)\cdot A_{k-1}-A_{k-2}$，求证数列的通项公式是 $A_n=\cos n\theta$；

73. 对于自然数 n，设 $p_n=\sin^{n}\theta+\cos^{n}\theta$，假定 $p_1=\cos\theta+\sin\theta$ 是一个有理数，用数学归纳法证明：p_n 都是有理数；

74. 数列 $\{a_n\}$ 满足 $a_1=1$，$a_2=2$，$a_{n+2}=\left(1+\cos^{2}\dfrac{n\pi}{2}\right)a_n+\sin^{2}\dfrac{n\pi}{2}$，$n=1,2,3,\cdots$.

（Ⅰ）求 a_3，a_4，并求数列 $\{a_n\}$ 的通项公式；

（Ⅱ）设 $b_n=\dfrac{a_{2n-1}}{a_{2n}}$，$s_n=b_1+b_2+\cdots+b_n$，证明：当 $n\geqslant6$ 时，$|s_n-2|<\dfrac{1}{n}$.

（2008 年湖南省高考理科数学试题 18 题）

75. 求证：凸 n 边形各内角和为 $(n-2)\times180^{\circ}$；

76. 平面上 n 条直线，没有任何两条平行，也没有任何三条共点，求证：这 n 条直线互相分割成 n^2 条线段（或射线）；

77. 平面上有 n 个圆，其中每两个圆相交于两点，且每三个圆都不相交

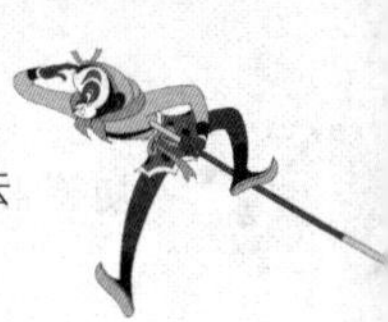

于一点，求证：这 n 个圆把平面分成 $f(n)=n^2-n+2$ 个部分；

78. 已知 $\triangle ABC$ 中，$\angle C=90°$，求证：对于 $\triangle ABC$ 内任意 n 个点，必可适当地记为 p_1，p_2，…，p_n，使得：$Ap_1^2+p_1p_2^2+\cdots+p_{n-1}p_n^2\leqslant AB^2$；

79. 求证：任意凸 $n(n\geqslant4)$ 边形都可以变形成一个和它等积的三角形；

80. 已知凸 n 个面的多面体（n 是大于 3 的自然数）它的面数、顶点数、棱数记为 F_n，V_n，E_n.

求证：$F_n+V_n=E_n+2$（欧拉定理）；

81. 已知圆的半径为 R，求证：此圆的内接正 2^n 边形（$n\geqslant2$）的边长为 $a_{2^n}=R\sqrt{2-\sqrt{2+\sqrt{2+\cdots+\sqrt{2}}}}$，总共有 $(n-1)$ 层根号；

82. 设线段的长度为 1，第一次截取它的 $\frac{1}{2^2}$，第二次从余下部分截取余下的 $\frac{1}{3^2}$，第三次再从余下部分截取余下的 $\frac{1}{4^2}$，这样无限继续下去，求余下的线段是多少？

83. 设 $f(n)=1+\frac{1}{2}+\frac{1}{3}+\cdots+\frac{1}{n}$，求证：$n+f(1)+f(2)+f(3)+\cdots+f(n-1)=n\cdot f(n)$（$n\geqslant2$ 且 $n\in N^*$）；

84. 若 $f(x)=\frac{x}{\sqrt{1+x^2}}$，记 $f_1(x)=f(x)$，$f_2(x)=f[f_1(x)]$，…，$f_n(x)=f[f_{n-1}(x)]$. (1) 求 $f_2(x)$，$f_3(x)$；(2) 猜想出 $f_n(x)$ 的表达式，并用数学归纳法加以证明.

85. 求证：大于 7 的整数可以用若干个 3 和 5 连加而得；

86. 证明：$\overbrace{11\cdots1}^{n\text{个}1}\overbrace{22\cdots2}^{n+1\text{个}2}5$ 是完全平方数；

87. 求证：多项式 $f(x)=\frac{1}{7}x^7+\frac{1}{5}x^5+\frac{1}{3}x^3+\frac{34}{105}x$，当 x 取任何整数时，总是得整数；

88. 整系数方程 $x^2-2ax+b=0$ 有实根，则此二根的 n 次方之和必为偶数；

89. 在象棋比赛中，每个参加者应和其他所有人都赛一局，求证：在比赛结束后可使所有参加者排成一队，使得任何人都不输给紧跟在他后面的人；

90. 设 2^n 个球分成许多堆，我们可以任意选择甲、乙两堆，按照以下规则挪动，若甲堆的球数 p 不少于乙堆的球数 q，则从甲堆里拿 q 个球放到乙堆里去，这样算是挪动一次. 证明：可以经过有限次挪动，把所有的球并

成一堆.

91. 是否存在常数 a, b, c 使得等式

$$1\cdot 2^2+2\cdot 3^2+\cdots+n(n+1)^2=\frac{n(n+1)}{12}(an^2+bn+c)$$

对一切自然数 n 都成立? 并证明你的结论.

(1989 年全国高考理工类数学试题 23 题)

92. (Ⅰ)设函数 $f(x)=x\log_2 x+(1-x)\log_2(1-x)\,(0<x<1)$, 求 $f(x)$ 的最小值;

(Ⅱ)设正数 p_1, p_2, p_3, $\cdots$, p_{2^n} 满足 $p_1+p_2+p_3+\cdots+p_{2^n}=1$, 证明: $p_1\log_2 p_1+p_2\log_2 p_2+p_3\log_2 p_3+p_{2^n}\log_2 p_{2^n}\geqslant -n$;

(2005 年安徽省高考理科数学试题 22 题)

93. A 是由定义在$[2, 4]$上且满足如下条件的函数 $\varphi(x)$ 组成的集合:

①对任意 $x\in[1, 2]$, 都有 $\varphi(2x)\in(1, 2)$;

②存在常数 $L\,(0<L<1)$, 使得 x_1、$x_2\in[1, 2]$, 都有 $|\varphi(2x_1)-\varphi(2x_2)|\leqslant L|x_1-x_2|$.

(Ⅰ)设 $\varphi(x)=\sqrt[3]{1+x}$, $x\in[2, 4]$, 证明: $\varphi(x)\in A$;

(Ⅱ)设 $\varphi(x)\in A$, 如果存在 $x_0\in(1, 2)$, 使得 $x_0=\varphi(2x_0)$, 那么这样的 x_0 是唯一的;

(Ⅲ)设 $\varphi(x)\in A$, 任取 $x_1\in(1, 2)$, 令 $x_{n+1}=\varphi(2x_n)$, $n=1, 2, \cdots$, 证明: 给定正整数 k, 对任意的正整数 p, 成立不等式 $|x_{k+p}-x_k|\leqslant \frac{L^{k-1}}{1-L}|x_1-x_2|$.

(2006 年广东省高考理科数学试题 20 题)

94. 已知函数 $f(x)=x^3$, $g(x)=x+\sqrt{x}$.

(1)求函数 $h(x)=f(x)-g(x)$ 的零点个数, 并说明理由;

(2)设数列$\{a_n\}\,(n\in N^*)$满足 $a_1=a\,(a>0)$, $f(a_{n+1})=g(a_n)$, 证明: 存在常数 M, 使得对于任意的 $n\in N^*$, 都有 $a_n\leqslant M$.

(2011 年湖南省高考理科数学试题 22 题)

95. 已知集合 $x=\{1, 2, 3\}$, $y_n=\{1, 2, 3, \cdots, n\}\,(n\in N^*)$, 设 $s_n=\{(a, b)\mid a$ 整除 b 或 b 整除 a, $a\in x$, $b\in y_n\}$, 令 $f(n)$ 表示集合 s_n 所含元素的个数.

(1)写出 $f(6)$ 的值;

(2)当 $n\geqslant 6$ 时, 写出 $f(n)$ 的表达式, 并用数学归纳法证明.

(2015 年江苏省高考理科数学试题 23 题)

习 题 解 答

习 题 一

1. (1) 解： $\because a_1=1$，$\therefore s_1=a_1=1$，又 s_n，s_{n+1}，$2s_1$ 成等差数列，$\therefore s_{n+1}=\frac{s_n+2s_1}{2}=\frac{s_n+2}{2}$，$\therefore s_2=\frac{s_1+2}{2}=\frac{3}{2}=\frac{2^2-1}{2}$，$\therefore s_3=\frac{s_2+2}{2}=\left(\frac{3}{2}+2\right)\Big/2=\frac{7}{4}=\frac{2^3-1}{2^2}$，$s_4=\frac{s_3+2}{2}=\left(\frac{7}{4}+2\right)\Big/2=\frac{15}{8}=\frac{2^4-1}{2^3}$.

于是可以猜测 $s_n=\frac{2^n-1}{2^{n-1}}$.

(2) 解： $\because x_1=1$，$x_n=f(x_{n-1})$，$f(x)=\frac{2x}{x+2}$，$\therefore x_2=f(x_1)=\frac{2x_1}{x_1+2}=\frac{2}{3}$，$x_3=f(x_2)=\frac{2x_2}{x_2+2}=\frac{1}{2}$，$x_4=f(x_3)=\frac{2x_3}{x_3+2}=\frac{2}{5}$.

又$\because \frac{1}{x_1}=1$，$\frac{1}{x_2}=\frac{3}{2}$，$\frac{1}{x_3}=2$，$\frac{1}{x_4}=\frac{5}{2}$.

$2\times\frac{1}{x_2}=\frac{1}{x_1}+\frac{1}{x_3}$，$2\times\frac{1}{x_3}=\frac{1}{x_2}+\frac{1}{x_4}$.

$\therefore \left\{\frac{1}{x_n}\right\}$为等差数列.

2. 解： $\because a_1=p$，$a_n=pa_{n-1}$，$\therefore a_n=p^n$.

又 $b_1=q$，$b_2=qa_1+rb_1=q(p+r)$.

$b_3=qa_2+rb_2=q(p^2+pr+r^2)$

设想 $b_n=q(p^{n-1}+p^{n-2}r+\cdots+r^{n-1})=\frac{q(p^n-r^n)}{p-r}$.

3. 解： 设 $F(n)=\frac{n^2-1}{n^2+1}=1-\frac{2}{n^2+1}$，

又 $f(x)=\frac{x^n-x^{-n}}{x^n+x^{-n}}=\frac{x^{2n}-1}{x^{2n}+1}=1-\frac{2}{x^{2n}+1}$.

$\therefore f(\sqrt{2})=1-\frac{2}{(\sqrt{2})^{2n}+1}=1-\frac{2}{2^n+1}$，

因此，只需比较 2^n 与 n^2 的大小.

当 $n=1$ 时，$2^1>1^2$，$f(\sqrt{2})>F(1)$

当 $n=2$ 时，$2^2=2^2$，$f(\sqrt{2})=F(2)$

当 $n=3$ 时，$2^3<3^2$，$f(\sqrt{2})<F(3)$

当 $n=4$ 时，$2^4=4^2$，$f(\sqrt{2})=F(4)$

当 $n=5$ 时，$2^5>5^2$，$f(\sqrt{2})>F(5)$

猜想 $n\geqslant5$ 时，$f(\sqrt{2})>F(n)$.

4. 解： $\because f(n_1+n_2)=f(n_1)f(n_2)$ 且 $f(2)=4$，又 $n\in N^*$，即 $f^2(1)=4\therefore$，又 $f(n)>0$，$\therefore f(1)=2$，而 $f(2)=2^2$.

指数函数 $f(x)=a^x\,(a>0,\ a\neq1)$ 正好具有性质 $f(n_1+n_2)=f(n_1)f(n_2)$，

故可猜想出 $f(n)=2^n$.

5. 解： 由条件得 $a_1=s_1=\frac{1}{2}\left(a_1+\frac{1}{a_1}\right)$得 $a_1=1$(负值舍去)，$a_2=s_2-s_1=\frac{1}{2}\left(a_2+\frac{1}{a_2}\right)-1$ 得 $a_2=\sqrt{2}-1$，$a_3=s_3-s_2=\frac{1}{2}\left(a_3+\frac{1}{a_3}\right)-\frac{1}{2}\left(a_2+\frac{1}{a_2}\right)$得 $a_3=\sqrt{3}-\sqrt{2}$，…由 a_1，a_2，a_3 猜想 $a_n=\sqrt{n}-\sqrt{n-1}$.

6. 解： 由 $a_1=2$ 得 $a_2=a_1^2-a_1+1=3$.

由 $a_2=3$ 得 $a_3=a_2^2-2a_2+1=4$.

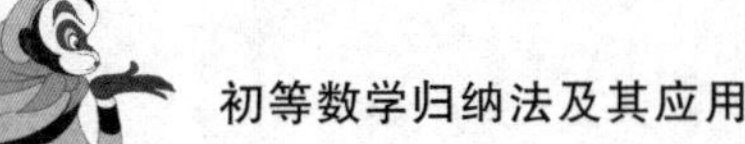

由 $a_3=4$ 得 $a_4=a_3^2-3a_3+1=5$.

由此猜想 a_n 的一个通项公式：$a_n=n+1(n\geqslant1)$.

7. 解：由题意当 $n=1$ 时有 $\frac{a_1+2}{2}=\sqrt{2s_1}$，$s_1=a_1$.

$\therefore \frac{a_1+2}{2}=\sqrt{2a_1}$，解得 $a_1=2$，

当 $n=2$ 时有 $\frac{a_2+2}{2}=\sqrt{2s_2}$，$s_2=a_1+a_2$，$a_1=2$，代入整理得 $(a_2-2)^2=16$，由 $a_2>0$，解得 $a_2=6$.

当 $n=3$ 时有 $\frac{a_3+2}{2}=\sqrt{2s_3}$，$s_3=a_1+a_2+a_3$，将 $a_1=2$，$a_2=6$，代入整理得 $(a_3-2)^2=64$，由 $a_3>0$ 解得 $a_3=10$.

故该数列的前三项为2，6，10.

猜想数列 $\{a_n\}$ 的通项公式 $a_n=4n-2$.

8. 解：$g(1)=3$，$g(2)=f[g(1)]=2g(1)+1=7$，$g(3)=f[g(2)]=2g(2)+1=15$，

$g(4)=f[g(3)]=2g(3)+1=31$，…

$$
\begin{aligned}
g(n)&=f[g(n-1)]=2g(n-1)+1\\
&=\underbrace{2(2(2\cdots(}_{n-1\text{个}}2\times3+\underbrace{1)+1)+1)+\cdots+1)+1}_{n-1\text{个}}\\
&=2^{n-1}\cdot3+2^{n-2}+2^{n-3}+\cdots+1\\
&=3\times2^{n-1}+\frac{2^{n-2}\left[1-\left(\frac{1}{2}\right)^{n-1}\right]}{1-\frac{1}{2}}\\
&=3\times2^{n-1}+2^{n-1}-2^{n-1-n+1}=2^{n+1}-1.
\end{aligned}
$$

9. 解：当 $n\geqslant2$ 时，$a_n=s_n-s_{n-1}=s_n+\frac{1}{s_n}+2$，$\therefore s_n=\frac{-1}{s_{n-1}+2}$.

$\therefore s_2=\frac{-1}{s_1+2}=-\frac{3}{4}$，$s_3=\frac{-1}{s_2+2}=-\frac{4}{5}$，$s_4=\frac{-1}{s_3+2}=-\frac{5}{6}$，

猜想 $s_n=-\frac{n+1}{n+2}$.

10. 证明：令 $s=a+b+c$

要证 $(a+b+c)^3+(b+c-a)(c+a-b)(a+b-c)=4a^2(b+c)+4b^2(c+a)+4c^2(a+b)+4abc$，

即证 $s^3+(s-2a)(s-2b)(s-2c)=4a^2(s-a)+4b^2(s-b)+4c^2(s-c)+4abc$，

只需证 $s^3+(s-2a)(s-2b)(s-2c)-4a^2(s-a)-4b^2(s-b)-4c^2(s-c)-4abc=0$，

即需证 $s^3+s^3-2s^2(a+b+c)+4s(ab+bc+ca)-8abc-4a^2s+4a^3-4b^2s+4b^3-4c^2s+4c^3-4abc=0$，

即需证 $4s(ab+bc+ca)-8abc-4s(a^2+b^2+c^2)+4(a^3+b^3+c^3)-4abc=0$，

即需证 $4[(a+b+c)(ab+bc+ca)-(a+b+c)(a^2+b^2+c^2)]+4(a^3+b^3+c^3-3abc)=0$，

即需证 $4(3abc-a^3-b^3-c^3)+4(a^3+b^3+c^3-3abc)=0$，

而此式显然成立，故原命题得证.

11. 证明：要证 $a^3+b^3>a^2b+ab^2$ 成立，

只需证 $(a+b)(a^2-ab+b^2)>ab(a+b)$ 成立，

$\because a+b>0$，

$\therefore$ 只需证 $a^2-ab+b^2>ab$ 成立，

即需证 $a^2-2ab+b^2>0$ 成立，

亦即证 $(a-b)^2>0$ 成立.

而已知 $a\neq b$，所以 $(a-b)^2>0$ 显然成立. 由此命题得证.

12. 证明：$\because x,y,z$ 成等差数列，$\therefore x+z=2y$，

于是

$$
\begin{aligned}
&x^2(y+z)+z^2(x+y)-2y^2(z+x)\\
&=x^2y+x^2z+z^2x+z^2y-2y^2z-2y^2x\\
&=xy(x+z-2y)-xyz+yz(x+z-2y)-xyz+x^2z+z^2x\\
&=xy(x+z-2y)+yz(x+z-2y)+zx(x+z-2y)\\
&=(x+z-2y)(xy+yz+zx)=0
\end{aligned}
$$

故 $x^2(y+z)$，$y^2(z+x)$，$z^2(x+y)$ 成等差数列.

13. 证明：如图4－1所示，以已知圆圆心 O 为原点，直径 AB 所在直线为 x 轴建立直角坐标系，并设圆 O 半径为1，则点 A，B 的坐标分别为 $(-1,0)$，$(1,0)$. 设点 C 坐标为 $(\cos\theta,\sin\theta)$，则点 D 坐标为 $(\cos\theta,0)$，又设点 E 坐

标为$(a, 0)$，$\frac{CF}{FB}=\lambda$，则F点坐标为：

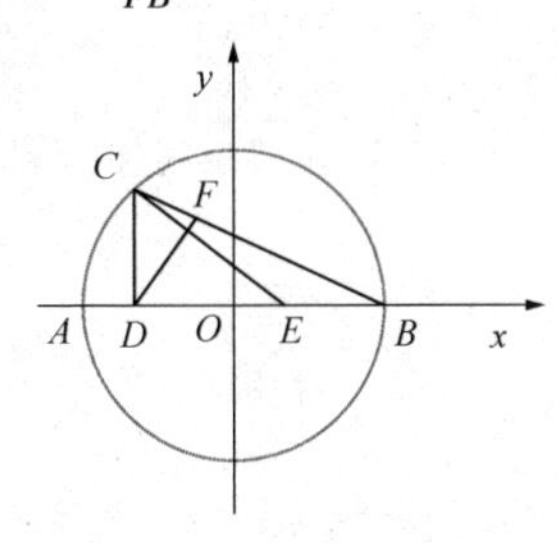

图4-1

$x=\frac{\cos\theta+\lambda}{1+\lambda}$，$y=\frac{\sin\theta}{1+\lambda}$

直线DF的斜率$k_1=\frac{\sin\theta}{\lambda(1-\cos\theta)}$

直线CE的斜率$k_2=\frac{\sin\theta}{\cos\theta-a}$

$\because DF\perp CE$

$\therefore \frac{\sin\theta}{\lambda(1-\cos\theta)}=\frac{a-\cos\theta}{\sin\theta}$

$\lambda=\frac{\sin^2\theta}{(1-\cos\theta)(a-\cos\theta)}=\frac{1+\cos\theta}{a-\cos\theta}$

而$\frac{AD}{DE}=\frac{\cos\theta+1}{a-\cos\theta}$，故$\frac{AD}{DE}=\frac{CF}{FB}$.

14. 解：由$\frac{1}{x}<1$得$x<0$或$x>1$.

$\because \{x\mid x>1\}\subsetneqq\{x\mid x<0或x>1\}$

$\therefore x>1$是$\frac{1}{x}<1$的充分不必要条件.

故选A.

15. 解：对于集合p，q，$p\cup q$可能真包含$p\cap q$，

$\therefore$“p或q为真命题”是“p且q为真命题”的必要不充分条件，故选B.

16. 解：$\because P\cap Q=P\Leftrightarrow P\subsetneqq Q$或$P=Q$

即条件甲等价于$Q\supsetneqq P$或$P=Q$；而条件乙是$P\subsetneqq Q$，

$\therefore$甲$\nRightarrow$乙但乙$\Rightarrow$甲.

故甲是乙的必要不充分条件，乙是甲的充分不必要条件.

17. 解：由$(x-m)(x-n)>0(m<n)$可得$x<m$或$x>n$，

$\therefore m<n$，$(x-m)(x-n)>0$是$x<m$或$x>n$的充要条件.

故选C.

18. 解：当$a=1$时，$M=\{1, 2\}$，$N=\{1\}$，$N\subseteq M$，

当$N\subseteq M$时，$a^2=1$或$a^2=2$，有$a=\pm1$或$a=\pm\sqrt{2}$，

所以“$a=1$”是“$N\subseteq M$”的充分不必要条件.

故选A.

19. 解：$\because a<0$，$\therefore 1-a>0$且$\sqrt{1-a}>1$，$\therefore 2\sqrt{1-a}>2$.

而$x=\frac{-2\pm\sqrt{4-4a}}{2a}=\frac{-2\pm2\sqrt{1-a}}{2a}$

$\therefore -2+2\sqrt{1-a}>0$，又$a<0$，$\therefore \frac{-2+2\sqrt{1-a}}{2a}<0$，

即方程有一负根.

但若$x<0$，由$x=\frac{-2\pm2\sqrt{1-a}}{2a}$不能断定$a<0$，

如$a=\frac{9}{25}$，则$\frac{-2-2\sqrt{1-a}}{2a}=\frac{-2-\frac{8}{5}}{\frac{18}{25}}<0$.

故选B.

20. 解：如图4-2所示，函数$f(x)=|x-a|$关于$x=a$对称．由图易知函数$f(x)=|x-a|$在区间$[a, +\infty)$上为增函数．要使$f(x)=|x-a|$在区间$[1, +\infty)$上为增函数$\Leftrightarrow a\leqslant1$．从而知“$a=1$”$\Rightarrow$“函数$f(x)=|x-a|$在区间$[1, +\infty)$上为增函数”．故选A.

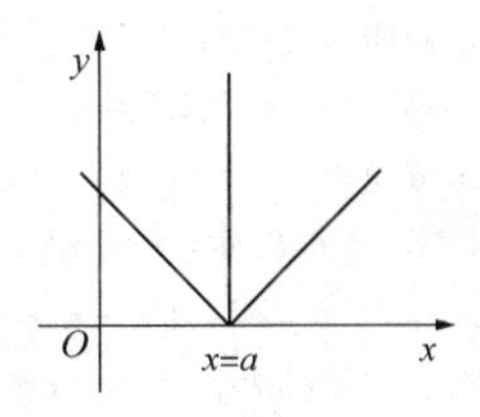

图4-2

21. 解：由$1<x<2$可得$2<2^x<4$，则由p推得q成立．若$2^x>1$可得$x>0$，推不出$1<x<2$.

由充分必要条件的定义可得p是q成立的充分不必要条件，故选A.

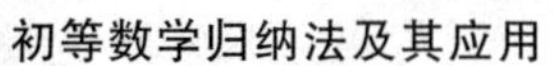

22. **解：** 命题 p：$a=b$ 是命题 q：$\left(\frac{a+b}{2}\right)^2 \leqslant \frac{a^2+b^2}{2}$ 等号成立的条件．故选 B.

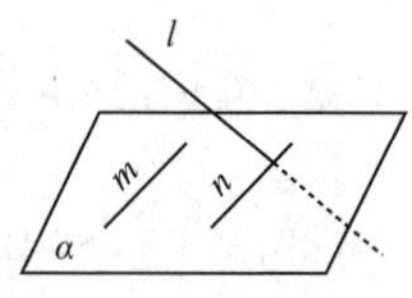

图 4－3

23. **解：** $\because m\subseteq\alpha$，且 $n\subseteq\alpha$．若 $l\perp\alpha$，则 $l\perp m$ 且 $l\perp n$，

反之，若 $l\perp m$ 且 $l\perp n$，则不一定能推出 $l\perp\alpha$，例如：$m\subseteq\alpha$，$n\subseteq\alpha$，$m\parallel n$，$l\perp m$ 且 $l\perp n$，但 $l\perp\alpha$ 不成立．如图 4－3 所示，故选 A.

24. **解：** $\because \boldsymbol{a}+\boldsymbol{b}=\boldsymbol{0}\Rightarrow\boldsymbol{b}=-\boldsymbol{a}\Rightarrow\boldsymbol{a}\parallel\boldsymbol{b}$.

反之推不出．例如：$\boldsymbol{b}=2\boldsymbol{a}$ 满足两个向量平行，但得不到 $\boldsymbol{a}+\boldsymbol{b}=\boldsymbol{0}$，所以，$\boldsymbol{a}+\boldsymbol{b}=\boldsymbol{0}$ 是 $\boldsymbol{a}\parallel\boldsymbol{b}$ 的充分不必要条件．故选 A.

25. **解：** 分段函数中，$f(x)$ 在点 $x=x_0$ 处可以有定义但是不连续；如果 $f(x)$ 在 $x=x_0$ 处连续则必定有定义，故选 B.

26. **解：** $\ln(x+1)<0\Leftrightarrow 0<x+1<1\Leftrightarrow -1<x<0$，所以"$x<0$"是"$\ln(x+1)<0$"的必要而不充分条件，故选 B.

27. **解：** 由 $|x-1|<2$ 得 $-1<x<3$，由 $x(x-3)<0$ 得 $0<x<3$，所以易知选 B.

28. **解：** 若 $y=f(x)$ 是奇函数，则 $y=|f(x)|$ 的图像关于 y 轴对称，反之不成立，比如偶函数 $y=x^2$ 满足 $y=|f(x)|$ 的图像关于 y 轴对称，但它不是奇函数，故选 B.

29. **解：** 由 $a>b$ 且 $c>d\Rightarrow a+c>b+d$，而 $a+c>b+d$ 不一定得出 $a>b$ 且 $c>d$，例如，$a=4$，$b=1$，$c=3$，$d=5$，有 $a+c>b+d(4+3>1+5)$，有 $4>1$ 但 $3<5$，即 $a>b$ 但 $c<d$，故选 A.

30. **解：** 当 $a\leqslant 0$，$x\in(0,+\infty)$ 时.

$f(x)=|(ax-1)x|=(1-ax)x$，结合函数图像可知函数 $f(x)=|(ax-1)x|$ 在区间 $(0,+\infty)$ 内单调递增.

若 $a>0$，如取 $a=1$，则函数 $f(x)=|(ax-1)x|=|(x-1)x|$，当 $x\in(0,+\infty)$ 时

$$f(x)=\begin{cases}(x-1)x & x>1\\(1-x)x, & 0<x<1\end{cases}$$

如图 4－4 所示，它在区间 $(0,+\infty)$ 内有增有减.

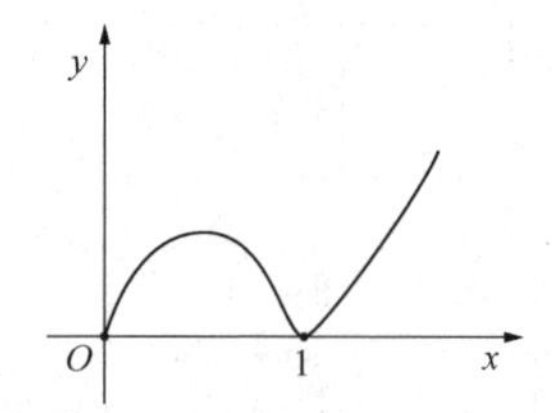

图 4－4

从而得到"$a\leqslant 0$"是"函数 $f(x)=|(ax-1)x|$ 在区间 $(0,+\infty)$ 内单调递增"的充要条件，故选 C.

31. **解：** 当 $a=0$ 时，函数 $f(x)=ax^3+x+1$ 是单调增函数无极值，故排除 B，D；当 $a>0$ 时，函数 $f(x)=ax^3+x+1$ 是单调增函数无极值，故排除 A，故选 C.

32. **解：** $s_4+s_6>2s_5\Leftrightarrow 4a_1+6d+6a_1+15d>2(5a_1+10d)\Leftrightarrow 21d>20d\Leftrightarrow d>0$

$\therefore$ "$d>0$"是"$s_4+s_6>2s_5$"的充分必要条件.

故选 C.

33. **解：** 若对任意的 $b\in R$，都 $\exists a\in D$，使得 $f(a)=b$，则 $f(x)$ 的值域必为 R，反之，$f(x)$ 的值域为 R，则对任意的 $b\in R$，都 $\exists a\in D$，使得 $f(a)=b$，故(1)正确.

对(2)，比如函数 $f(x)=x(-1<x<1)$ 属于 B，但它既无最大值也无最小值，故错误.

34. **(Ⅰ)证明：** 当 $c<0$ 时，$x_{n+1}=-x_n^2+x_n+c<x_n$

$\therefore \{x_n\}$ 是单调递减数列.

当 $\{x_n\}$ 是单调递减数列时，$x_1=0>x_2=-x_1^2+x_1+c$

$\therefore c<0$，综上 $\{x_n\}$ 是单调递减数列的充分必要条件是 $c<0$.

(Ⅱ)解略.

35. **(1)解略** $a_n=4n-3$.

(2)证明： (1)必要性：若数列 $\{a_n\}$ 是公比为 q 的等比数列，则对任意 $n\in N^*$ 有 $a_n=a_{n-1}$

q，由 $a_n>0$ 知 $A(n)$，$B(n)$，$C(n)$ 均大于 0，于是

$$\frac{B(n)}{A(n)}=\frac{a_2+a_3+\cdots a_{n+1}}{a_1+a_2+\cdots a_n}=\frac{q(a_1+a_2+\cdots a_n)}{a_1+a_2+\cdots a_n}=q$$

$$\frac{C(n)}{B(n)}=\frac{a_3+a_4+\cdots a_{n+2}}{a_2+a_3+\cdots a_{n+1}}=\frac{q(a_2+a_3+\cdots a_{n+1})}{a_2+a_3+\cdots a_{n+1}}=q$$

即$\frac{B(n)}{A(n)}=\frac{C(n)}{B(n)}=q$，所以三个数 $A(n)$，$B(n)$，$C(n)$ 组成公比为 q 的等比数列.

(2)充分性：若对于任意 $n\in N^*$，三个数 $A(n)$，$B(n)$，$C(n)$ 组成公比为 q 的等比数列，则 $B(n)=qA(n)$，$C(n)=qB(n)$.

于是 $C(n)-B(n)=q[B(n)-A(n)]$，得 $a_{n+2}-a_2=q(a_{n+1}-a_1)$，

即 $a_{n+2}-qa_{n+1}=a_2-qa_1$，由 $n=1$ 有 $B(1)=qA(1)$，即 $a_2=qa_1$，

从而 $a_{n+2}-qa_{n+1}=0$，因为 $a_n>0$，所以 $\frac{a_{n+2}}{a_{n+1}}=\frac{a_2}{a_1}=q$，故数列$\{a_n\}$是首项为 a_1，公比为 q 的等比数列.

综上所述，数列$\{a_n\}$是公比为 q 的等比数列的充分必要条件是：对任意 $n\in N^*$，三个数 $A(n)$，$B(n)$，$C(n)$ 组成公比为 q 的等比数列.

习　题　二

1. **分析**：数形类比，用平面几何方法证明此题.

证明：如图 4－5 所示，作线段 ABC，使 $AB=a$，$BC=b$，以 AC 作直径作半圆，圆心为 O，过 B 作 $BP\perp AC$ 交半圆于 P，连 OP，则

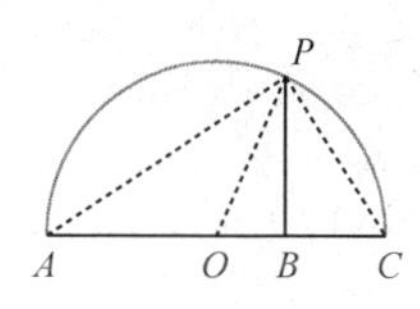

图 4－5

$OP=\frac{a+b}{2}$，$BP=\sqrt{AB\cdot BC}=\sqrt{ab}$，

$\because OP\geqslant BP$，$\therefore \frac{a+b}{2}\geqslant\sqrt{ab}$（$a=b$ 时取“＝”号）.

2. **分析**：数形类比.

解：将原方程组变形为：

$$\begin{cases}\sqrt{x+1}+\sqrt{y-1}=5\\(\sqrt{x+1})^2+(\sqrt{y-1})^2=(\sqrt{13})^2\end{cases}$$

不难发现 $\sqrt{x+1}>0$，$\sqrt{y-1}>0$，设

$\sqrt{x+1}=a$，$\sqrt{y-1}=b$，作直角三角形 ABC，使 $BC=a$，$AC=b$，如图 4－6 所示，延长 AC 至 D，使 $CD=CB$，连 BD，则 $AD=5$，$BD=\sqrt{2}a$，

在 Rt$\triangle ABC$ 中 $\cos\angle BAC=\frac{5-a}{\sqrt{13}}$，

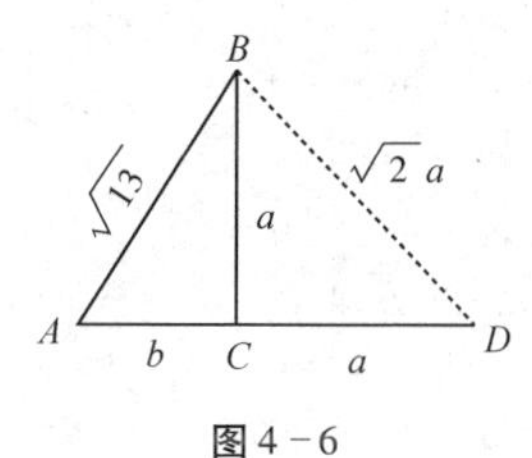

图 4－6

在$\triangle ABD$ 中 $\cos\angle BAC=\frac{19-a^2}{5\sqrt{13}}$，

$\therefore 5-a=\frac{19-a^2}{5}$，即 $a^2-5a+6=0$.

解之得 $a_1=2$，$a_2=3$，则 $b_1=3$，$b_2=2$.

即$\begin{cases}\sqrt{x+1}=2\\\sqrt{y-1}=3\end{cases}\Rightarrow\begin{cases}x=3\\y=10\end{cases}$

或$\begin{cases}\sqrt{x+1}=3\\\sqrt{y-1}=2\end{cases}\Rightarrow\begin{cases}x=8\\y=5\end{cases}$

经检验$\begin{cases}x=3\\y=10\end{cases}$或$\begin{cases}x=8\\y=5\end{cases}$是原方程组的解.

3. **分析**：用数形类比来解.

解：作圆 O 及两相交弦 AB，CD，交点为 E，使 $EB=a$，$EC=b$，$ED=c$，$EA=d$，如图

4－7 所示.

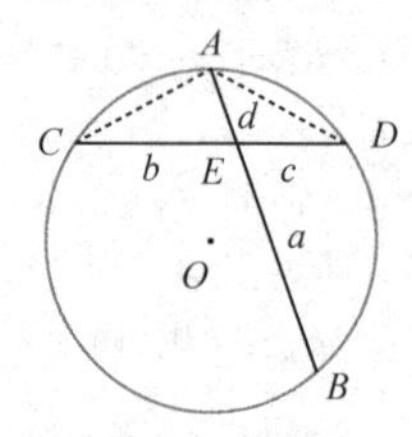

图 4－7

连 AD，AC，$\because ED > AE$，$\therefore \angle EAD > \angle EDA$，

$\therefore \overset{\frown}{BD} > \overset{\frown}{AC}$，$\therefore \overset{\frown}{BD} + \overset{\frown}{AD} > \overset{\frown}{AC} + \overset{\frown}{AD}$，即 $\overset{\frown}{BDA} > \overset{\frown}{DAC}$.

同理 $\overset{\frown}{ACB} > \overset{\frown}{DAC}$，由于 $\overset{\frown}{BDA} + \overset{\frown}{ACB}$ 是整个圆，且大于 $2\overset{\frown}{DAC}$，$\therefore \overset{\frown}{DAC}$ 是劣弧，不失一般性，假定 $\overset{\frown}{BDA}$ 为劣弧，则 $BA > CD$，

故 $a + d > b + c$，B 为真.

4. 分析： 三个方程的结构是一致的，若把方程组改写为：

$$\begin{cases} a^3 - za^2 - ya - x = 0 \\ b^3 - zb^2 - yb - x = 0 \\ c^3 - zc^2 - yc - x = 0 \end{cases}$$

与一元三次方程 $x^3 + ax^2 + bx + c = 0$ 类比，便知 a，b，c 是以 1，$-z$，$-y$，$-x$ 为系数的一元三次方程 $t^3 - zt^2 - yt - x = 0$ 的三个根，可得如下解法.

解： 将原方程组变为：

$$\begin{cases} a^3 - za^2 - ya - x = 0 \\ b^3 - zb^2 - yb - x = 0 \\ c^3 - zc^2 - yc - x = 0 \end{cases}$$

则 a，b，c 为 $t^3 - zt^2 - yt - x = 0$ 的三个根.

由韦达定理可得：

$$\begin{cases} a + b + c = z \\ ab + bc + ca = -y \\ abc = x \end{cases}$$

故方程组的解为：

$$\begin{cases} x = abc \\ y = -(ab + bc + ca) \\ z = a + b + c \end{cases}$$

5. 分析： 若把已知条件中的 $\cos\theta$，$\sin\theta$，$\cos\varphi$，$\sin\varphi$ 作为未知数，可与直线 $ax + by = c$ 类比，从而可得下列证法.

证明： $\because$ 由已知点 $P(\cos\theta, \sin\theta)$ 与 $Q(\cos\varphi, \sin\varphi)$ 在直线 $ax + by = c$ 上，但过 P，Q 两点的直线方程又可写为：

$\dfrac{y - \sin\theta}{\sin\varphi - \sin\theta} = \dfrac{x - \cos\theta}{\cos\varphi - \cos\theta}$，变形整理后可得

$\cos\dfrac{\theta + \varphi}{2} \cdot x + \sin\dfrac{\theta + \varphi}{2} \cdot y = \cos\dfrac{\theta - \varphi}{2}$.

而它与直线方程 $ax + by = c$ 表示同一条直线，其对应系数成比例.

故 $\dfrac{a}{\cos\dfrac{\theta + \varphi}{2}} = \dfrac{b}{\sin\dfrac{\theta + \varphi}{2}} = \dfrac{c}{\cos\dfrac{\theta - \varphi}{2}}$.

6. 分析： 把等差数列的通项公式变形为：$a_n = dn + (a_1 - d)$，与一次函数 $y = kx + b$ 的结构相似，可类比，点 (n, a_n) 都在同一直线 $y = dx + (a_1 - d)$ 上，而公差 d 就该直线的斜率，利用这种几何直观可以巧妙地解答等差数列的有关问题.

解： $\because d$ 等于过点 $(3, 7)$ 和 $(7, 3)$ 的直线的斜率.

$\therefore d = \dfrac{3 - 7}{7 - 3} = -1$.

7. 分析： 同上题.

证明： 假设 1，$1 + \sqrt{2}$，$\sqrt{2}$ 分别是同一个等差数列的第 m，n，p 项，则 $A(m, 1)$，$B(n, 1 + \sqrt{2})$，$C(p, \sqrt{2})$ 三点共线，从而有 $k_{AB} = k_{BC}$. 即

$\dfrac{(1 + \sqrt{2}) - 1}{n - m} = \dfrac{\sqrt{2} - (1 + \sqrt{2})}{p - n}$，化简得 $\sqrt{2} = \dfrac{m - n}{p - n}$.

$\sqrt{2}$ 是无理数，而 $\dfrac{m - n}{p - n}$ 为一有理数，所以上式不成立.

故 1，$1 + \sqrt{2}$，$\sqrt{2}$ 不是同一等差数列中的三项.

8. 分析： 因为 a_n 是 n 的一次式，所以可与直线方程类比，利用直线方程的有关知识来解答.

解法一：利用两点式

$\because \dfrac{a_5-a_3}{5-3}=\dfrac{a_9-a_3}{9-3}$，

$\dfrac{a_5+3}{2}=\dfrac{21+3}{6}$，

故 $a_5=5$.

解法二：利用三点共线行列式

$$\because \begin{vmatrix} a_3 & 3 & 1 \\ a_5 & 5 & 1 \\ a_9 & 9 & 1 \end{vmatrix}=0，即 \begin{vmatrix} -3 & 3 & 1 \\ a_5 & 5 & 1 \\ 21 & 9 & 1 \end{vmatrix}=0.$$

$\therefore a_5=5$.

9. 分析： 函数表达式右边与两点连线的斜率公式类似，因此可将它与斜率公式 $k=\dfrac{y_2-y_1}{x_2-x_1}$ 类比，可得如下解法.

解： 如图4－8所示，设单位圆上的点 $P(\cos x，\sin x)$ 和定点 $(2，2)$，于是问题就变为求 PA 的斜率 $k=\dfrac{2-\sin x}{2-\cos x}$ 的最大值和最小值，也就是当直线 PA 与单位圆 $x^2+y^2=1$ 相切时的斜率.

如图建立坐标系 xOy，则斜率为 k 的单位圆的切线方程为 $y=kx\pm\sqrt{1+k^2}$.

$\because$ 此切线过点 $A(2，2)$.

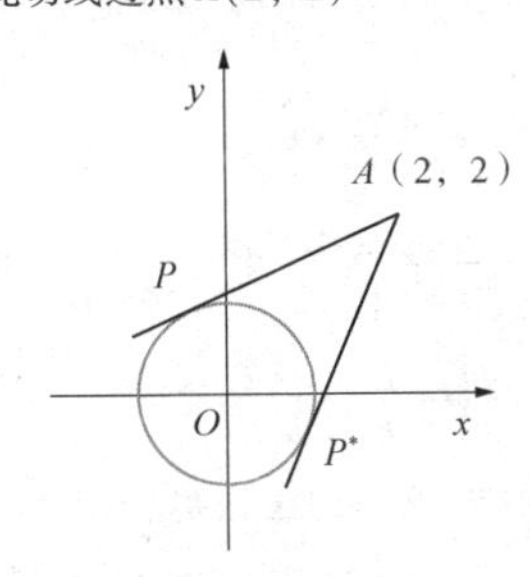

图4－8

$\therefore 2=2k\pm\sqrt{1+k^2}$　即 $2-2k=\pm\sqrt{1+k^2}$.

解之得 $k=\dfrac{4\pm\sqrt{7}}{3}$.

故 $y_{\max}=\dfrac{4+\sqrt{7}}{3}$，$y_{\min}=\dfrac{4-\sqrt{7}}{3}$.

10. 分析： 此题的结论变形为 $\dfrac{a}{m}+\dfrac{b}{n}+\dfrac{c}{p}=\dfrac{a}{m}\cdot\dfrac{b}{n}\cdot\dfrac{c}{p}$，可与三角公式 $\mathrm{tg}\alpha+\mathrm{tg}\beta+\mathrm{tg}\gamma=\mathrm{tg}\alpha\mathrm{tg}\beta\mathrm{tg}\gamma(\alpha+\beta+\gamma=\pi)$ 类比，若能求得 $\mathrm{tg}A=\dfrac{a}{m}$，$\mathrm{tg}B=\dfrac{b}{n}$，$\mathrm{tg}C=\dfrac{c}{p}$，问题就迎刃而解.

证明： 如图4－9所示，$\because \triangle BCE\backsim\triangle AHE$

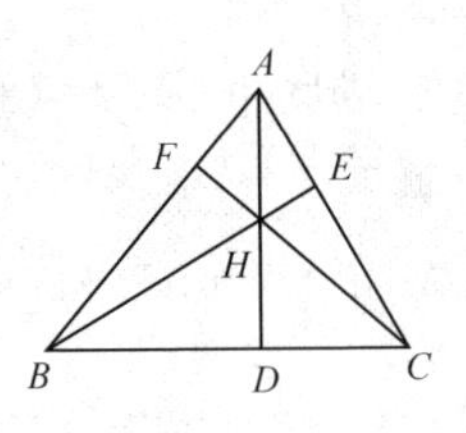

图4－9

$\therefore \dfrac{BE}{AE}=\dfrac{BC}{AH}=\dfrac{a}{m}$

故 $\mathrm{tg}A=\dfrac{BE}{AE}=\dfrac{a}{m}$.

同理可得，$\mathrm{tg}B=\dfrac{b}{n}$，$\mathrm{tg}C=\dfrac{c}{p}$.

$\because A+B+C=\pi$.

$\therefore \dfrac{a}{m}+\dfrac{b}{n}+\dfrac{c}{p}=\mathrm{tg}A+\mathrm{tg}B+\mathrm{tg}C=\mathrm{tg}A\mathrm{tg}B\mathrm{tg}C=\dfrac{abc}{mnp}$.

11. 分析： 形数类比，用求三角函数极值方法解.

解： 对于相似的直角三角形，$\dfrac{r}{R}$ 是定值，是由两锐角决定的.

如图4－10所示，设 $\triangle ABC$ 中，$\angle C=90°$，$BC=a$，$AC=b$，$AB=C$，则 $2R=C$，$2r=a+b-c$.

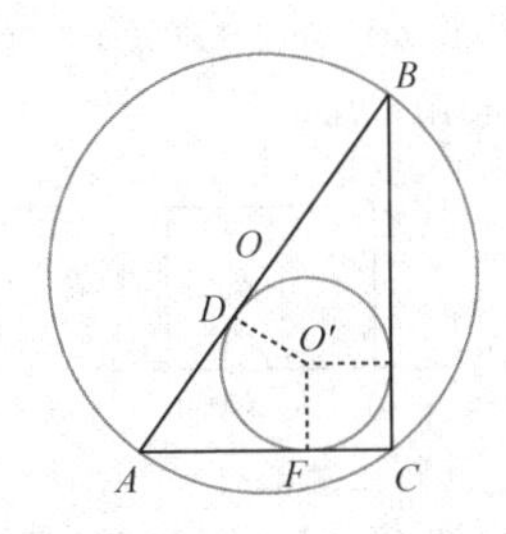

图4－10

$\therefore \dfrac{r}{R}=\dfrac{a+b-c}{c}=\dfrac{a}{c}+\dfrac{b}{c}-1$

$=\sin A+\cos A-1$

$=\sqrt{2}\sin(A+45°)-1.$

当 $\sin(A+45°)=1$，即 $A+45°=90°$时，

$\frac{r}{R}$有极大值.

$\therefore A=45°=B.$

故当直角三角形 ABC 是等腰直角三角形时，

$\frac{r}{R}$取得极大值$\sqrt{2}-1$.

12. 分析：形数类比，用求三角函数极值解.

解：设$\angle AOP=\theta$，$\because OP=1$，$OA=2$.

由余弦定理 $AP^2=1^2+2^2-2\times1\times2\cos\theta=5-4\cos\theta$.

$$\therefore S_{正\triangle APC}=\frac{\sqrt{3}}{4}(5-4\cos\theta)$$

$$又\ S_{\triangle OAP}=\frac{1}{2}\times1\times2\times\sin\theta=\sin\theta$$

$$\therefore S_{OACP}=\frac{\sqrt{3}}{4}(5-4\angle\cos\theta)+\sin\theta$$

$$=(\sin\theta-\sqrt{3}\cos\theta)+\frac{5\sqrt{3}}{4}$$

$$=2\sin(\theta-60°)+\frac{5\sqrt{3}}{4}.$$

当 $\sin(\theta-60°)=1$，即 $\theta=150°$时，四边形 $OACP$ 的面积达到最大值 $2+\frac{5\sqrt{3}}{4}$.

13. 类比：1983 年全国高考数学（文科）试题“已知半径为 R 的半圆内接一矩形，试求矩形的最大面积”的解法，不难获得本题的解法.

解：过长方体的对角面作一大圆截面如图 4－11所示，设$\angle AOB=\theta$，则底面正方形边长为 $\sqrt{2}R\cos\theta$，高 $AB=R\sin\theta$.

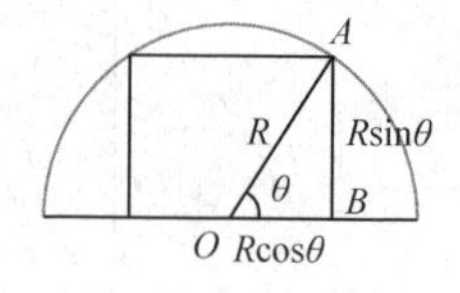

图 4－11

则长方体的体积 $V=2R^2\cos^2\theta\cdot R\sin\theta=2R^3\sin\theta\cos^2\theta$.

$\because V^2=2R^6\cdot2\sin^2\theta\cos^2\theta\cos^2\theta\leqslant 2R^6\left(\frac{2\sin^2\theta+\cos^2\theta+\cos^2\theta}{3}\right)^3=\frac{16}{27}R^6.$

$\therefore$ 当 $2\sin^2\theta=\cos^2\theta$ 时，V^2 有最大值$\frac{16}{27}R^6$.

即 $\text{tg}\theta=\frac{\sqrt{2}}{2}$亦即 $\theta=\text{arctg}\frac{\sqrt{2}}{2}$时，

$V_{\max}=\frac{4}{9}\sqrt{3}R^3.$

14. 分析：此题可与平面几何中的问题“已知三角形 ABC 的三条边 BC，CA，AB 上的高分别为 h_a，h_b 和 h_c，三角形 ABC 内的任一点 P 到三条边 BC，CA，AB 的距离分别为 p_a，p_b 和 p_c. 求证：$\frac{p_a}{h_a}+\frac{p_b}{h_b}+\frac{p_c}{h_c}=1$”类比，而此题的证明为：

如图 4－12 所示，连接 PA，PB，PC，则

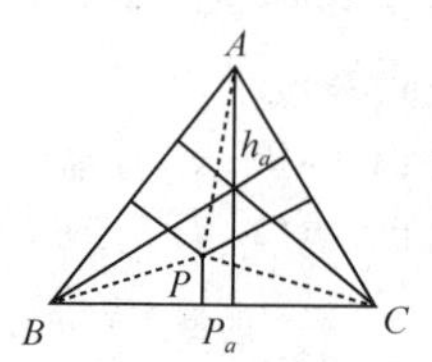

图 4－12

$$\frac{p_a}{h_a}=\frac{\frac{1}{2}BC\cdot p_a}{\frac{1}{2}BC\cdot h_a}=\frac{S_{\triangle PBC}}{S_{\triangle ABC}}$$

$$同理\frac{p_b}{h_b}=\frac{S_{\triangle PAC}}{S_{\triangle ABC}},\ \frac{p_c}{h_c}=\frac{S_{\triangle PAB}}{S_{\triangle ABC}}$$

$$但\frac{S_{\triangle PBC}}{S_{\triangle ABC}}+\frac{S_{\triangle PAC}}{S_{\triangle ABC}}+\frac{S_{\triangle PAB}}{S_{\triangle ABC}}$$

$$=\frac{S_{\triangle PBC}+S_{\triangle PAC}+S_{\triangle PAB}}{S_{\triangle ABC}}=\frac{S_{\triangle ABC}}{S_{\triangle ABC}}=1$$

$$\therefore\frac{p_a}{h_a}+\frac{p_b}{h_b}+\frac{p_c}{h_c}=1.$$

由此类推，可得到这个命题的证明.

证明：如图 4－13 所示，设 $h_a=AA_1$，$p_a=PP_1$，则

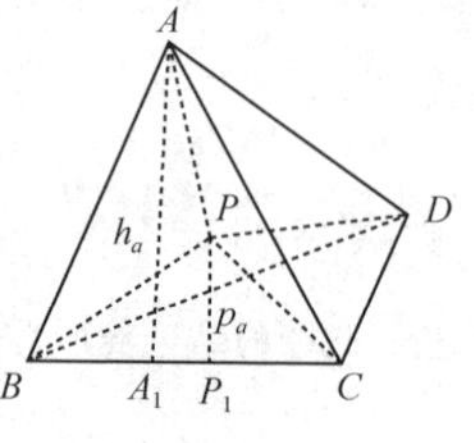

图 4－13

$$\frac{p_a}{h_a}=\frac{\frac{1}{3}S_{\triangle BCD}\cdot p_a}{\frac{1}{3}S_{\triangle BCD}\cdot h_a}=\frac{V_{P-BCD}}{V_{ABCD}}$$

同理$\frac{p_b}{h_b}=\frac{V_{P-ACD}}{V_{ABCD}}$,

$\frac{p_c}{h_c}=\frac{V_{P-ABD}}{V_{ABCD}}$,

$\frac{p_d}{h_d}=\frac{V_{P-ABC}}{V_{A-BCD}}$.

但$\frac{V_{P-BCD}}{V_{ABCD}}+\frac{V_{P-ACD}}{V_{ABCD}}+\frac{V_{P-ABD}}{V_{ABCD}}+\frac{V_{P-ABC}}{V_{ABCD}}$

$=\frac{V_{P-BCD}+V_{P-ACD}+V_{P-ABD}+V_{P-ABC}}{V_{ABCD}}$

$=\frac{V_{ABCD}}{V_{ABCD}}=1$.

故$\frac{p_a}{h_a}+\frac{p_b}{h_b}+\frac{p_c}{h_c}+\frac{p_d}{h_d}=1$.

15. **分析**：用平面几何方法解.

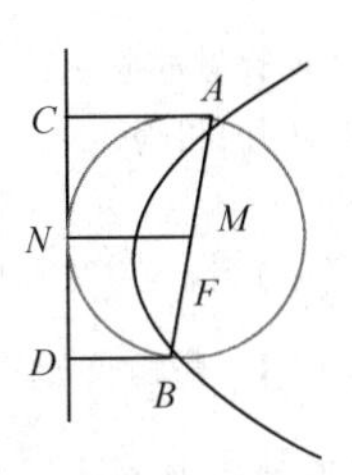

图4－14

证明：如图4－14所示，取焦点弦AB中点M，由A，B，M作准线的垂线，垂足分别为C，D，N，则

$\because AC=AF$，$BD=BF$，

$\therefore AC+BD=AB$.

又MN为梯形$ABCD$为中位线.

$\therefore MN=\frac{1}{2}(AC+BD)=\frac{1}{2}AB=AM=BM$

又因为$MN\perp CD$，所以，以M为圆心，AB为直径的圆必与准线相切.

习　题　三

1. **证明**：(ⅰ)当$n=1$时，左边$=1$，右边$=1$，等式成立；

(ⅱ)假设$n=k$时等式成立，即$1\cdot3\cdot5\cdot\cdots(2k-1)=\frac{(2k)!}{2^k\cdot k!}$.

则$n=k+1$时，$1\cdot3\cdot5\cdot\cdots(2k-1)(2k+1)$

$=\frac{(2k)!}{2^k\cdot k!}\cdot(2k+1)$

$=\frac{(2k+1)!}{2^k\cdot k!}=\frac{[2(k+1)]!}{2^k\cdot k!\ (2k+2)}$

$=\frac{[2(k+1)]!}{2^{k+1}\cdot(k+1)!}$.

即$n=k+1$时，等式亦成立.

故由(ⅰ)、(ⅱ)可得，对一切$n\in N^*$，等式都成立.

2. **证明**：(ⅰ)当$n=1$时，命题显然成立；

(ⅱ)假设$n=k$时命题成立. 即

$\frac{1}{1\cdot4}+\frac{1}{4\cdot7}+\cdots+\frac{1}{(3k-2)(3k+1)}=\frac{k}{3k+1}$. 则$n=k+1$时，

$\frac{1}{1\cdot4}+\frac{1}{4\cdot7}+\cdots+\frac{1}{(3k-2)(3k+1)}+\frac{1}{(3k+1)(3k+4)}$

$=\frac{k}{3k+1}+\frac{1}{(3k+1)(3k+4)}=\frac{k+1}{3(k+1)+1}$.

即$n=k+1$时，命题亦成立.

故由(ⅰ)、(ⅱ)可得，对一切$n\in N^*$命题都成立.

3. **证明**：(ⅰ)当$n=1$时，命题显然成立；

(ⅱ)假设$n=k$时有$1^2+3^2+5^2+7^2+\cdots+(2k-1)^2=\frac{k(2k-1)(2k+1)}{3}$.

则$n=k+1$时，$1^2+3^2+5^2+7^2+\cdots+(2k-1)^2+(2k+1)^2$

$=\frac{k(2k-1)(2k+1)}{3}+(2k+1)^2$

$=\frac{(k+1)[2(k+1)-1][2(k+1)+1]}{3}$.

即 $n=k+1$ 时命题亦成立.

故由(ⅰ)、(ⅱ)可得，对一切 $n\in N^*$ 命题都成立.

4. 证明：(ⅰ)当 $n=1$ 时，左边 $=1$，右边 $=\frac{1}{2}(6-3-1)=1$，命题成立；

(ⅱ)假设 $n=k$ 时有 $1^2+4^2+7^2+\cdots+(3k-2)^2=\frac{k}{2}(6k^2-3k-1)$.

则 $n=k+1$ 时，$1^2+4^2+7^2+\cdots+(3k-2)^2+(3k+1)^2$

$$=\frac{k}{2}(6k^2-3k-1)+(3k+1)^2$$

$$=\frac{k+1}{2}[6(k+1)^2-3(k+1)-1].$$

即 $n=k+1$ 时命题亦成立.

故由(ⅰ)、(ⅱ)可得，对一切 $n\in N^*$ 命题都成立.

5. 证明：(ⅰ)当 $n=1$ 时，左边 $=2^2=4$，右边 $=\frac{1}{2}(6+3-1)=4$，命题成立；

(ⅱ)假设 $n=k$ 时有 $2^2+5^2+8^2+\cdots+(3k-1)^2=\frac{k}{2}(6k^2+3k-1)$.

则 $n=k+1$ 时，$2^2+5^2+8^2+\cdots+(3k-1)^2+(3k+2)^2$

$$=\frac{k}{2}(6k^2+3k-1)+(3k+2)^2$$

$$=\frac{k+1}{2}[6(k+1)^2+3(k+1)-1].$$

即 $n=k+1$ 时命题亦成立.

故由(ⅰ)、(ⅱ)可得，对一切 $n\in N^*$ 命题都成立.

6. 证明：(ⅰ)当 $n=1$ 时，左边 $=1+3=4$，右边 $=\frac{1\times2^3}{2}=4$，等式成立；

(ⅱ)假设 $n=k$ 时等式成立，有 $1^3+2^3+\cdots+k^3+3(1^5+2^5+\cdots+k^5)=\frac{k^3(k+1)^3}{2}$，则 $n=k+1$ 时，

$1^3+2^3+\cdots+k^3+(k+1)^3+3[1^5+2^5+\cdots k^5+(k+1)^5]$

$$=\frac{1}{2}k^3(k+1)^3+(k+1)^3+3(k+1)^5$$

$$=\frac{1}{2}(k+1)^3[k^3+2+6(k+1)^2]$$

$$=\frac{1}{2}(k+1)^3[(k+1)+1]^3.$$

即 $n=k+1$ 时等式亦成立.

故由(ⅰ)、(ⅱ)可得，对一切 $n\in N^*$ 原等式均成立.

7. 证明：(i)当 $n=1$ 时，命题显然成立；

(ⅱ)假设 $n=k$ 时有 $1^3+3^3+5^3+7^3+\cdots+(2k-1)^3=k^2(2k^2-1)$.

则 $n=k+1$ 时，$1^3+3^3+5^3+7^3+\cdots+(2k-1)^3+(2k+1)^3$

$$=k^2(2k^2-1)+(2k+1)^3$$

$$=(k+1)^2[2(k+1)^2-1].$$

即 $n=k+1$ 时命题亦成立.

故由(ⅰ)、(ⅱ)可得，对一切 $n\in N^*$ 命题都成立.

8. 证明：(i)当 $n=1$ 时，命题显然成立；

(ⅱ)假设 $n=k$ 时命题成立，即 $\frac{1}{1\cdot5}+\frac{1}{5\cdot9}+\cdots+\frac{1}{(4k-3)(4k+1)}=\frac{k}{4k+1}$,

则 $n=k+1$ 时，

$$\frac{1}{1\cdot5}+\frac{1}{5\cdot9}+\cdots+\frac{1}{(4k-3)(4k+1)}+\frac{1}{(4k+1)(4k+5)}$$

$$=\frac{k}{4k+1}+\frac{1}{(4k+1)(4k+5)}=\frac{k+1}{4(k+1)+1}.$$

即 $n=k+1$ 时命题亦成立.

故由(ⅰ)、(ⅱ)可得，对一切 $n\in N^*$ 命题都成立.

9. 证明：(i)当 $n=2$ 时，左边 $=1-\frac{1}{4}=\frac{3}{4}$，右边 $=\frac{2+1}{2\times2}=\frac{3}{4}$，等式成立；

(ⅱ)假设 $n=k$ 时等式成立，即 $\left(1-\frac{1}{4}\right)\left(1-\frac{1}{9}\right)\left(1-\frac{1}{16}\right)\cdots\left(1-\frac{1}{k^2}\right)=\frac{k+1}{2k}$,

则 $n=k+1$ 时，$\left(1-\frac{1}{4}\right)\left(1-\frac{1}{9}\right)\left(1-\frac{1}{16}\right)\cdots\left(1-\frac{1}{k^2}\right)\left[1-\frac{1}{(k+1)^2}\right]=\frac{k+1}{2k}\left[1-\frac{1}{(k+1)^2}\right]$

$=\frac{k+1}{2k}\times\frac{k^2+2k}{(k+1)^2}=\frac{(k+1)+1}{2(k+1)}$.

即 $n=k+1$ 时等式也成立.

由(ⅰ)、(ⅱ)可得，原等式成立($n\geqslant 2$，$n\in N^*$).

10. 证明：(ⅰ)当 $n=1$ 时，左边 $=1+1=2$，右边 $=2^1\times 1=2$，等式成立；

(ⅱ)假设 $n=k$ 时有 $(k+1)(k+2)(k+3)\cdots(2k)=2^k\cdot 1\cdot 3\cdot 5\cdot\cdots\cdot(2k-1)$.

则 $n=k+1$ 时，

$(k+2)(k+3)(k+4)\cdots[2(k+1)]=(k+1)(k+2)(k+3)\cdots(2k)\cdot\frac{(2k+1)(2k+2)}{k+1}$

$=2^k\cdot 1\cdot 3\cdot 5\cdot\cdots\cdot(2k-1)\cdot 2(2k+1)$

$=2^{k+1}\cdot 1\cdot 3\cdot 5\cdot\cdots\cdot(2k-1)(2k+1)$.

即 $n=k+1$ 时等式亦成立.

由(ⅰ)、(ⅱ)可得，对于任意 $n\in N^*$ 等式成立.

11. 证明：(ⅰ)当 $n=3$ 时，$J_3=\frac{3-1}{3}J_1=-\frac{2}{3}$，另一方面 $J_3=(-1)^3\cdot\frac{2!!}{3!!}=-\frac{2}{3}$，命题正确；当 $n=4$ 时，$J_4=\frac{4-1}{4}J_2=\frac{3}{4}\times\frac{1}{2}=\frac{3}{8}$，另一方面 $J_4=(-1)^4\cdot\frac{3!!}{4!!}=\frac{3\times 1}{4\times 2}=\frac{3}{8}$，命题也正确.

(ⅱ)假设 $n=k$ 时 $J_k=(-1)^k\cdot\frac{(k-1)!!}{k!!}$，则

$J_{k+2}=\frac{(k+2)-1}{k+2}J_k=\frac{(k+1)}{k+2}\cdot(-1)^k\frac{(k-1)!!}{k!!}$

$=(-1)^k\frac{(k+1)(k-1)!!}{(k+2)k!!}$

$=(-1)^{k+2}\frac{(k+1)!!}{(k+2)!!}$.

即 $n=k+2$ 时，命题也正确.

由(ⅰ)、(ⅱ)可得，对于不小于 3 的所有自然数，命题都是正确的.

12. 证明：(ⅰ)因 $f(0)=0$，$f(1)=1$，$f(2)=f(1)+f(0)=\frac{1}{\sqrt{5}}\left[\left(\frac{1+\sqrt{5}}{2}\right)^2-\left(\frac{1-\sqrt{5}}{2}\right)^2\right]$，知 $n=1$，2 时命题成立；

(ⅱ)假设 $n=k$ 时命题成立，即 $f(k)=\frac{1}{\sqrt{5}}\left[\left(\frac{1+\sqrt{5}}{2}\right)^k-\left(\frac{1-\sqrt{5}}{2}\right)^k\right]$.

则 $n=k+1$ 时，

$f(k+1)=f(k)+f(k-1)$

$=\frac{1}{\sqrt{5}}\left[\left(\frac{1+\sqrt{5}}{2}\right)^k-\left(\frac{1-\sqrt{5}}{2}\right)^k\right]+\frac{1}{\sqrt{5}}\left[\left(\frac{1+\sqrt{5}}{2}\right)^{k-1}-\left(\frac{1-\sqrt{5}}{2}\right)^{k-1}\right]$

$=\frac{1}{\sqrt{5}}\left[\left(\frac{1+\sqrt{5}}{2}\right)^{k-1}\cdot\frac{\sqrt{5}+3}{2}-\left(\frac{1-\sqrt{5}}{2}\right)^{k-1}\cdot\frac{3-\sqrt{5}}{2}\right]$

$=\frac{1}{\sqrt{5}}\left[\left(\frac{1+\sqrt{5}}{2}\right)^{k-1}\cdot\left(\frac{1+\sqrt{5}}{2}\right)^2-\left(\frac{1-\sqrt{5}}{2}\right)^{k-1}\cdot\left(\frac{1-\sqrt{5}}{2}\right)^2\right]$

$=\frac{1}{\sqrt{5}}\left[\left(\frac{1+\sqrt{5}}{2}\right)^{k+1}-\left(\frac{1-\sqrt{5}}{2}\right)^{k+1}\right]$.

即 $n=k+1$ 时命题也成立.

由(ⅰ)、(ⅱ)可得，对于任意 $n\in N^*$ 命题成立.

13. 证明：(ⅰ)$\because a_0=2$，$a_0=1+2^0$，$a_1=3$，$a_1=1+2^1$

$\therefore$ 当 $n=0$，$n=1$ 时，都有 $a_n=1+2^n$；

(ⅱ)假设 $n=k-1$ 时，$a_{k-1}=1+2^{k-1}$ 和 $n=k$ 时，$a_k=1+2^k$ 成立，则 $n=k+1$ 时，

$a_{k+1}=3a_k-2a_{k-1}=3(1+2^k)-2(1+2^{k-1})$

$=3\cdot 2^k-2\cdot 2^{k-1}+1=2^{k+1}+1$

即 $n=k+1$ 时，$a_n=1+2^n$ 也成立.

由(ⅰ)、(ⅱ)可得，对于任意自然数 n 都有 $a_n=1+2^n$.

14. 证明：(ⅰ)当 $n=3$ 时，

$2^{\frac{3-1}{2}}\sin\frac{3-1}{4}\pi=2$，又 $a_3=2a_2-2a_1=2$，结论成立，当 $n=4$ 时，$a_4=2^{\frac{4-1}{2}}\sin\frac{4-1}{4}\pi=2$，又 $a_4=2a_3-2a_2=2$，结论亦成立.

(ⅱ)假设 $n\leqslant k$ 时结论成立，即 $a_k=$

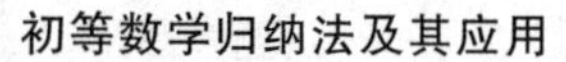

$2^{\frac{k-1}{2}}\sin\frac{k-1}{4}\pi$，$a_{k-1}=2^{\frac{k-2}{2}}\sin\frac{k-2}{4}\pi\,(k>2)$，

那么，当 $n=k+1$ 时，

$$\begin{aligned}a_{k+1}&=2a_k-2a_{k-1}\\&=2\times2^{\frac{k-1}{2}}\sin\frac{k-1}{4}\pi-2\times2^{\frac{k-2}{2}}\sin\frac{k-2}{4}\pi\\&=2^{\frac{k}{2}}\left(\sqrt{2}\sin\frac{k-1}{4}\pi-\sin\frac{k-2}{4}\pi\right)\\&=2^{\frac{k}{2}}\left[\sqrt{2}\sin\left(\frac{k-2}{4}\pi+\frac{\pi}{4}\right)-\sin\frac{k-2}{4}\pi\right]\\&=2^{\frac{k}{2}}\left[\sqrt{2}\left(\sin\frac{k-2}{4}\pi\cos\frac{\pi}{4}+\cos\frac{k-2}{4}\pi\sin\frac{\pi}{4}\right)-\sin\frac{k-2}{4}\pi\right]\\&=2^{\frac{k}{2}}\left(\sin\frac{k-2}{4}\pi+\cos\frac{k-2}{4}\pi-\sin\frac{k-2}{4}\pi\right)\\&=2^{\frac{k}{2}}\cos\frac{k-2}{4}\pi=2^{\frac{k}{2}}\sin\left(\frac{\pi}{2}+\frac{k-2}{4}\pi\right)\\&=2^{\frac{(k+1)-1}{2}}\sin\frac{(k+1)-1}{4}\pi.\end{aligned}$$

即 $n=k+1$ 时结论亦成立.

由(ⅰ)、(ⅱ)可得，对一切 $n>2$ 的自然数结论成立.

15. 证明：(ⅰ)当 $n=1$ 时，由条件知不等式成立；

(ⅱ)假设 $n=k$ 时不等式成立，即 $a_1^k\leqslant a_k$.

$\because a_1>0$，$a_1^{k+1}\leqslant a_1a_k$.

由条件有 $a_1^2\leqslant a_2$，$a_2^2\leqslant a_1a_3$，$a_3^2\leqslant a_2a_4$，…，$a_{k-1}^2\leqslant a_{k-2}a_k$，$a_k^2\leqslant a_{k-1}a_{k+1}$.

将上述不等式相乘，并约去 $a_1a_2^2a_3^2\cdots a_{k-1}^2a_k^2$ 可得：$a_1a_k\leqslant a_{k+1}$，于是有 $a_1^{k+1}\leqslant a_{k+1}$.

即 $n=k+1$ 时，不等式也成立.

由(ⅰ)、(ⅱ)可得，$a_1^n\leqslant a_n$ 对一切自然数成立.

16. 证明：(ⅰ)当 $n=1$ 时，$x_1=2$，显然 $\sqrt{2}<x<\sqrt{2}+1$.

(ⅱ)假设 $n=k$ 时命题成立，即 $\sqrt{2}<x_k<\sqrt{2}+\frac{1}{k}$，则 $n=k+1$ 时 $x_{k+1}=\frac{x_k}{2}+\frac{1}{x_k}\geqslant 2\sqrt{\frac{x_k}{2}\cdot\frac{1}{x_k}}=\sqrt{2}$，$\because x_k>\sqrt{2}$，$\therefore \frac{x_k}{2}\neq\frac{1}{x_k}$.

$\therefore x_{k+1}>\sqrt{2}$，

由归纳假设 $\sqrt{2}<x_k<\sqrt{2}+\frac{1}{k}$.

$x_{k+1}=\frac{x_k}{2}+\frac{1}{x_k}<\frac{1}{2}\left(\sqrt{2}+\frac{1}{k}\right)+\frac{1}{x_k}<\frac{\sqrt{2}}{2}+\frac{1}{2k}+\frac{1}{\sqrt{2}}<\sqrt{2}+\frac{1}{k+1}$.

即 $n=k+1$ 时命题亦成立.

故由(ⅰ)、(ⅱ)可得，对一切 $n\in N^*$ 命题都成立.

17. 证明：(ⅰ)当 $n=1$ 时，$\because a_1>0$，$a_2>0$，$a_1^2\leqslant a_1-a_2<a_1$，$\therefore a_1<1$，不等式成立. 又 $\because a_{n+1}\leqslant a_n-a_n^2=-\left(a_n-\frac{1}{2}\right)^2+\frac{1}{4}\leqslant\frac{1}{4}$，$\therefore$ 不等式对于 $n=2$，3 时亦成立.

(ⅱ)假设 $n=k(k\geqslant3)$ 时 $a_k<\frac{1}{k}$，则

$$a_k-\frac{1}{2}<\frac{1}{k}-\frac{1}{2}<0,$$

$$\begin{aligned}a_{k+1}&\leqslant a_k-a_k^2=-\left(a_k-\frac{1}{2}\right)^2+\frac{1}{4}\\&<-\left(\frac{1}{k}-\frac{1}{2}\right)^2+\frac{1}{4}=-\frac{1}{k^2}+\frac{1}{k}\\&=\frac{k-1}{k^2}<\frac{k-1}{k^2-1}=\frac{1}{k+1}.\end{aligned}$$

即 $n=k+1$ 时，不等式亦成立.

故由(ⅰ)、(ⅱ)可得，对一切 $n\in N^*$ 时 $a_n<\frac{1}{n}$ 都成立.

18. 证明：设公差为 $d(d\neq0)$.

(ⅰ)当 $n=2$ 时，$a^2+c^2=(b-d)^2+(b+d)^2=2b^2+2d^2>2b^2$，命题成立；

(ⅱ)假设 $n=k$ 时命题成立，即 $a^k+c^k>2b^k$，则 $n=k+1$ 时，

$a^{k+1}+c^{k+1}=(b-d)a^k+(b+d)c^k=b(a^k+c^k)+d(c^k-a^k)$

$>2b^{k+1}+d(c^k-a^k)$

若 $d>0$，则 $c>a>0$，又 $k\geqslant2$，$\therefore c^k>a^k$.

若 $d<0$，则 $0<c<a$，又 $k\geqslant2$，$\therefore c^k<a^k$.

故总有 $d(c^k-a^k)>0$，$\therefore a^{k+1}+c^{k+1}>2b^{k+1}$.

即 $n=k+1$ 时命题亦成立.

故由(ⅰ)、(ⅱ)可得，当 $n\in N^*$ 且 $n>1$

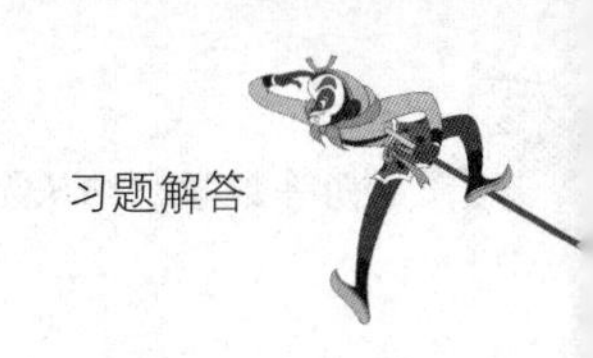

时 $a^n+c^n>2b^n$ 均成立.

19. 证明：（ⅰ）当 $n=2$ 时，左边 $=1+\frac{1}{\sqrt{2}}=\frac{2+\sqrt{2}}{2}$，右边 $=\sqrt{2}$，不等式成立；

（ⅱ）假设 $n=k(k\geqslant2)$ 时 $1+\frac{1}{\sqrt{2}}+\cdots+\frac{1}{\sqrt{k}}>\sqrt{k}$ 成立，则 $n=k+1$ 时，$1+\frac{1}{\sqrt{2}}+\cdots+\frac{1}{\sqrt{k}}+\frac{1}{\sqrt{k+1}}>\sqrt{k}+\frac{1}{\sqrt{k+1}}=\frac{k}{\sqrt{k}}+\frac{1}{\sqrt{k+1}}>\frac{k}{\sqrt{k+1}}+\frac{1}{\sqrt{k+1}}$

$=\sqrt{k+1}$.

即 $n=k+1$ 时不等式亦成立.

由（ⅰ）、（ⅱ）可得，对一切 $n>1$ 的自然数不等式成立.

20. 证明：（ⅰ）当 $n=2$ 时，$y_2=\frac{3}{8}+\frac{1}{2}y_1^2=\frac{3}{8}+\frac{9}{128}=\frac{57}{128}<\frac{64}{128}=\frac{1}{2}$.

$\therefore y_1=\frac{3}{8}<y_2<\frac{1}{2}$，不等式成立.

（ⅱ）假设 $n=k$ 时，不等式 $y_{k-1}<y_k<\frac{1}{2}$ 成立，则 $n=k+1$ 时，$\because 0<y_{k-1}<y_k<\frac{1}{2}$，

$\therefore y_{k-1}^2<y_k^2<\frac{1}{4}$，$\frac{y_{k-1}^2}{2}<\frac{y_k^2}{2}<\frac{1}{8}$，$\frac{3}{8}+\frac{y_{k-1}^2}{2}<\frac{3}{8}+\frac{y_k^2}{2}<\frac{3}{8}+\frac{1}{8}$，即 $y_k<y_{k+1}<\frac{1}{2}$.

即 $n=k+1$ 时不等式也成立.

由（ⅰ）、（ⅱ）可得，对于大于 1 的任意自然数 n 本命题成立.

21. 证明：（ⅰ）当 $n=1$ 时，左边 $=\frac{a^4-1}{a(a^2-1)}=a+\frac{1}{a}>2$，右边 $=2$，不等式成立；

（ⅱ）假设 $n=k$ 时，$\frac{a^{2k+2}-1}{a(a^{2k}-1)}>\frac{k+1}{k}$，则

$\frac{a(a^{2k}-1)}{a^{2k+2}-1}<\frac{k}{k+1}$.

因此 $n=k+1$ 时，

$\frac{a^{2(k+1)+2}-1}{a(a^{2(k+1)}-1)}=a+\frac{1}{a}-\frac{a(a^{2k}-1)}{a^{2k+2}-1}>2-\frac{k}{k+1}=\frac{(k+1)+1}{k+1}$.

即当 $n=k+1$ 时不等式也成立.

由（ⅰ）、（ⅱ）可得，对于任意自然数 n 本命题成立.

22. 证明：（ⅰ）当 $n=3$ 时，左边 $=2^3=8$，右边 $=2\times3+1=7$，命题成立；

（ⅱ）假设 $n=k(k\geqslant3)$ 时命题成立，即 $2^k>2k+1$.

则 $n=k+1$ 时，$2^{k+1}=2\times2^k>2(2k+1)=4k+2$
$=2(k+1)+2k$
$>2(k+1)+1$

（$\because k\geqslant3$，$\therefore 2k>1$），即 $n=k+1$ 时命题成立.

故由（ⅰ）、（ⅱ）可得，当 $n\geqslant3$ 时 $2^n>2n+1$.

23. 证明：（ⅰ）当 $n=1$ 时，命题显然成立；

（ⅱ）假设 $n=k$ 时命题成立，即

$\sqrt{k}\leqslant a_k\leqslant\sqrt{k}+1$，则 $n=k+1$ 时，

$\because a_{k+1}=1+\frac{k}{a_k}$，

$\therefore 1+\frac{k}{1+\sqrt{k}}\leqslant a_{k+1}\leqslant1+\frac{k}{\sqrt{k}}$.

由右边 $a_{k+1}\leqslant1+\sqrt{k}<\sqrt{k+1}+1$.

由左边 $\because a_{k+1}^2\geqslant1+\frac{2k}{1+\sqrt{k}}+\left(\frac{k}{1+\sqrt{k}}\right)^2$

$=1+\frac{k^2+2k(1+\sqrt{k})}{(1+\sqrt{k})^2}$

$\geqslant1+\frac{k^2+2k\sqrt{k}+k}{(1+\sqrt{k})^2}=1+k$.

$\therefore a_{k+1}>\sqrt{k+1}$.

即 $n=k+1$ 时命题也成立.

由（ⅰ）、（ⅱ）可得，对于任意自然数 n 原命题成立.

24. 证明：（ⅰ）当 $n=1$ 时，$a_1=\frac{1}{2}<1$，不等式成立；

（ⅱ）假设 $n=k$ 时有 $a_k=\frac{1+2^2+3^3+\cdots+k^k}{(k+1)^k}<1$，即 $1+2^2+3^3+\cdots+k^3<(k+1)^k$

则 $n=k+1$ 时，

$$a_{k+1}=\frac{1+2^2+3^3+\cdots+k^k+(k+1)^{k+1}}{[(k+1)+1]^{k+1}}$$

$$<\frac{(k+1)^k+(k+1)^{k+1}}{(k+2)^{k+1}}$$

$$=\frac{(k+1)^k(k+2)}{(k+2)^{k+1}}=\left(\frac{k+1}{k+2}\right)^k$$

$$<1.$$

即 $n=k+1$ 时不等式亦成立.

故由(ⅰ)、(ⅱ)可得，对于任意 $n\in N^*$，$a_n<1$ 都成立.

25. **证明**：(ⅰ)当 $n=1$ 时，$\left(\frac{3}{2}\right)^1>1$，不等式成立；同样可以验证当 $n=2$，3 时，不等式也成立.

(ⅱ)假设 $n=k(k>2)$ 时有 $\left(\frac{3}{2}\right)^k>k$，

则 $n=k+1$ 时，

$$\left(\frac{3}{2}\right)^{k+1}=\frac{3}{2}\left(\frac{3}{2}\right)^k>\frac{3}{2}k.$$

但当 $k>2$ 时 $\frac{3}{2}>\frac{k+1}{k}$.

$$\therefore\ \left(\frac{3}{2}\right)^{k+1}>\frac{k+1}{k}\cdot k=k+1.$$

即 $n=k+1$ 时不等式亦成立.

故由(ⅰ)、(ⅱ)可得，对任何 $n\in N^*$，$\left(\frac{3}{2}\right)^n>n$ 都成立.

26. **证明**：用数学归纳法.

(ⅰ)当 $n=2$ 时，$\because 0<a_1<1$，且 $0<a_2<1$，$\therefore (a_1-1)(a_2-1)>0$

即 $a_1a_2>a_1+a_2+1-2$，故 $n=2$ 时，命题真.

(ⅱ)假设 $n=k$ 时 $a_1a_2\cdots a_k>a_1+a_2+\cdots+a_k+1-k$，则 $a_1a_2\cdots a_ka_{k+1}-[a_1+a_2+\cdots+a_k+a_{k+1}+1-(k+1)]$

$=(a_1a_2\cdots a_k-1)a_{k+1}-(a_1+a_2+\cdots+a_k-k)$

$>(a_1a_2\cdots a_k-1)a_{k+1}-(a_1a_2\cdots a_k-1+k-k)$

$=(a_1a_2\cdots a_k-1)(a_{k+1}-1)>0.$

即 $a_1a_2\cdots a_ka_{k+1}>a_1+a_2+\cdots+a_k+a_{k+1}+1-(k+1)$.

$\therefore\ n=k+1$ 时命题亦真.

由(ⅰ)、(ⅱ)可得，$n\geqslant 2$ 且 n 为自然数时命题成立.

27. **证明**：(ⅰ)当 $n=3$ 时，原式左边 $=(1+\alpha)^3=1+3\alpha+3\alpha^2+\alpha^3$. 右边 $=1+3\alpha+3\alpha^2$. $\because \alpha>0$，$\therefore$ 原式成立.

(ⅱ)假设 $n=k$ 时有 $(1+\alpha)^k>1+k\alpha+\frac{k(k-1)}{2}\alpha^2$，则 $n=k+1$ 时 $(1+\alpha)^{k+1}>\left[1+k\alpha+\frac{k(k-1)}{2}\alpha^2\right](1+\alpha)$（$\because\ \alpha>0$）

$$=1+(k+1)\alpha+\frac{k(k+1)}{2}\alpha^2+\frac{k(k-1)}{2}\alpha^3.$$

$\because k\geqslant 3$，$\alpha>0$，$\therefore \frac{k(k-1)}{2}\alpha^3>0$.

$$\therefore (1+\alpha)^{k+1}>1+(k+1)\alpha+\frac{k(k+1)}{2}\alpha^2.$$

即 $n=k+1$ 时原式亦成立.

由(ⅰ)、(ⅱ)可得，$n\in N^*$，$n\geqslant 3$ 时原不等式成立.

28. **证明**：(ⅰ)当 $n=2$，3 时，不等式成立.

$s_{2^2}=1+\frac{1}{2}+\left(\frac{1}{3}+\frac{1}{4}\right)>1+\frac{1}{2}+\left(\frac{1}{4}+\frac{1}{4}\right)=1+\frac{2}{2}$，$s_{2^3}=1+\frac{1}{2}+\left(\frac{1}{3}+\frac{1}{4}\right)+\left(\frac{1}{5}+\frac{1}{6}\right)+\left(\frac{1}{7}+\frac{1}{8}\right)>1+\frac{1}{2}+\left(\frac{1}{4}+\frac{1}{4}\right)+\left(\frac{1}{8}+\frac{1}{8}+\frac{1}{8}+\frac{1}{8}\right)=1+\frac{1}{2}+\frac{1}{2}+\frac{1}{2}=1+\frac{3}{2}$.

(ⅱ)假设 $n=k-1(k\geqslant 4)$ 时，不等式 $S_{2^{k-1}}>1+\frac{k-1}{2}$ 成立，则 $n=k$ 时，$\because S_{2^{k-1}}>1+\frac{k-1}{2}$.

$$\therefore S_{2^k}=\underbrace{1+\frac{1}{2}+\frac{1}{3}+\cdots+\frac{1}{2^{k-1}}}_{2^{k-1}\text{项}}+\frac{1}{2^{k-1}+1}+\frac{1}{2^{k-1}+2}+\cdots+\frac{1}{2^k}$$

$$>1+\frac{k-1}{2}+\underbrace{\frac{1}{2^k}+\frac{1}{2^k}+\cdots+\frac{1}{2^k}}_{2^{k-1}\text{个}}$$

$=1+\frac{k}{2}-\frac{1}{2}+\frac{2^{k-1}}{2^k}=1+\frac{k}{2}.$

即 $n=k$ 时不等式亦成立.

由(i)、(ii)可得，对于 $n\geqslant 2$，$n\in N^*$，$s_{2n}>1+\frac{n}{2}$都成立.

29. (1) 解：$(a_1+a_2+\cdots+a_n)\left(\frac{1}{a_1}+\frac{1}{a_2}+\cdots+\frac{1}{a_n}\right)\geqslant n^2$

(2) 证明：(i) 当 $n=1$ 时，不等式成立；

(ii) 假设 $n=k$ 时有 $(a_1+a_2+\cdots+a_k)\left(\frac{1}{a_1}+\frac{1}{a_2}+\cdots+\frac{1}{a_k}\right)\geqslant k^2$.

则 $n=k+1$ 时，$(a_1+a_2+\cdots+a_k+a_{k+1})\left(\frac{1}{a_1}+\frac{1}{a_2}+\cdots+\frac{1}{a_k}+\frac{1}{a_{k+1}}\right)=(a_1+a_2+\cdots+a_k)\left(\frac{1}{a_1}+\frac{1}{a_2}+\cdots+\frac{1}{a_k}\right)+(a_1+a_2+\cdots+a_k)\cdot\frac{1}{a_{k+1}}+a_{k+1}\left(\frac{1}{a_1}+\frac{1}{a_2}+\cdots+\frac{1}{a_k}\right)+a_k\cdot\frac{1}{a_{k+1}}$

$\geqslant k^2+k\sqrt[k]{a_1a_2\cdots a_k}\cdot\frac{1}{a_{k+1}}+a_{k+1}\frac{k}{\sqrt[k]{a_1a_2\cdots a_k}}+1=k^2+k\left(\frac{\sqrt[k]{a_1a_2\cdots a_k}}{a_{k+1}}+\frac{a_{k+1}}{\sqrt[k]{a_1a_2\cdots a_k}}\right)+1$

$\geqslant k^2+k\cdot 2+1=(k+1)^2.$

即 $n=k+1$ 时不等式亦成立.

由(i)、(ii)可得，对任意 $n\in N^*$，原不等式均成立.

30. **证明：**原不等式不能用数学归纳法证明，构造加强命题：证明：$n\geqslant 2$，$n\in N^*$ 时有 $1+\frac{1}{2^2}+\frac{1}{3^2}+\cdots+\frac{1}{n^2}<2-\frac{1}{n}$.

(i) 当 $n=2$ 时，左边 $=1+\frac{1}{2^2}=1+\frac{1}{4}$，右边 $=2-\frac{1}{2}=1+\frac{1}{2}$，不等式成立.

(ii) 假设 $n=k$ 时，有 $1+\frac{1}{2^2}+\frac{1}{3^2}+\cdots+\frac{1}{k^2}<2-\frac{1}{k}$.

由 $(k+1)^2>k(k+1)$ 知

$\frac{1}{(k+1)^2}<\frac{1}{k(k+1)}$.

$\therefore 1+\frac{1}{2^2}+\frac{1}{3^2}+\cdots+\frac{1}{k^2}+\frac{1}{(k+1)^2}<2-\frac{1}{k}+\frac{1}{k(k+1)}=2-\frac{1}{k+1}$.

即 $n=k+1$ 时不等式亦成立.

由(i)、(ii)可得，对于 $n\geqslant 2$，$n\in N^*$ 时 $1+\frac{1}{2^2}+\frac{1}{3^2}+\cdots+\frac{1}{n^2}<2-\frac{1}{n}$成立.

而 $n>1$ 时 $2-\frac{1}{n}<2$

故对于 $n\in N^*$，原不等式成立.

31. **证明：**将命题加强. 证明：对一切 $n\in N^*$，有 $A_{n+1}>3B_n$.

(i) 当 $n=1$ 时，$A_2=3^3=27$，$3B_1=24$，加强命题成立；

(ii) 假设 $n=k$ 时，加强命题成立，即 $A_{k+1}>3B_k$，则 $n=k+1$ 时

$A_{k+2}=3^{A_{k+1}}>3^{3B_k}=27^{B_k}>24^{B_k}=3^{B_k}\cdot 8^{B_k}>3B_{k+1}$.

即 $n=k+1$ 时加强命题也成立.

由(i)、(ii)可得，对一切 $n\in N^*$，$A_{n+1}>3B_n$成立.

而 $3B_n>B_n$.

故命题也成立.

32. **证明：**(i) 当 $n=2$ 时，原式 $=(x-1)\cdot(x^2-1)(x^3-1)$，命题显然成立；

(ii) 假设 $n=k$ 时命题成立. 即 $(x^{k-1}-1)\cdot(x^k-1)(x^{k+1}-1)$ 能被 $(x-1)(x^2-1)(x^3-1)$ 整除，则 $n=k+1$ 时有

$(x^k-1)(x^{k+1}-1)(x^{k+2}-1)=(x^{k-1}-1).(x^k-1)(x^{k+1}-1)x^3+(x^3-1)(x^k-1)(x^{k+1}-1)$.

上面两项均可被 $(x-1)(x^2-1)(x^3-1)$ 整除，所以 $(x^k-1)(x^{k+1}-1)(x^{k+2}-1)$ 能被 $(x-1)(x^2-1)(x^3-1)$ 整除.

即 $n=k+1$ 命题也成立；

由(i)、(ii)可得，对于 $n\geqslant 2$ 的自然数命题成立.

33. **证明：**(i) 当 $n=4$ 时，$7+7^2+7^3+7^4=\frac{7}{6}(7^4-1)=2800$，命题成立；

(ⅱ)假设 $n=4k(n\in N^*)$ 时命题成立，则 $n=4k+4$ 时，$\frac{7}{6}(7^{4k}-1)+7^{4k+1}+7^{4k+2}+7^{4k+3}+7^{4k+4}=\frac{7}{6}(7^{4k}-1)+7^{4k}\cdot 2800$

即 $n=4(k+1)$ 时命题也成立.

由(ⅰ)、(ⅱ)可得，对于 n 是 4 的正整数倍时命题成立.

34. 证明：(ⅰ)当 $n=1$ 时，

$11^{1+2}+12^{2\times1+1}=11^3+12^3=1331+1728=3059=133\times23$，结论成立；

(ⅱ)假设 $n=k$ 时结论成立，即 $11^{k+2}+12^{2k+1}$ 能被 133 整除，则 $n=k+1$ 时，

$11^{k+3}+12^{2k+3}=11\times11^{k+2}+144\times12^{2k+1}=11(11^{k+2}+12^{2k+1})+133\times12^{2k+1}$.

由此可知 $n=k+1$ 时结论也成立.

由(ⅰ)、(ⅱ)可得，对于任意自然数 n 结论成立.

35. 证明：(ⅰ)当 $n=1$ 时，$3^{4+2}+5^{2+1}=729+125=854=61\times14$，命题成立；

(ⅱ)假设 $n=k$ 时命题成立，即

$14\mid(3^{4k+2}+5^{2k+1})$，则 $n=k+1$ 时有

$3^{4(k+1)+2}+5^{2(k+1)+1}$

$=3^4\cdot3^{4k+2}+5^2\cdot5^{2k+1}$

$=3^4\cdot3^{4k+2}+3^4\cdot5^{2k+1}-3^4\cdot5^{2k+1}+5^2\cdot5^{2k+1}$

$=3^4(3^{4k+2}+5^{2k+1})-(3^4-5^2)5^{2k+1}$

$=3^4(3^{4k+2}+5^{2k+1})-14\times4\cdot5^{2k+1}$

$\because 14\mid(3^{4k+2}+5^{2k+1})$,

$14\mid(14\times4\cdot5^{2k+1})$,

$\therefore 14\mid(3^{4(k+1)+2}+5^{2(k+1)+1})$

即 $n=k+1$ 时命题亦成立.

由(ⅰ)、(ⅱ)可得，对任意 $n\in N^*$，$14\mid(3^{4n+2}+5^{2n+1})$.

36. 证明：(ⅰ)当 $n=1$ 时 $3^{1+1}+2\times5^{1+2}=3^2+2\times5^3=9+250=259=7\times37$，命题成立.

(ⅱ)假设 $n=k$ 时，命题成立，即 $3^{k+1}+2^k\cdot5^{k+2}$ 能被 7 整除，则 $n=k+1$ 时，

$3^{k+2}+2^{k+1}\times5^{k+3}=3(3^{k+1}+2^k\times5^{k+2})+7\times2^k\times5^{k+2}$.

由此可知 $3^{k+2}+2^{k+1}\times5^{k+3}$ 能被 7 整除.

即 $n=k+1$ 时命题成立.

由(ⅰ)、(ⅱ)可得，$n\in N^*$ 时命题成立.

37. 证明：(ⅰ)当 $n=1$ 时，$5^{6-1}+7^{6+1}=5^5+7^7=(9-4)^5+(9-2)^7=Q(9)-4^5-2^7=Q(9)-9\times2^7$[$Q(9)$ 在此表示两个二项式展开式中含有 9 的所有项之和]，这时结论成立.

(ⅱ)假设 $n=k$ 时结论成立，即 $5^{6k-1}+7^{6k+1}$ 能被 9 整除，则 $n=k+1$ 时，

$5^{6k+5}+7^{6k+7}=5^6(5^{6k-1}+7^{6k+1})+(7^6-5^6)7^{6k+1}$

而 $7^6-5^6=(7-5)(7+5)(49+35+25)(49-35+25)=2\times12\times109\times39=2^3\times3^2\times13\times109$，或 $7^6-5^6=(7^3+5^3)(7^3-5^3)=468\times(7^3-5^3)=9\times52\times(7^3-5^3)$

由此可知，$5^{6k+5}+7^{6k+7}$ 能被 9 整除，

即 $n=k+1$ 时结论成立.

由(ⅰ)、(ⅱ)可得，对任意自然数 n 原结论成立.

38. 证明：(ⅰ)当 $n=2$ 时，x^2-y^2 显然能被 $x+y$ 整除；

(ⅱ)假设 $n=2k(n\in N^*)$ 时，$x^{2k}-y^{2k}$ 能被 $x+y$ 整除；则 $n=2k+2$ 时，

$x^{2k+2}-y^{2k+2}=x^2\cdot x^{2k}-x^2\cdot y^{2k}+x^2\cdot y^{2k}-y^2\cdot y^{2k}=x^2(x^{2k}-y^{2k})+y^{2k}(x^2-y^2)$.

以上两部分均能被 $x+y$ 整除，所以 $x^{2k+2}-y^{2k+2}$ 能被 $x+y$ 整除.

由(ⅰ)、(ⅱ)可得，对一切正偶数 x^n-y^n 能被 $x+y$ 整除.

39. 证明：(ⅰ)当 $m=0$ 时，命题显然成立.

(ⅱ)假设 $m=2k(k\geqslant0$ 且 $k\in Z)$ 时，$f(2k)=(2k)^3+40k$，能被 48 整除，则当 $m=2k+2$ 时，

$f(2k+2)=(2k+2)^3+20(2k+2)$

$=(2k)^3+6\times(2k)^2+6\times2k\times2+2^3+40k+40$

$=[(2k)^3+40k]+8(3k^2+3k)+48$

$=f(2k)+24k(k+1)+48$.

$\because k(k+1)$ 能被 2 整除，$\therefore 24k(k+1)+48$ 能被 48 整除，$\therefore f(2k+2)$ 能被 48 整除.

即 $m=2k+2$ 时命题成立.

由(ⅰ)、(ⅱ)可得，对于任何非负偶数 m^3+

$20m$ 能被 48 整除.

当 $m<0$ 时，令 $m=-n$，这时

$m^3+20m=-(n^3+20n)$

故对任何偶数，m^3+20m 能被 48 整除.

注：这是对于一切整数 z 的有关命题数学归纳法证题的处理方法.

40. 证明： 令 $f(n)=49^n+16n-1$.

(i) 当 $n=1$ 时，$f(1)=49+16-1=64$，命题成立；

(ii) 假设 $n=k$ 时命题成立，即 $f(k)=49^k+16k-1$ 能被 64 整除，则 $n=k+1$ 时，

$\because f(k+1)-49f(k)=-48\cdot16k+64=64\cdot(-12k+1)$.

$\therefore f(k+1)=49f(k)+64\cdot(-12k+1)$.

$\therefore f(k+1)$ 能被 64 整除.

即 $n=k+1$ 时命题亦成立.

故由(i)、(ii)可得，对一切 $n\in N^*$ 命题都成立.

41. 证明： (i) 当 $n=1$ 时，$3\cdot5^{2\times1-1}+2^{3\times1-2}=15+2=17$，命题显然成立；

(ii) 假设 $n=k$ 时 $3\cdot5^{2k-1}+2^{3k-2}$ 是 17 的倍数，则 $n=k+1$ 时 $3\cdot5^{2k+1}+2^{3k+1}=(3\cdot5^{2k-1}\cdot5^2+2^{3k-2}\cdot5^2)+(2^{3k+1}-2^{3k-2}\cdot5^2)$

$=5^2(3\cdot5^{2k-1}+2^{3k-2})+2^{3k-2}(2^3-5^2)$

由归纳假设及 $2^3-5^2=-17$ 知上式必是 17 的倍数.

即 $n=k+1$ 时命题亦成立.

故由(i)、(ii)可得，对一切 $n\in N^*$ 命题皆成立.

42. 证明： (i) 当 $n=1$ 时，$u_1=\dfrac{ab+(c-a)b^0-c}{b-1}=\dfrac{ab+c-a-c}{b-1}=\dfrac{a(b-1)}{b-1}=a$，命题成立.

(ii) 假设 $n=k$ 时命题成立，则 $n=k+1$ 时，

$$u_{k+1}=b\cdot u_k+c=b\cdot\frac{ab^k+(c-a)b^{k-1}-c}{b-1}+c$$

$$=\frac{ab^{k+1}+(c-a)b^k-cb+c(b-1)}{b-1}$$

$$=\frac{ab^{k+1}+(c-a)b^k-c}{b-1}.$$

即 $n=k+1$ 时命题亦成立.

由(i)、(ii)可得，对一切 $n\in N^*$ 命题都成立.

43. 证明： 由 $a_1=1$ 与 $4a_{n+1}-a_na_{n+1}+2a_n=9$ 可得

$a_1=1$，$a_2=\dfrac{7}{3}$，$a_3=\dfrac{13}{5}$，$a_4=\dfrac{19}{7}$.

可观察出各项分母依次是正奇数 1，3，5，7，分子是以 1 为首项，6 为公差的等差数列，因而可猜出通项 $a_n=\dfrac{6n-5}{2n-1}$，以下用数学归纳法进行证明.

(i) 当 $n=1$ 时，$a_1=\dfrac{6\times1-5}{2\times1-1}=1$，结论正确.

(ii) 假设 $n=k(k\in N^*)$ 时结论正确，即 $a_k=\dfrac{6k-5}{2k-1}$，则 $n=k+1$ 时，由

$4a_{k+1}-a_ka_{k+1}+2a_k=9$ 可得 $a_{k+1}=\dfrac{9-2a_k}{4-a_k}$

$$=\left[9-\frac{2(6k-5)}{2k-1}\right]\Big/\left(4-\frac{6k-5}{2k-1}\right)=\frac{6k+1}{2k+1}$$

$$=\frac{6(k+1)-5}{2(k+1)-1}.$$

即 $n=k+1$ 时结论也正确.

由(i)、(ii)可得，该数列的通项为

$a_n=\dfrac{6n-5}{2n-1}$.

44. 解： $\because a_1=1$，从 $a_{n+1}=1+3a_n$ 依次求出 a_2，a_3，a_4，…

$a_2=1+3$；

$a_3=1+3(1+3)=1+3+3^2$；

$a_4=1+3(1+3+3^2)=1+3+3^2+3^3$；

……

因此，归纳出 $a_n=1+3+3^2+3^3+\cdots+3^{n-1}=\dfrac{3^n-1}{3-1}=\dfrac{3^n-1}{2}$

证明：(i) 当 $n=1$ 时，等式显然成立；

(ii) 假设 $n=k$ 时等式成立，即 $a_k=1+3+3^2+3^3+\cdots+3^{k-1}=\dfrac{3^k-1}{2}$.

则 $n=k+1$ 时，$a_{k+1}=1+3a_k=1+3\times=$

$\frac{3^k-1}{2}=\frac{3^{k+1}-1}{2}$.

即 $n=k+1$ 时等式亦成立.

由(i)、(ii)可得，对一切 $n\in N^*$，等式成立.

45. 解： $a_1=\gamma$，$a_2=p\gamma+\gamma^2$，$a_3=p^2\gamma+p\gamma^2+\gamma^3$，…由此猜测：$a_n=p^{n-1}\gamma+p^{n-2}\gamma^2+\cdots+p\gamma^{n-1}+\gamma^n$.

用数学归纳法证明它的正确性.

(i)当 $n=1$ 时，$a_1=\gamma=p^0\gamma$. 猜测正确.

(ii)假设 $n=k$ 时 $a_k=p^{k-1}\gamma+p^{k-2}\gamma^2+\cdots+p\gamma^{k-1}+\gamma^k$，则 $n=k+1$ 时，由 $a_{k+1}=pa_k+\gamma^{k+1}$ 有

$$a_{k+1}=p(p^{k-1}\gamma+p^{k-2}\gamma^2+\cdots+p\gamma^{k-1}+\gamma^k)+\gamma^{k+1}$$

$$=p^k\gamma+p^{k-1}\gamma^2+\cdots+p^2\gamma^{k-1}+p\gamma^k+\gamma^{k+1}.$$

即 $n=k+1$ 时猜测也成立.

由(i)、(ii)可得，对于 $n\in N^*$，均有

$$a_n=p^{n-1}\gamma+p^{n-2}\gamma^2+\cdots+p\gamma^{n-1}+\gamma^n$$

$$=\frac{\gamma(p^n-\gamma^n)}{p-\gamma}.$$

46. (1)解：由递推式可知：

$$a_2=\frac{1}{2-a_1},\ a_3=\frac{2-a_1}{3-2a_1},\ a_4=\frac{3-2a_1}{4-3a_1},\ \cdots$$

猜测 $a_n=\frac{(n-1)-(n-2)a_1}{n-(n-1)a_1}$.

用数学归纳法证明此猜测的正确性.

(i)当 $n=1$ 时，$a_1=a_1$，命题正确.

(ii)假设 $n=k$ 时命题正确，即

$$a_k=\frac{(k-1)-(k-2)a_1}{k-(k-1)a_1}.$$

则 $a_{k+1}=\frac{1}{2-a_k}$

$$=1\Big/\left[2-\frac{(k-1)-(k-2)a_1}{k-(k-1)a_1}\right]$$

$$=\frac{k-(k-1)a_1}{(k+1)-ka_1}.$$

即 $n=k+1$ 时命题也正确.

由(i)、(ii)知 $a_n=\frac{(n-1)-(n-2)a_1}{n-(n-1)a_1}$.

(2) $a_1a_2\cdots a_n=\frac{a_1}{2-a_1}\cdot\frac{2-a_1}{3-2a_1}\cdot\frac{3-2a_1}{4-3a_1}\cdot\cdots\cdot\frac{(n-1)(n-2)a_1}{n-(n-1)a_1}=\frac{a_1}{a_1+n(1-a_1)}$.

$$\therefore \lim_{n\to\infty}a_1a_2\cdots a_n=\begin{cases}0 & (a\neq1)\\1 & (a=1)\end{cases}$$

47. 解：(1)由题设得 $s_n^2=a_n\left(s_n-\frac{1}{2}\right)$

$$=(s_n-s_{n-1})\left(s_n-\frac{1}{2}\right).\quad\therefore s_n=\frac{s_{n-1}}{1+2s_{n-1}}.$$

$$s_1=a_1=1,\ s_2=\frac{s_1}{1+2s_1}=\frac{1}{3},$$

$$s_3=\frac{s_2}{1+2s_2}=\frac{1}{5},\ \cdots$$

推测 $s_n=\frac{1}{2n-1}$. 下面用数学归纳法证明猜测成立.

(i)当 $n=1$ 时，$s_1=a_1=\frac{1}{2\times1-1}=1$，结论成立；

(ii)假设 $n=k$ 时有 $s_k=\frac{1}{2k-1}$，

则 $n=k+1$ 时，

$$s_{k+1}=\frac{s_k}{1+2s_k}=\left(\frac{1}{2k-1}\right)\Big/\left(1+\frac{2}{2k-1}\right)$$

$$=\frac{1}{2k+1}=\frac{1}{2(k+1)-1}.$$

即 $n=k+1$ 时结论亦成立.

由(i)、(ii)可得，对 $n\geqslant2$ 的自然数结论成立.

$\therefore$ 当 $n\geqslant2$ 时，

$$a_n=s_n-s_{n-1}=\frac{1}{2n-1}-\frac{1}{2n-3}$$

$$=\frac{2n-3-2n+1}{(2n-1)(2n-3)}=-\frac{2}{(2n-1)(2n-3)}.$$

$a_1=1$.

(2) $\lim_{n\to\infty}\frac{2s_n}{na_n}=\lim_{n\to\infty}\left(-\frac{2n-3}{n}\right)=-2$(略).

48. 证明：(i)当 $n=1$ 时，等式显然成立；

(ii)假设 $n=k$ 时等式成立，即有 $s_k=k^3$，则 $n=k+1$ 时，

$$s_{k+1}=s_k+a_{k+1}=k^3+6(1+2+3+\cdots+k)+1$$

$$=k^3+6\cdot\frac{(1+k)k}{2}+1=k^3+3k^3+3k+1=$$

$(k+1)^3$

即 $n=k+1$ 时等式亦成立.

由(i)、(ii)可得，对任何 $n\in N^*$，等式成立.

49. **解**：$\because z^2+z+1=0$，$\therefore z^3-1=(z-1)\cdot(z^2+z+1)=0$，$\therefore z^3=1$.

$s_3=\frac{1}{z}+\frac{1}{z^2}+\frac{1}{z^3}=\frac{z^2+z+1}{z^3}=0$；

$s_6=s_3+\frac{1}{z^4}+\frac{1}{z^5}+\frac{1}{z^6}=s_3+\frac{1}{z}+\frac{1}{z^2}+\frac{1}{z^3}=0$；

$s_9=s_6+\frac{1}{z^7}+\frac{1}{z^8}+\frac{1}{z^9}=s_6+\frac{1}{z}+\frac{1}{z^2}+\frac{1}{z^3}=0$.

猜测　$s_{3n}=0$.

证明：(i)当 $n=1$ 时，$s_{3n}=s_3=0$，结论成立；

(ii)假设 $n=k$ 时有 $s_{3k}=0$，则 $n=k+1$ 时，

$s_{3(k+1)}=s_{3k+3}=s_{3k}+a_{3k+1}+a_{3k+2}+a_{3k+3}$

$=0+\frac{1}{z^{3k+1}}+\frac{1}{z^{3k+2}}+\frac{1}{z^{3k+3}}=\frac{z^2+z+1}{z^{3k+3}}=0$.

即 $n=k+1$ 时结论亦成立.

由(i)、(ii)可得，对于一切 $n\in N^*$，猜想 $s_{3n}=0$ 均成立.

50. **证明**：$\because x_{n+1}-x_n=\frac{2x_n(1-x_n^2)}{3x_n^2+1}$，由于 $x_1>0$，由数列 $\{x_n\}$ 的定义可知 $x_n>0$，$\therefore x_{n+1}-x_n$ 与 $1-x_n^2$ 同号.

(1)若 $x_1<1$，用数学归纳法证明 $1-x_n^2>0$，即 $x_{n+1}>x_n$.

(i)当 $n=1$ 时，$1-x_1^2>0$ 显然成立；

(ii)假设 $n=k$ 时，$1-x_k^2>0$，则 $n=k+1$ 时，

$1-x_{k+1}^2=1-\left[\frac{x_k(x_k^2+3)}{3x_k^2+1}\right]^2$

$=\frac{3x_k^4+1-x_k^6-3x_k^2}{(3x_k^2+1)^2}=\frac{(1-x_k^2)^3}{(3x_k^2+1)^2}>0$.

即 $n=k+1$ 时 $1-x_{k+1}^2>0$.

由(i)、(ii)可得，对一切 $n\in N^*$ 都有 $1-x_n^2>0$，从而对一切 $n\in N^*$ 都有 $x_{n+1}>x_n$.

(2)若 $x_1>1$，同理可证对一切 $n\in N^*$ 有 $x_{n+1}<x_n$.

由(1)、(2)命题得证.

51. **证明**：首先用数学归纳法证明 $a_n>4$.

(i)当 $n=1$ 时，$a_1=5>4$；

(ii)假设 $n=k$ 时 $a_k>4$，则 $n=k+1$ 时.

$a_{k+1}=\frac{1}{4}\left(a_k+\frac{16}{a_k}+8\right)$

$>\frac{1}{4}\left(2\sqrt{a_k\cdot\frac{16}{a_k}}+8\right)$

$=\frac{1}{4}(2\times4+8)=4$.

即 $n=k+1$ 时结论成立.

故由(i)、(ii)可得，对一切 $n\in N^*$，$a_n>4$ 都成立.

其次欲证 $a_n<4+\left(\frac{1}{4}^{n-1}\right)$，只需证 $a_n-4<\left(\frac{1}{4}\right)^{n-1}$. 事实上，

$a_n-4=\frac{1}{4}\left(a_{n-1}+\frac{16}{a_{n-1}}+8\right)-4$

$=\frac{1}{4}(a_{n-1}-4)+\left(\frac{4}{a_{n-1}}-1\right)$

$<\frac{1}{4}(a_{n-1}-4)$

$<\frac{1}{4^2}(a_{n-2}-4)$

$\vdots$

$<\frac{1}{4^{n-1}}(a_1-4)=\frac{1}{4^{n-1}}$.

故 $4<a_n<4+\left(\frac{1}{4}\right)^{n-1}$ 成立.

52. **证明**(1)：(i)当 $n=1$ 时，由条件(1)知命题成立；

(ii)假设 $n=k$ 时命题成立，即 $a_k>-\frac{2}{k}$.

由条件(2)得 $a_k<\frac{2a_{k+1}}{a_{k+1}+2}$

$\therefore -\frac{2}{k}<\frac{2a_{k+1}}{a_{k+1}+2}$，解得 $a_{k+1}>-\frac{2}{k+1}$.

即 $n=k+1$ 时命题亦成立.

故由(i)、(ii)可得，对任意 $n\in N^*$，$a_n>-\frac{2}{n}$ 都成立.

(2)(i)当 $k=0$ 时，由条件(1)知命题成立；

(ii)假设 $k=m$，$m\in[0, n-2]$时命题成立，即$\frac{2}{m+1}>a_{n-m}$. 又由条件(2)有 $a_{n+1}>\frac{-2a_n}{a_n-2}$. 得 $a_{n-m}>\frac{-2a_{n-m-1}}{a_{n-m-1}-2}$.

$\therefore \frac{2}{m+1}>\frac{-2a_{n-m-1}}{a_{n-m-1}-2}$. 得 $\frac{2}{m+2}>a_{n-m-1}$.

即当 $k=m+1$ 时命题也成立.

故由(i)、(ii)可得，当 k 为整数且 $k\in[0, n)$时$\frac{2}{k+1}>a_{n-k}$都成立.

53. **证明**：(1)先证明 $x_n>2(n=1, 2, \cdots)$. 用数学归纳法. (i)当 $n=1$ 时，$\because x_1=a$，而 $a>2$，$\therefore x_1>2$，不等式成立；

(ii)假设 $n=k$ 时不等式成立，即 $x_k>2$，则 $x_{k+1}=\frac{x_k^2}{2(x_k-1)}=\frac{1}{2}\left[(x_k-1)+\frac{1}{x_k-1}+2\right]>\frac{1}{2}\cdot(2+2)=2$.

$\therefore$ $n=k+1$ 时不等式也成立.

由(i)、(ii)知，不等式 $x_n>2(n=1, 2, \cdots)$成立.

再证$\frac{x_{n+1}}{x_n}<1(n=1, 2, \cdots)$. 对所有正整数 n 有

$$\frac{x_{n+1}}{x_n}=\frac{1}{2}\left(1+\frac{1}{x_n-1}\right)<\frac{1}{2}\left(1+\frac{1}{2-1}\right)=1.$$

(2)用数学归纳法.

(i)当 $n=1$ 时，

$\because x_1=a\leqslant 3$，$\therefore$ 不等式成立；

(ii)假设 $n=k$ 时，不等式成立，即

$x_k\leqslant 2+\frac{1}{2^{k-1}}$.

则 $n=k+1$ 时，由已知条件知

$$x_{k+1}=\frac{1}{2}\left(x_k+1+\frac{1}{x_k-1}\right).$$

再由 $x_k>2$ 及归纳假设可得

$$x_{k+1}\leqslant\frac{1}{2}\left[2+\frac{1}{2^{k-1}}+1+1\right]=2+\frac{1}{2^k}.$$

由(i)、(ii)可得，若 $a\leqslant 3$，则 $x_n\leqslant 2+\frac{1}{2^{n-1}}(n=1, 2, \cdots)$成立.

(3)证略.

54. (1)方法一：用数学归纳法证明.

1^0当 $n=1$ 时，$a_0=1$，

$a_1=\frac{1}{2}a_0(4-a_0)=\frac{3}{2}$.

$\therefore a_0<a_1<2$，命题正确.

2^0假设 $n=k$ 时有 $a_{k-1}<a_k<2$，

则 $n=k+1$ 时，

$$a_k-a_{k+1}=\frac{1}{2}a_{k-1}(4-a_{k-1})-\frac{1}{2}a_k(4-a_k)$$
$$=2(a_{k-1}-a_k)-\frac{1}{2}(a_{k-1}-a_k)\cdot(a_{k-1}+a_k)$$
$$=\frac{1}{2}(a_{k-1}-a_k)(4-a_{k-1}-a_k)$$

而 $a_{k-1}-a_k<0$，$4-a_{k-1}-a_k>0$

$\therefore a_k-a_{k+1}<0$.

又 $a_{k+1}=\frac{1}{2}a_k(4-a_k)$

$$=\frac{1}{2}[4-(a_k-2)^2]<2.$$

$\therefore$ $n=k+1$ 时命题正确.

由 1^0、2^0 知，对于一切 $n\in N^*$ 有 $a_{n-1}<a_n<2$.

方法二：用数学归纳法证明.

1^0当 $n=1$ 时，$a_0=1$，

$a_1=\frac{1}{2}a_0(4-a_0)=\frac{3}{2}$.

$\therefore$ $0<a_0<a_1<2$.

2^0假设 $n=k$ 时有 $a_{k-1}<a_k<2$ 成立，令 $f(x)=\frac{1}{2}x(4-x)$.

$f(x)$在$[0, 2]$上单调递增，所以由假设有 $f(a_{k-1})<f(a_k)<f(2)$，即$\frac{1}{2}a_{k-1}(4-a_{k-1})<\frac{1}{4}a_k(4-a_k)<\frac{1}{2}\times 2\times(4-2)$.

即 $n=k+1$ 时 $a_k<a_{k+1}<2$ 成立.

所以对一切 $n\in N^*$ 有 $a_{n-1}<a_n<2$.

(2)解略.

55. (Ⅰ)证明：设$f(n)=\frac{1}{2}+\frac{1}{3}+\cdots+\frac{1}{n}$，首先利用数学归纳法证明不等式 $a_n\leqslant$

$\dfrac{b}{1+f(n)b}$，$n=3$，4，5，…

(i)当 $n=3$ 时，由 $a_3\leqslant\dfrac{3a_2}{3+a_2}=\dfrac{3}{\dfrac{3}{a_2}+1}$

$\leqslant\dfrac{3}{3\cdot\dfrac{2+a_1}{2a_1}+1}=\dfrac{b}{1+f(3)b}$知不等式成立.

(ii)假设 $n=k(k\geqslant3)$ 时不等式成立，即 $a_k\leqslant\dfrac{b}{1+f(k)b}$.

则 $a_{k+1}\leqslant\dfrac{(k+1)a_k}{(k+1)+a_k}=\dfrac{k+1}{\dfrac{k+1}{a_k}+1}$

$$\leqslant\frac{k+1}{(k+1)\dfrac{1+f(k)b}{b}+1}$$

$$=\frac{(k+1)b}{(k+1)+(k+1)f(k)b+b}$$

$$=\frac{b}{1+f(k)b+\dfrac{b}{k+1}}$$

$$=\frac{b}{1+f(k+1)b}$$

即当 $n=k+1$ 时不等式也成立.

由(i)、(ii)知 $a_n\leqslant\dfrac{b}{1+f(n)b}$，$n=3$，4，5，…

又由已知不等式得 $a_n\leqslant\dfrac{b}{1+\dfrac{1}{2}[\log_2 n]b}$

$=\dfrac{2b}{2+b[\log_2 n]}(n=3，4，5，\cdots)$.

(Ⅱ)(Ⅲ)略.

注：(Ⅰ)也可用其他方法证.

56. (Ⅰ)证明：先用数学归纳法证明 $0<a_n<1$，$n=1$，2，3，…

(i)当 $n=1$ 时，由已知结论成立；

(ii)假设 $n=k$ 时结论成立，即 $0<a_k<1$.

因为 $0<x<1$ 时，$f'(x)=1-\cos x>0$，所以 $f(x)$ 在 $(0,1)$ 上是增函数，又 $f(x)$ 在 $[0,1]$ 上连续，从而 $f(0)<f(a_k)$，故当 $n=k+1$ 时，结论成立.

由(i)、(ii)可知，$0<a_n<1$ 对于一切正整数 n 都成立.

又因为 $0<a_n<1$ 时，$a_{n+1}-a_n=a_n-\sin a_n-a_n=-\sin a_n<0$，所以 $a_{n+1}<a_n$.

综上所述，$0<a_{n+1}<a_n<1$.

(Ⅱ)证明略.

57. (Ⅰ)证明、解略. $a_n=\dfrac{n}{2^n}$.

(Ⅱ)由(Ⅰ)得 $c_n=\dfrac{n+1}{n}a_n=(n+1)\cdot\left(\dfrac{1}{2}\right)^n$.

所以 $T_n=2\times\dfrac{1}{2}+3\times\left(\dfrac{1}{2}\right)^2+\cdots+(n+1)\times\left(\dfrac{1}{2}\right)^n$ ①

$\dfrac{1}{2}T_n=2\times\left(\dfrac{1}{2}\right)^2+3\times\left(\dfrac{1}{2}\right)^3+\cdots+n\times\left(\dfrac{1}{2}\right)^n+(n+1)\times\left(\dfrac{1}{2}\right)^{n+1}$ ②

由①－②得 $\dfrac{1}{2}T_n=\dfrac{3}{2}-\dfrac{n+3}{2^{n+1}}$，所以

$T_n=3-\dfrac{n+3}{2^n}$.

$$T_n-\frac{5n}{2n+1}=3-\frac{n+3}{2^n}-\frac{5n}{2n+1}$$

$$=\frac{(n+3)(2^n-2n-1)}{2^n(2n+1)}.$$

于是确定 T_n 与 $\dfrac{5n}{2n+1}$ 的大小关系等价于比较 2^n 与 $2n+1$ 的大小.

猜想当 $n=1$，2 时，$2^n<2n+1$，当 $n\geqslant3$ 时，$2^n>2n+1$.

下面用数学归纳法证明：

(i)当 $n=3$ 时，显然成立；

(ii)假设 $n=k(k\geqslant3)$ 时，$2^k>2k+1$，则 $n=k+1$ 时，

$2^{k+1}=2\times2^k>2(2k+1)$

$=4k+2=2(k+1)+1+(2k-1)$

$>2(k+1)+1$.

所以当 $n=k+1$ 时，猜想也成立.

于是当 $n\geqslant3$，$n\in N^*$ 时 $2^n>2n+1$ 成立.

综上所述，当 $n=1$，2 时，$T_n<\dfrac{5n}{2n+1}$；

当 $n\geqslant3$ 时，$T_n>\dfrac{5n}{2n+1}$.

58. (Ⅰ)证明：已知 a_1 是奇数，假设 $a_k=$

$2m-1$ 是奇数，其中 m 为正整数，则由递推关系 $a_{k+1}=\frac{1}{4}(a_k^2+3)=m(m-1)+1$ 是奇数，即 $n=k+1$ 时，a_{k+1} 是奇数.

根据数学归纳法，对任何 $n\in N^*$，a_n 都是奇数.

(Ⅱ)解：(方法一)由 $a_{n+1}-a_n=\frac{1}{4}(a_n-1)(a_n-3)$ 知 $a_{n+1}>a_n$ 当且仅当 $a_n<1$ 或 $a_n>3$.

另一方面，若 $0<a_k<1$，则 $0<a_{k+1}<\frac{1+3}{4}=1$，若 $a_k>3$，则 $a_{k+1}>\frac{3^2+3}{4}=3$.

根据数学归纳法，$0<a_1<1\Leftrightarrow 0<a_n<1$，$\forall n\in N^+$；$a_1>3\Leftrightarrow a_n>3$，$\forall n\in N^+$.

综上所述，对一切 $n\in N^+$，都有 $a_{n+1}>a_n$ 的充要条件是 $0<a_1<1$ 或 $a_1>3$.

59. (Ⅰ)证明：用数学归纳法证明 $x_n>0$.

(i)当 $n=1$ 时，$x_1=1>0$，结论成立；

(ii)假设 $n=k$ 时 $x_k>0$，那么 $n=k+1$ 时，

$x_{k-1}=x_k+\ln(1+x_k)>x_k+\ln 1=x_k>0$，因此对 $n\in N^*$，$x_{n+1}>0$.

因为 $x_n=x_{n+1}+\ln(1+x_{n+1})>x_{n+1}(n\geqslant 2)$，

因此，$0<x_{n+1}<x_n$.

(Ⅱ)(Ⅲ)证明略.

60. **证明**：必要性利用拆项证明(略)，充分性利用数学归纳法：

(i)当 $n=3$ 时，由 $\frac{1}{a_1a_2}+\frac{1}{a_2a_3}=\frac{1}{a_1a_3}$ 可得 $a_1+a_3=2a_2$，所以 a_1，a_2，a_3 成等差数列.

(ii)假设 $n=m$ 时成立，即若 $\frac{1}{a_1a_2}+\frac{1}{a_2a_3}+\cdots+\frac{1}{a_{m-1}a_m}=\frac{m-1}{a_1a_m}$，则数列 a_1，a_2，…，a_m 成等差数列，则 $n=m+1$ 时，

由 $\frac{1}{a_1a_2}+\frac{1}{a_2a_3}+\cdots+\frac{1}{a_{m-1}a_m}+\frac{1}{a_ma_{m+1}}=\frac{m}{a_1a_{m+1}}$ 可得 $\frac{1}{a_ma_{m+1}}=\frac{m}{a_1a_{m+1}}-\frac{m-1}{a_1a_m}$.

$\therefore a_1=ma_m-(m-1)a_{m+1}$.

化简得 $a_{m+1}=a_1+md$，即 a_1，a_2，…，a_{m+1} 成等差数列.

故由(i)、(ii)可得，对 $n\geqslant 3$，$n\in N^*$，若 $\frac{1}{a_1a_2}+\frac{1}{a_2a_3}+\cdots+\frac{1}{a_{n-1}a_n}=\frac{n-1}{a_1a_n}$，则 a_1，a_2，…，a_n 成等差数列.

61. (Ⅰ)证明：必要性：$\because a_1=0$，$\therefore a_2=1-c$.

又 $\because a_2\in[0,1]$，$\therefore 0\leqslant 1-c\leqslant 1$，即 $c\in[0,1]$.

充分性：设 $c\in[0,1]$，对 $n\in N^*$，用数学归纳法证明 $a_n\in[0,1]$.

当 $n=1$ 时，$a_1=0\in[0,1]$，假设 $a_k\in[0,1](k\geqslant 1)$，则

$a_{k+1}=ca_k^3+1-c\leqslant c+1-c=1$ 且 $a_{k+1}=ca_k^3+1-c\geqslant 1-c\geqslant 0$.

$\therefore a_{k+1}\in[0,1]$，由数学归纳法知 $a_n\in[0,1]$ 对所有 $n\in N^*$ 成立.

(Ⅱ)证明：设 $0<c<\frac{1}{3}$，当 $n=1$ 时，$a_1=0$，结论成立.

当 $n\geqslant 2$ 时，$\because a_n=ca_{n-1}^3+1-c$，$\therefore 1-a_n=c(1-a_{n-1})(1+a_{n-1}+a_{n-1}^2)$. $\because 0<c<\frac{1}{3}$，由(Ⅰ)知 $a_{n-1}\in[0,1]$，所以 $1+a_{n-1}+a_{n-1}^2\leqslant 3$ 且 $1-a_{n-1}\geqslant 0$，$\therefore 1-a_n\leqslant 3c(1-a_{n-1})$.

$\therefore 1-a_n\leqslant 3c(1-a_{n-1})\leqslant(3c)^2(1-a_{n-2})\leqslant\cdots\leqslant(3c)^{n-1}(1-a_1)=(3c)^{n-1}$.

$\therefore a_n\geqslant 1-(3c)^{n-1}(n\in N^*)$

(Ⅲ)设 $0<c<\frac{1}{3}$，当 $n=1$ 时，$a_1^2=0>-\frac{2}{1-3c}$，结论成立.

当 $n\geqslant 2$ 时，由(Ⅱ)知 $a_n\geqslant 1-(3c)^{n-1}>0$

$\therefore a_n^2\geqslant[1-(3c)^{n-1}]^2=1-2(3c)^{n-1}+(3c)^{2(n-1)}>1-2(3c)^{n-1}$.

$\therefore a_1^2+a_2^2+\cdots+a_n^2=a_2^2+\cdots+a_n^2>n-1-2[3c+(3c)^2+\cdots+(3c)^{n-1}]$

$=n-1-\frac{2[1-(3c)^n]}{1-3c}$

$>n-1-\frac{2}{1-3c}$.

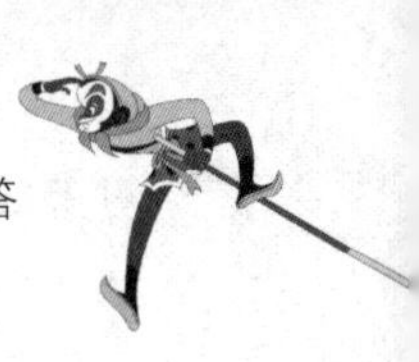

62. **证明**：(i) $\because x_1=1$，$x_2=1+\dfrac{x_1}{1+x_1}=1+\dfrac{1}{1+1}=\dfrac{3}{2}$，$\therefore x_2>x_1>0$；

(ii)假设 $0<x_{k-1}<x_k$，则

$$x_{k+1}-x_k=1+\frac{x_k}{1+x_k}-\left(1+\frac{x_{k-1}}{1+x_{k-1}}\right)$$
$$=\frac{x_k}{1+x_k}-\frac{x_{k-1}}{1+x_{k-1}}$$
$$=\frac{x_k-x_{k-1}}{(1+x_k)(1+x_{k-1})}>0$$

$\therefore x_{k+1}>x_k>0$.

故由(i)、(ii)可得，数列$\{1+\dfrac{x_n}{1+x_n}\}$是递增数列.

63. **证明**：(i)当 $n=1$ 时，$\because p\neq 2p=a_1$，$\therefore p$ 不在数列$\{a_1\}$中，命题成立；

(ii)假设 $1\leqslant n\leqslant k$ 时命题成立，即 $a_i\neq p$ $(i=1,2,\cdots,k)$.

而 $a_{k+1}=2p-\dfrac{p^2}{a_k}\neq 2p-\dfrac{p^2}{p}=p$.

$\therefore a_i\neq p(i=1,2,\cdots,k,k+1)$.

即 p 不在数列$\{a_1,a_2,\cdots,a_{k+1}\}$中.

故对一切 $n\in N^*$，p 不在数列$\{a_n\}$中.

64. **证明**：(i)当 $n=3$ 时，$(x_1^2+x_2^2)(x_2^2+x_3^2)=(x_1x_2+x_2x_3)^2$.

即 $x_1^2x_2^2+x_2^4+x_1^2x_3^2+x_2^2x_3^2=x_1^2x_2^2+2x_1x_2^2x_3+x_2^2x_3^2$

得$(x_2^2-x_1x_3)^2=0$. $\therefore x_2^2=x_1x_3$.

由于 x_1，x_2，x_3 均不为零，故 x_1，x_2，x_3 成等比数列；

(ii)假设对于 $k(k\geqslant 3)$个数 x_1，x_2，$\cdots$，x_k $(x_i\neq 0,i=1,2,\cdots,k)$结论成立，并设公比为 q，则 $x_2=qx_1$，$x_3=qx_2$，$\cdots$，$x_k=qx_{k-1}$.

令 $x_1^2+x_2^2+\cdots+x_{k-1}^2=a^2$，显然 $a^2\neq 0$.

当 $n=k+1$ 时，于是所给条件可以写成：

$(a^2+x_k^2)(q^2a^2+x_{k+1}^2)=(qa^2+x_kx_{k+1})^2$.

即 $q^2a^4+q^2a^2x_k^2+a^2x_{k+1}^2+x_k^2x_{k+1}^2=q^2a^4+2qa^2x_kx_{k+1}+x_k^2x_{k+1}^2$.

得$(qx_k-x_{k+1})^2a^2=0$，$\because a^2\neq 0$，$\therefore qx_k-x_{k+1}=0$.

即 $x_{k+1}=qx_k$.

$\therefore x_1$，x_2，$\cdots$，x_k，x_{k+1}组成以 q 为公比的等比数列.

故由(i)、(ii)可得，对于任意 $n\geqslant 3(n\in N^*)$命题成立.

65. **证明**：(i)当 $n=1$ 时，左边 $=\sin\alpha$，

右边 $=\dfrac{2\sin\alpha-\sin 2\alpha}{4\sin^2\dfrac{\alpha}{2}}=\dfrac{2\sin\alpha(1-\cos\alpha)}{4\sin^2\dfrac{\alpha}{2}}$

$=\dfrac{4\sin\alpha(\sin\dfrac{\alpha}{2})^2}{4\sin^2\dfrac{\alpha}{2}}=\sin\alpha$，命题成立；

(ii)假设 $n=k$ 时有 $\sin\alpha+2\sin 2\alpha+\cdots+k\sin k\alpha=\dfrac{(k+1)\sin k\alpha-k\sin(k+1)\alpha}{4\sin^2\dfrac{\alpha}{2}}$.

则 $n=k+1$ 时，$\sin\alpha+2\sin 2\alpha+\cdots+k\sin k\alpha+(k+1)\sin(k+1)\alpha$

$=\dfrac{(k+1)\sin k\alpha-k\sin(k+1)\alpha}{4\sin^2\dfrac{\alpha}{2}}+(k+1)\cdot\sin(k+1)\alpha$

$=\dfrac{(k+1)\sin k\alpha-k\sin(k+1)\alpha}{2(1-\cos\alpha)}+(k+1)\sin(k+1)\alpha$

$=[(k+1)\sin k\alpha-k\sin(k+1)\alpha+2(k+1)(1-\cos\alpha)\sin(k+1)\alpha]/2(1-\cos\alpha)$

$=[(k+2)\sin(k+1)\alpha+(k+1)\sin k\alpha-2(k+1)\cos\alpha\sin(k+1)\alpha]/2(1-\cos\alpha)$

$=\{(k+2)\sin(k+1)\alpha+(k+1)\sin k\alpha-(k+1)[\sin(k+2)\alpha+\sin k\alpha]\}/2(1-\cos\alpha)$

$=\dfrac{(k+2)\sin(k+1)\alpha-(k+1)\sin(k+2)\alpha}{4\sin^2\dfrac{\alpha}{2}}$.

即 $n=k+1$ 时命题亦成立.

故由(i)、(ii)可得，对一切 $n\in N^*$ 命题都成立.

66. **证明**：(i)当 $n=1$ 时，$\operatorname{ctg}x-\operatorname{ctg}2x=\dfrac{\cos x}{\sin x}-\dfrac{\cos 2x}{\sin 2x}=\dfrac{2\cos^2x-\cos 2x}{\sin 2x}=\dfrac{1}{\sin 2x}$，等式成立；

(ii)假设 $n=k$ 时等式成立，即$\dfrac{1}{\sin 2x}+\dfrac{1}{\sin 4x}+\cdots+\dfrac{1}{\sin 2^kx}=\operatorname{ctg}x-\operatorname{ctg}2^kx$，则 $n=k+1$ 时，有

$$\frac{1}{\sin 2x}+\frac{1}{\sin 4x}+\cdots+\frac{1}{\sin 2^k x}+\frac{1}{\sin 2^{k+1}x}$$

$$=\operatorname{ctg}x-\operatorname{ctg}2^k x+\frac{1}{\sin 2^{k+1}x}$$

$$=\operatorname{ctg}x-\frac{\cos 2^k x}{\sin 2^k x}+\frac{1}{\sin 2^{k+1}x}$$

$$=\operatorname{ctg}x-\frac{2(\cos 2^k x)^2-1}{\sin 2^{k+1}x}$$

$[\because \sin 2^{k+1}x=\sin 2(2^k x)=2\sin 2^k x\cos 2^k x]$

$$=\operatorname{ctg}x-\frac{\cos 2^{k+1}x}{\sin 2^{k+1}x}=\operatorname{ctg}x-\operatorname{ctg}2^{k+1}x.$$

即 $n=k+1$ 时等式亦成立.

故由(i)、(ii)可得，对一切 $n\in N^*$ 等式都成立.

67. **证明**：(i)当 $n=1$ 时，$\because$ 左边 $=\frac{1}{2}+\cos\alpha$. 右边 $=\frac{\cos\alpha-\cos 2\alpha}{2(1-\cos\alpha)}=\frac{\cos\alpha-2\cos^2\alpha+1}{2(1-\cos\alpha)}$

$$=\frac{(1-\cos\alpha)(1+2\cos\alpha)}{2(1-\cos\alpha)}=\frac{1}{2}+\cos\alpha.$$

$\therefore$ 等式成立，即命题成立；

(ii)假设 $n=k$ 时，命题成立，即

$\frac{1}{2}+\cos\alpha+\cos 2\alpha+\cdots+\cos k\alpha=\frac{\cos k\alpha-\cos(k+1)\alpha}{2(1-\cos\alpha)}$. 则 $n=k+1$ 时，在上式两边同时加上 $\cos(k+1)\alpha$，得 $\frac{1}{2}+\cos\alpha+\cos 2\alpha+\cdots+\cos k\alpha+\cos(k+1)\alpha$

$$=\frac{\cos k\alpha-\cos(k+1)\alpha}{2(1-\cos\alpha)}+\cos(k+1)\alpha$$

$$=\frac{\cos(k+1)\alpha+\cos k\alpha-[\cos(k+2)\alpha+\cos k\alpha]}{2(1-\cos\alpha)}$$

$$=\frac{\cos(k+1)\alpha-\cos[(k+1)+1]\alpha}{2(1-\cos\alpha)}.$$

即 $n=k+1$ 时命题亦成立.

故由(i)、(ii)可得，对于一切 $n\in N^*$ 命题都成立.

68. **证明**：(i)当 $n=1$ 时，左边 $=\cos x$，右边 $=\frac{\sin 2x}{2\sin x}=\cos x$，等式成立；

(ii)假设 $n=k$ 时等式成立，即 $\cos x\cos 2x\cdots\cos(2^{k-1}x)=\frac{\sin(2^k x)}{2^k\sin x}$. 则 $n=k+1$ 时，$\cos x\cos 2x\cdots\cos(2^{k-1}x)\cdot\cos(2^k x)=\frac{\sin(2^k x)}{2^k\sin x}\cdot\cos(2^k x)$

$$=\frac{2\sin(2^k x)\cdot\cos(2^k x)}{2\cdot 2^k\sin x}=\frac{\sin(2^{k+1}x)}{2^{k+1}\sin x}.$$

即 $n=k+1$ 时等式亦成立.

故由(i)、(ii)可得，对所有 $n\in N^*$ 等式都成立.

69. **证明**：(i)当 $n=1$ 时，

$\cos\frac{45^\circ}{2}=\sqrt{\frac{1+\cos 45^\circ}{2}}=\sqrt{(1+\frac{\sqrt{2}}{2})/2}=\frac{1}{2}\sqrt{2+\sqrt{2}}$ 命题成立；

(ii)假设 $n=k$ 时，命题成立，即有

$$\cos\frac{45^\circ}{2^k}=\frac{1}{2}\sqrt{\underbrace{2+\sqrt{2+\sqrt{2+\cdots+\sqrt{2}}}}_{k+1\text{个}2}}.$$

则 $n=k+1$ 时有，

$$\cos\frac{45^\circ}{2^{k+1}}=\sqrt{\frac{1+\cos\frac{45^\circ}{2^k}}{2}}=\frac{1}{2}\sqrt{2+2\cos\frac{45^\circ}{2^k}}$$

$$=\frac{1}{2}\sqrt{2+2\times\frac{1}{2}\sqrt{\underbrace{2+\sqrt{2+\cdots+\sqrt{2}}}_{k+1\text{个}2}}}$$

$=\frac{1}{2}\sqrt{\underbrace{2+\sqrt{2+\cdots+\sqrt{2}}}_{(k+1)+1\text{个}2}}$，即 $n=k+1$ 时命题亦成立.

故由(i)、(ii)可得，对一切 $n\in N^*$，命题都成立.

70. **证明**：(1)$\because$ $|\sin 2\alpha|=|2\sin\alpha\cos\alpha|=2|\sin\alpha|\cdot|\cos\alpha|$，而 $|\cos\alpha|\leqslant 1$，$\therefore$ $|\sin 2\alpha|\leqslant 2|\sin\alpha|$.

(2)(i)当 $n=2$ 时，(1)已证明命题成立；

(ii)假设 $n=k$ 时命题成立，即 $|\sin k\alpha|\leqslant k|\sin\alpha|$，则 $n=k+1$ 时，

$|\sin(k+1)\alpha|=|\sin k\alpha\cos\alpha+\cos k\alpha\sin\alpha|\leqslant|\sin k\alpha\cos\alpha|+|\cos k\alpha\sin\alpha|$

$\leqslant|\sin k\alpha|+|\sin\alpha|\leqslant k|\sin\alpha|+|\sin\alpha|=(k+1)|\sin\alpha|$.

即 $n=k+1$ 时命题亦成立.

又当 $n=1$ 时 $|\sin(1\cdot\alpha)|=1\cdot|\sin\alpha|$.

故对任意 $n\in N^*$，$|\sin n\alpha|\leqslant n|\sin\alpha|$

71. **证明**：(i)当 $n=1$ 时，$2\cos\frac{\pi}{2^{1+1}}=$

$2\cos\frac{\pi}{4}=\sqrt{2}=a_1$，结论成立；

(ii)假设 $n=k$ 时结论成立，即 $a_k=2\cos\frac{\pi}{2^{k+1}}$，则 $n=k+1$ 时，$a_{k+1}=\sqrt{2+a_k}=\sqrt{2+2\cos\frac{\pi}{2^{k+1}}}=2\cos\frac{\pi}{2^{k+2}}$.

即 $n=k+1$ 时结论亦成立.

故由(i)、(ii)可得，对于一切 $n\in N^*$ 原结论成立.

72. **证明**：(i)当 $n=1$，2 时，命题显然成立；

(ii)假设 $n<k(k>2)$ 时命题成立，即 $A_{k-1}=\cos(k-1)\theta$，$A_{k-2}=\cos(k-2)\theta$，则 $n=k$ 时，

$A_k=2\cos\theta\cos(k-1)\theta-\cos(k-2)\theta$

$=2\cos\theta\cos(k-1)\theta-\cos[(k-1)-1]\theta$

$=2\cos\theta\cos(k-1)\theta-[\cos(k-1)\theta\cos\theta+\sin(k-1)\theta\sin\theta]$

$=\cos(k-1)\cos\theta-\sin(k-1)\theta\sin\theta=\cos k\theta$.

即 $n=k$ 时命题成立.

故由(i)、(ii)可得，对任意 $n\in N^*$ 命题都成立.

73. **证明**：$\because p_1=\cos\theta+\sin\theta$.

$\therefore p_1^2=1+2\sin\theta\cos\theta$

$\therefore \sin\theta\cos\theta=\frac{p_1^2-1}{2}$是有理数.

(i)当 $n=1$ 时，由条件知命题成立.

当 $n=2$ 时，$p_2=\sin^2\theta+\cos^2\theta=1$ 是有理数.

(ii)假设 $2\leqslant n\leqslant k$ 时，$p_k=\sin^k\theta+\cos^k\theta$ 是有理数，则 $n=k+1$ 时，由于

$p_{k+1}=\sin^{k+1}\theta+\cos^{k+1}\theta=\sin^k\theta\cdot\sin\theta+\cos^k\theta\cos\theta+\cos^k\theta\cdot\sin\theta+\sin^k\theta\cdot\cos\theta-\cos^k\theta\cdot\sin\theta-\sin^k\theta\cdot\cos\theta=\sin\theta(\sin^k\theta+\cos^k\theta)+\cos\theta(\sin^k\theta+\cos^k\theta)-\sin\theta\cos\theta(\sin^{k-1}\theta+\cos^{k-1}\theta)=(\sin\theta+\cos\theta)(\sin^k\theta+\cos^k\theta)-\sin\theta\cos\theta(\sin^{k-1}\theta+\cos^{k-1}\theta)=p_1\cdot p_k-\sin\theta\cos\theta\cdot p_{k-1}$

由于 p_1，p_k，p_{k-1}是有理数，$\sin\theta\cos\theta=\frac{1}{2}(\sin\theta+\cos\theta)^2-1$ 也是有理数，$\therefore p_{k+1}$是有理数.

故由(i)、(ii)可得，对一切 $n\in N^*$，p_n都是有理数.

74. (Ⅰ)解略：

$$a_n=\begin{cases}\frac{n+1}{2}, & n=2k-1 \quad (k\in N^*)\\ 2^{\frac{n}{2}}, & n=2k \quad (k\in N^*)\end{cases}$$

(Ⅱ)证明：由(Ⅰ)知 $b_n=\frac{a_{2n-1}}{a_{2n}}=\frac{n}{2^n}$,

$$s_n=\frac{1}{2}+\frac{2}{2^2}+\frac{3}{3^3}+\cdots+\frac{n}{2^n} \quad ①$$

$$\frac{1}{2}s_n=\frac{1}{2^2}+\frac{2}{2^3}+\frac{3}{2^3}+\cdots+\frac{n}{2^{n+1}} \quad ②$$

①－②得

$$\frac{1}{2}s_n=\frac{1}{2}+\frac{1}{2^2}+\frac{1}{3^3}+\cdots+\frac{1}{2^n}-\frac{n}{2^{n+1}}$$

$$=\frac{\frac{1}{2}\left[1-\left(\frac{1}{2}\right)^n\right]}{1-\frac{1}{2}}-\frac{n}{2^{n+1}}=1-\frac{1}{2^n}-\frac{n}{2^{n+1}}.$$

所以 $s_n=2-\frac{1}{2^{n-1}}-\frac{n}{2^n}=2-\frac{n+2}{2^n}$.

要证明，当 $n\geqslant 6$ 时，$|s_n-2|<\frac{1}{n}$成立，

只需证明当 $n\geqslant 6$ 时，$\frac{n(n+2)}{2^n}<1$ 成立.

证法一：(i)当 $n=6$ 时，$\frac{6(6+2)}{2^6}=\frac{48}{64}=\frac{3}{4}<1$ 成立；

(ii)假设当 $n=k(k\geqslant 6)$时，不等成立，即 $\frac{k(k+2)}{2^k}<1$，从而 $2^{k+1}>2k(k+2)$. 则 $n=k+1$ 时，$\frac{(k+1)(k+3)}{2^{k+1}}<\frac{(k+1)(k+3)}{2k(k+2)}<1$.

由(i)、(ii)可知，当 $n\geqslant 6$ 时，$\frac{n(n+1)}{2^n}<1$，即当 $n\geqslant 6$ 时，$|s_n-2|<\frac{1}{n}$.

75. **证明**：(i)当 $n=3$ 时，命题显然成立；

(ii)假设 $n=k$ 时命题成立，则 $n=k+1$ 时，可以把 $k+1$ 边形用一条对角线分为一个三角形与一个 k 边形，因为 k 边形各内角和为 $(k-2)\times180°$，所以 $k+1$ 边形的内角和为$(k-2)\times180°+180°=[(k+1)-2]\times180°$.

即 $n=k+1$ 时命题亦成立.

故由(i)、(ii)可得，当 $n\geqslant3$ 时，n 边形各内角和为 $(n-2)\times180°$.

76. **证明**：(i)当 $n=1$ 时，命题显然成立；

(ii)假设 $n=k$ 时命题成立，即符合条件的 k 条直线互相分割成 k^2 条线段(或射线)，则 $n=k+1$ 时，增加了 $k+(k+1)$ 线段，这样分割成的线段共有 $k^2+k+(k+1)=k^2+2k+1=(k+1)^2$.

即 $n=k+1$ 时命题亦成立.

故由(i)、(ii)可得，对一切 $n\in N^*$ 命题成立.

77. **证明**：(i)当 $n=1$ 时，$f(1)=2$，命题显然成立；

(ii)假设 $n=k$ 时命题成立，即 k 个圆把平面分成 $f(k)=k^2-k+2$ 部分，则 $n=k+1$ 时，第 $k+1$ 个圆和其他 k 个圆交于 $2k$ 个点，平面内增加了 $2k$ 个部分，故有 $(k^2-k+2)+2k=k^2+k+2=(k+1)^2-(k+1)+2$

即 $n=k+1$ 时命题亦成立.

故由(i)、(ii)可得，对于一切 $n\in N^*$ 命题都成立.

78. **证明**：把命题的结论加强为：必可适当地记为 p_1，p_2，…，p_n，使得，$Ap_1^2+p_1p_2^2+\cdots+p_{n-1}p_n^2+p_nB^2\leqslant AB^2$.

(i)当 $n=1$ 时，因 $\angle Ap_1B\geqslant90°$，故 $Ap_1^2+p_1B^2\leqslant AB^2$ 加强命题成立；

(ii)假设 $n<k$ 时加强命题成立，则 $n=k$ 时，过 C 作 AB 的垂线，垂足为 D，不妨设 $\triangle ADC$ 和 $\triangle BDC$ 中都有点(否则，设 $\triangle ADC$ 中没有点，且结论在 $\mathrm{Rt}\triangle BDC$ 上成立，即 $Cp_1^2+p_1p_2^2+\cdots+p_{n-1}p_n^2+p_nB^2\leqslant CB^2$，因 $\angle ACp_1<90°$，$\therefore Ap_1^2+AC^2+Cp_1^2$，故 $Ap_1^2+p_1p_2^2+\cdots+p_{n-1}p_n^2+p_nB^2\leqslant AC^2+Cp_1^2+p_1p_2^2+\cdots+p_nB^2\leqslant AC^2+CB^2=AB^2$，即结论在 $\triangle ABC$ 上也成立.于是作斜边上的垂线的方法可以一直作下去，直到把 k 个点分割在两个三角形内为止).设 $\triangle ADC$ 中有 s 个点，$\triangle BDC$ 中有 $k-s$ 个点，由归纳假设，可适当标号，使得

$$Ap_1^2+p_1p_2^2+\cdots+p_{s-1}p_s^2+p_sC^2\leqslant AC^2$$

$$Cp_{s+1}^2+p_{s+1}p_{s+2}^2+\cdots+p_{k-1}p_k^2+p_kB^2\leqslant BC^2$$

又因 $\angle p_sCp_{s+1}<90°$，$\therefore p_sp_{s+1}^2<p_sC^2+Cp_{s+1}^2$.

于是便得 $Ap_1^2+p_1p_2^2+\cdots+p_{k-1}p_s^2+p_kB^2\leqslant AC^2+BC^2=AB^2$.

即 $n=k$ 时加强命题也成立.

由(i)、(ii)可得，对任意 $n\in N^*$，加强命题成立.

而 $Ap_1^2+p_1p_2^2+p_2p_3^2+\cdots+p_{n-1}p_n^2<Ap_1^2+p_1p_2^2+\cdots+p_{n-1}p_n^2+p_nB^2$.

故原命题成立.

79. **证明**：(i)当 $n=4$ 时，在凸四边形 $A_1A_2A_3A_4$ 中，连接对角线 A_1A_3，再过顶点 A_4 作 A_1A_3 的平行线 $A_4A_3^l$ 交 A_2A_3 的延长线于点 A_3^l，$\because\triangle A_1A_3A_4$ 与 $\triangle A_1A_3A_3^l$ 等底，等高，故等积，于是凸四边形 $A_1A_2A_3A_4$ 与 $\triangle A_1A_2A_3^l$ 等积，命题成立；

(ii)假设 $n=k(k\geqslant4)$ 时凸 k 边形可以变成一个和它等积的三角形，则 $n=k+1$ 时，连结对角线 A_1A_k，过 A_{k+1} 作 $A_{k+1}A_k^l\,/\!/\,A_1A_k$ 交 $A_{k-1}A_k$ 于 A_k^l，则 $\triangle A_1A_kA_{k+1}$ 与 $\triangle A_1A_kA_k^l$ 等积，从而 $k+1$ 边形 $A_1A_2\cdots A_{k+1}$ 与 k 边形 $A_1A_2\cdots A_k^l$ 等积，而由归纳假设，此凸 k 边形可以变成一个与它等积的三角形，因此 $k+1$ 边形 $A_1A_2\cdots A_{k+1}$ 可变成一个与它等积的三角形，即 $n=k+1$ 时命题亦成立.

故由(i)、(ii)可得，对一切 $n\in N^*$，$n\geqslant4$ 命题成立.

80. **证明**：(i)当 $n=4$ 时，对于四面体 $ABCD$ 来说，易知 $F_4=4$，$V_4=4$，$E_4=6$，$F_4+V_4=4+4=6+2=E_4+2$，定理成立(图 4-15)；

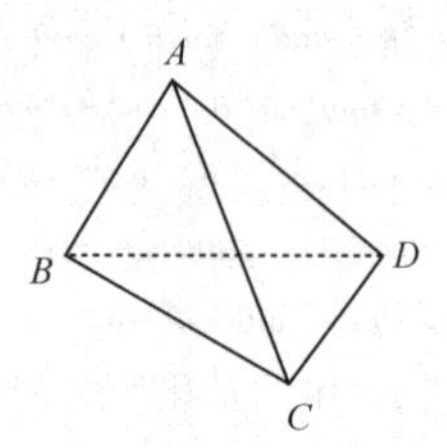

图 4-15

(ii)假设 $n=k$ 时定理成立，则 $n=k+1$ 时，有 $k+1$ 面体 $A_1A_2\cdots A_{k+1}$，设想它具有弹性，在变换中它的面数、顶点数、棱数保持不变，但面的大小，棱的长短可以改变(称此为弹性变换)，对于这$(k+1)$个面，可以选择它的一个面，设这个面是 m 边多边形；扩展与它相邻的各面，这些面两两相交，其交线可能交于一点(图4-16)；如果不交于一点，就施以弹性变换，必可使这些交线交于同一点，至此得到一

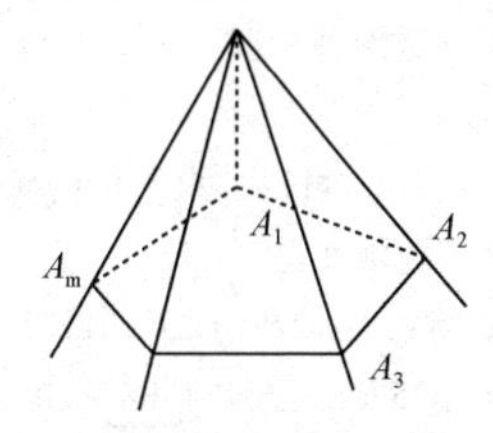

图4-16

个 k 面多面体，且有 $F_k+V_k=E_k+2$，易知 $F_{k+1}-1=F_k$，$V_{k+1}-m+1=V_k$，$E_{k+1}-m=E_k$，代入 $F_k+V_k=E_k+2$，得

$$F_{k+1}-1+V_{k+1}-m+1=E_{k+1}-m+2.$$

即 $F_{k+1}+V_{k+1}=E_{k+1}+2$.

亦即 $n=k+1$ 时定理也成立.

由(i)、(ii)可得，对于大于3的自然数定理成立.

81. **证明**：(i)当 $n=2$ 时，得圆内接正方形，易知 $a_{2^2}=a_4=\sqrt{2}R$，结论成立；

(ii)假设 $n=k-1(k\geqslant 3)$时，结论成立，即

$a_{2^{k-1}}=R\sqrt{2-\sqrt{2+\sqrt{2+\cdots\sqrt{2}}}}$ $(k-2)$层根号.

设 $a_{2^{k-1}}=2bR$.

如图4-17所示，$OA=OB=R$，$AB=a_{2^{k-1}}$，过圆心 O 作直径 $EC\perp AB$，垂足为 D，则 $BC=a_{2^k}$

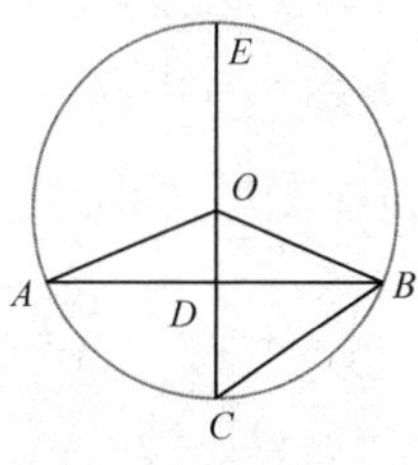

图4-17

$\because DB^2=CD\cdot DE$，设 $CD=x$，

$\therefore \left(\frac{1}{2}a_{2^{k-1}}\right)^2=x(2R-x)$ 即 $(bR)^2=2xR-x^2$，$x^2-2Rx+b^2R^2=0$，

解得 $x=R\pm\sqrt{1-b^2}R$.

$\because CD<DE$，取 $CD=(1-\sqrt{1-b^2})R$，又 $BC^2=CD\cdot CE$.

$\therefore (a_{2^k})^2=(1-\sqrt{1-b^2})R\times 2R$

$a_{2^k}=R\sqrt{2-2\sqrt{1-b^2}}=R\sqrt{2-4-4b^2}$

将 $4b^2=2-\sqrt{2+\sqrt{2+\cdots+\sqrt{2}}}$ $(k-2)$层根号代入此式，得

$a_{2^k}=R\sqrt{2-\sqrt{2+\sqrt{2+\cdots+\sqrt{2}}}}$ $(k-1)$层根号.

即 $n=k$ 时结论也成立.

故由(i)、(ii)可得，对于大于1的自然数命题成立.

82. **解**：设 l_n 为第 n 次截取余下的线段，由题意 $l_1=1-\frac{1}{2^2}=\frac{3}{2^2}$，$l_2=l_1-\frac{1}{3^2}l_1=\frac{3}{2^2}\cdot\frac{8}{3^2}$，$l_3=l_2-\frac{1}{4^2}l_2=\frac{3}{2^2}\cdot\frac{8}{3^2}\cdot\frac{15}{4^2}$，…，$l_n=\frac{3}{2^2}\cdot\frac{8}{3^2}\cdot\frac{15}{4^2}\cdot\cdots\cdot\frac{(n+1)^2-1}{(n+1)^2}=\frac{n+2}{2(n+1)}$ (1)

下面用数学归纳法证明(1)对所有自然数 n 都成立.

(i)当 $n=1$ 时，$l_1=\frac{1+2}{2(1+1)}=\frac{3}{2^2}$，(1)式成立；

(ii)假设 $n=k$ 时(1)式成立，即 $l_k=\frac{k+2}{2(k+1)}$，则 $n=k+1$ 时，$l_{k+1}=l_k-\frac{1}{(k+2)^2}l_k$

$$=l_k\left[1-\frac{1}{(k+2)^2}\right]=\frac{k+2}{2(k+1)}\cdot\frac{k^2+4k+3}{(k+2)^2}$$

$$=\frac{(k+1)(k+3)}{2(k+1)(k+2)}=\frac{(k+1)+2}{2[(k+1)+1]}.$$

即 $n=k+1$ 时(1)式成立.

由(i)、(ii)可得，当 $n\in N^*$ 时，$l_n=\frac{n+2}{2(n+1)}$.

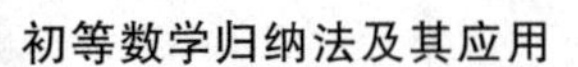

$$\lim_{n\to\infty} l_n = \lim_{n\to\infty} \frac{1+\frac{2}{n}}{2\left(1+\frac{1}{n}\right)} = \frac{1}{2}.$$ 故余下的线段长为$\frac{1}{2}$.

83. **证明**：(i)当 $n=2$ 时，左边 $=2+f(1)=2+1=3$，右边 $=2\cdot f(2)=2\cdot\frac{3}{2}=3$，等式成立；

(ii)假设 $n=k$ 时，等式成立，即 $k+f(1)+f(2)+f(3)+\cdots+f(k-1)=k\cdot f(k)$，则 $n=k+1$ 时，$k+1+f(1)+f(2)+f(3)+\cdots+f(k-1)+f(k)$

$$=kf(k)+f(k)+1=(k+1)f(k)+1$$

$$=(k+1)\left[f(k)+\frac{1}{k+1}\right]=(k+1)f(k+1).$$

即 $n=k+1$ 时等式亦成立.

故由(i)、(ii)可得，对一切 $n\geqslant 2$，且 $n\in N^*$ 等式成立.

84. **解**：(1)$\because f(x)=\frac{x}{\sqrt{1+x^2}}$，

$\therefore f_2(x)=f[f_1(x)]=$

$$\left(\frac{x}{\sqrt{1+x^2}}\right)\Big/\sqrt{1+\left(\frac{x}{1+x^2}\right)^2}=\frac{x}{\sqrt{1+2x^2}},$$

$f_3(x)=f[f_2(x)]=$

$$\left(\frac{x}{\sqrt{1+x^2}}\right)\Big/\sqrt{1+\left(\frac{x}{1+2x^2}\right)^2}=\frac{x}{\sqrt{1+3x^2}}$$

(2)猜测 $f_n(x)=\frac{x}{\sqrt{1+nx^2}}$.

(i)当 $n=1$ 时 $f_1(x)=f(x)$，结论显然成立；

(ii)假设 $n=k$ 时，$f_k(x)=\frac{x}{\sqrt{1+kx^2}}$，则 $n=k+1$ 时，$f_{k+1}(x)=f\left(\frac{x}{\sqrt{1+kx^2}}\right)=\frac{x}{\sqrt{1+(k+1)x^2}}$.

即 $n=k+1$ 时结论亦成立.

由(i)、(ii)可得，$n\in N^*$ 时 $f_n(x)=\frac{x}{\sqrt{1+nx^2}}$均成立.

85. **证明**：(i)当 $n=8$ 时，$8=3+5$，命题成立；

(ii)假设 $n=k(k\geqslant 8)$时命题成立，则当 $n=k+1$ 时，①如果 k 是由 3 连加而得，则至少需要三个3(否则$3+3=6<8$)，这时只需把三个3换成两个5，即得 $k+1$；

②如果 k 不是全由 3 连加而得，则至少需要一个5，这时，只需要把一个 5 换成两个 3，即得 $k+1$；

综合①、②两种情况可知，当 $n=k+1$ 时命题亦成立.

故由(i)、(ii)可得，大于 7 的整数可以用若干个 3 和 5 连加而得.

86. **证明**：由 $1225=35^2$，$112225=335^2$，$11122225=3335^2$. 猜想：$\underbrace{11\cdots1}_{n个1}\underbrace{22\cdots2}_{n+1个2}5=\underbrace{33\cdots3}_{n个3}5^2$.

下面用数学归纳法证明这个猜想.

(i)当 $n=1$ 时，命题显然成立；

(ii)假设 $n=k$ 时命题成立，即

$\underbrace{11\cdots1}_{k个1}\underbrace{22\cdots2}_{k+1个2}5=\underbrace{33\cdots3}_{k个3}5^2$. 则 $n=k+1$ 时，$\underbrace{11\cdots1}_{k+1个1}\ \underbrace{22\cdots2}_{k+2个2}5=$

$\underbrace{11\cdots1}_{k个1}\ \underbrace{22\cdots2}_{k+1个2}5+1\underbrace{0\cdots0}_{k-1个0}\ 1\ \underbrace{0\cdots0}_{k+2个0}=$
$\underbrace{33\cdots3}_{k个3}5^2+2\times3\ \underbrace{33\cdots3}_{k个3}5\times3\ \underbrace{0\cdots0}_{k+1个0}+3\ \underbrace{0\cdots0}_{k+1个0}2=(\underbrace{33\cdots3}_{k个3}5+3\underbrace{00\cdots0}_{k+1个0})^2=\underbrace{33\cdots3}_{k+1个3}5^2$

即 $n=k+1$ 时命题也成立.

故由(i)、(ii)可得，对任何 $n\in N^*$ 命题成立.

87. **证明**：(i)当 $x=0$ 时，$f(0)=0$，命题成立；

(ii)假设 $x=k$(k 是正整数)$f(k)$是整数，则 $x=k+1$ 时，$f(k+1)=\frac{1}{7}(k+1)^7+\frac{1}{5}(k+1)^5+\frac{1}{3}(k+1)^3+\frac{34}{105}(k+1)$

$$=\frac{1}{7}k^7+\frac{1}{5}k^5+\frac{1}{3}k^3+\frac{34}{105}k+(k^6+3k^5+6k^4+7k^3+6k^2+3k+1).$$

$=f(k)+$整数$=$整数.

即 $n=k+1$ 时命题也成立.

故由(i)、(ii)可得，当 x 取任何非负整数时，$f(x)$ 也是整数.

综上，当 x 取任何整数时，$f(x)$ 总是整数.

88. **证明**：设二实根为 α，β，记 $s_n=\alpha^n$，$\beta^n(n\in N^*)$.

(i)当 $n=1$ 时，$s_1=\alpha+\beta=2a$，由题设知命题成立；

(ii)假设 $n\leqslant k$ 时，s_i 均为偶数($i\leqslant k$)，则 $n=k+1$ 时，

$s_{k+1}=\alpha^{k+1}+\beta^{k+1}=(\alpha^{k+1}+\alpha^k\beta)+(\alpha\beta^k+\beta^{k+1})-(\alpha^k\beta+\alpha\beta^k)$

$=(\alpha+\beta)(\alpha^k+\beta^k)-\alpha\beta(\alpha^{k-1}+\beta^{k-1})=2as_k-bs_{k-1}$

由此可知，s_{k+1} 亦为偶数.

即 $n=k+1$ 时命题成立.

故由(i)、(ii)可得，$n\in N^*$ 时原命题成立.

89. **证明**：(i)当 $n=2$ 时，只要赢者排在前面，输者排在后面，命题显然成立；

(ii)假设 $n=k$ 时命题成立，则 $n=k+1$ 时，先看第 $k+1$ 个与第一个人比，赢或和则排在第一个人前，否则再与第二个人比……如这第 $k+1$ 个人也输给第 k 个人，则他排在最后即可，也就是说 $n=k+1$ 时命题也成立.

故由(i)、(ii)可得，对于 $n\geqslant 2$ 的一切自然数命题均成立.

90. **证明**：(i)当 $n=1$ 时，总共两只球，可能为一堆，则不需要挪动，可能为两堆，每堆一球，则只需挪动一次即可，即 $n=1$ 时，命题成立；

(ii)假设 $n=k$ 时命题成立，即 2^k 个球任意分成若干个堆，经过有限次挪动可并为一堆.

当 $n=k+1$ 时，2^{k+1} 个球分成若干堆，则：

奇数个球的堆必为偶数个(否则，奇数个奇数之和为奇数，总球数将为奇数个，与题中 2^{k+1} 个球矛盾).

将这些奇数球的堆任意两两配合，则只需按规则在每两堆之间挪动一次，就使得各堆球数均为偶数.

这样，每堆的球数均为偶数个，可以将两个球当作一个大球，则大球共 2^k 个，由归纳假设，可按规则将其并成一堆，故 2^{k+1} 个可并成一堆.

由(i)、(ii)可得，对 $n\in N^*$ 命题成立.

91. **解**：(i)假设存在 a，b，c 使题设的等式成立，则

令　$n=1$ 时，得 $4=\frac{1}{6}(a+b+c)$；

令　$n=2$ 时，得 $22=\frac{1}{2}(4a+2b+c)$；

令　$n=3$ 时，得 $70=9a+3b+c$；

经整理得　$\begin{cases}a+b+c=24,\\4a+2b+c=44,\\9a+3b+c=70.\end{cases}$

解之得　$a=3$，$b=11$，$c=10$.

于是，对 $n=1$，2，3，下面等式成立

$1\cdot 2^2+2\cdot 3^2+\cdots+n(n+1)^2=\frac{n(n+1)}{12}(3n^2+11n+10)$

记 $s_n=1\cdot 2^2+2\cdot 3^2+\cdots+n(n+1)^2$.

假设 $n=k$ 时上式成立，即

$s_k=\frac{k(k+1)}{12}(3k^2+11k+10)$. 那么

$s_{k+1}=s_k+(k+1)(k+2)^2$

$=\frac{k(k+1)}{12}(3k^2+11k+10)+(k+1)(k+2)^2$

$=\frac{k(k+1)}{12}(k+2)(3k+5)+(k+1)(k+2)^2$

$=\frac{(k+1)(k+2)}{12}(3k^2+5k+12k+24)$

$=\frac{(k+1)(k+2)}{12}[3(k+1)^2+11(k+1)+10]$.

即当 $n=k+1$ 时等式也成立.

综上所述，当 $a=3$，$b=11$，$c=10$ 时，题设的等式对一切自然数 n 成立.

92. (Ⅰ)解略.

(Ⅱ)用数学归纳法证明.

(i)当 $n=1$ 时，由(Ⅰ)知命题成立；

(ii)假设 $n=k$ 时，命题成立.

即若正数 p_1，p_2，p_3，…，p_{2^k} 满足 p_1+p_2

$+p_3+\cdots+p_{2^k}=1$，则 $p_1\log_2p_1+p_2\log_2p_2+p_3\log_2p_3+\cdots+p_{2^k}\log_2p_{2^k}\geqslant -k$.

当 $n=k+1$ 时，若正数 p_1，p_2，p_3，…，$p_{2^{k+1}}$ 满足 $p_1+p_2+p_3+\cdots+p_{2^{k+1}}=1$.

令 $x=p_1+p_2+p_3+\cdots+p_{2^k}$.

$$q_1=\frac{p_1}{x},\ q_2=\frac{p_2}{x},\ \cdots,\ q_{2^k}=\frac{p_{2^k}}{x}$$

则 q_1，q_2，q_3，…，q_{2^k} 为正数且 $q_1+q_2+q_3+\cdots+q_{2^k}=1$.

由归纳假设知 $q_1\log_2q_1+q_2\log_2q_2+q_3\log_2q_3+\cdots+q_{2^k}\log_2q_{2^k}\geqslant -k$.

$p_1\log_2p_1+p_2\log_2p_2+p_3\log_2p_3+\cdots+p_{2^k}\log_2p_{2^k}$

$=x(q_1\log_2q_1+q_2\log_2+q_3\log_2q_3+\cdots+q_{2^k}\log_2q_{2^k}+\log_2x)$

$\geqslant x(-k)+x\log_2x$ ①

同理由 $p_{2^k+1}+p_{2^k+2}+\cdots+p_{2^{k+1}}=1-x$ 可得

$p_{2^k+1}\log_2p_{2^k+1}+p_{2^k+2}\log_2p_{2^k+2}+\cdots+p_{2^{k+1}}\log_2p_{2^{k+1}}$

$\geqslant(1-x)(-k)+(1-x)\log_2(1-x)$ ②

综合①、②两式

$p_1\log_2p_1+p_2\log_2p_2+p_3\log_2p_3+\cdots+p_{2^{k+1}}\log_2p_{2^{k+1}}$

$\geqslant x(-k)+x\log_2x+(1-x)(-k)+(1-x)\cdot\log_2(1-x)$

$=(-k)+x\log_2x+(1-x)\log_2(1-x)\geqslant -k-1=-(k+1)$.

即当 $n=k+1$ 时命题也成立.

故由(i)、(ii)可知对一切正整数 n 命题成立.

93. (Ⅰ)(Ⅱ)证明略.

(Ⅲ)证明：用数学归纳法.

(i)当 $p=1$ 时，

$|x_{k+p}-x_k|=|x_{k+1}-x_k|$

$=|\varphi(2x_k)-\varphi(2x_{k-1})|\leqslant L|x_k-x_{k-1}|$

$=L|\varphi(2x_{k-1})-\varphi(2x_{k-2})|$

$\leqslant L^2|x_{k-1}-x_{k-2}|\cdots\leqslant L^{k-1}|x_2-x_1|$

$=\dfrac{L^{k-1}(1-L)}{1-L}|x_2-x_1|$

$\leqslant\dfrac{L^{k-1}}{1-L}|x_2-x_1|(0<L<1)$ 即原不等式成立.

(ii)假设当 $p=m(m\in N^+,\ m\geqslant1)$ 时，$|x_{k+m}-x_k|\leqslant\dfrac{L^{k-1}}{1-L}|x_2-x_1|(0<L<1)$ 成立，则

$|x_{k+m+1}-x_k|=|\varphi(2x_{k+m})-\varphi(2x_{k-1})|$

$\leqslant L|(x_{k+m}-x_k)+(x_k-x_{k-1})|$

$\leqslant L|x_{k+m}-x_k|+L|x_k-x_{k-1}|$.

又因为 $|x_{k+1}-x_k|$

$=|\varphi(2x_k)-\varphi(2x_{k-1})|$

$\leqslant L|x_k-x_{k-1}|$

$=L|\varphi(2x_{k-1})-\varphi(2x_{k-2})|$

$\leqslant L^2|x_{k-1}-x_{k-2}|=\cdots$

所以 $|x_{k+m+1}-x_k|\leqslant L\cdot\dfrac{L^{k-1}}{1-L}|x_2-x_1|+L\cdot L^{k-2}|x_2-x_1|=\dfrac{L^{k-1}}{1-L}|x_2-x_1|(0<L<1)$

(当且仅当 $x_{n+1}=x_n$ 时取等号)，这就是说当 $p=m+1$ 时原不等式也成立.

由(i)、(ii)可知对任意的正整数 p 原不等式成立.

注：此问也可用其他方法.

94. (Ⅰ)解略.

(Ⅱ)记 $h(x)$ 的正零点为 x_0，即 $x_0^3=x_0+\sqrt{x_0}$.

(1)当 $a<x_0$ 时，由 $a_1=a$，即 $a_1<x_0$，而 $a_2^3=a_1+\sqrt{a_1}<x_0+\sqrt{x_0}=x_0^3$，$\therefore a_2<x_0$，由此猜测 $a_n<x_0$.

下面用数学归纳法证明：

(i)当 $n=1$ 时，$a_1<x_0$ 成立；

(ii)假设 $n=k$ 时，$a_k<x_0$ 成立，则 $n=k+1$ 时，由 $x_{k+1}^3=a_k+\sqrt{a_k}<x_0+\sqrt{x_0}=x_0^3$ 知

$a_{k+1}<x_0$.

因此，当 $n=k+1$ 时，$a_{k+1}<x_0$ 成立.

故对任意的 $n\in N^*$，$a_n<x_0$ 成立.

(2)当 $a\geqslant x_0$ 时，由(Ⅰ)知，当 $x\in(x_0,+\infty)$ 时，$h(x)$ 单调递增，$\therefore h(a)>h(x_0)=0$，从而 $a_2<a$，由此猜测 $a_n\leqslant a$.

下面用数学归纳法证明：

(i)当 $n=1$ 时，$a_1\leqslant a$ 成立；

(ii)假设当 $n=k$ 时 $a_k\leqslant a$ 成立，则 $n=k+1$ 时，$x_{k+1}^3=a_k+\sqrt{a_k}\leqslant a+\sqrt{a}<a^3$.

知 $a_{k+1}\leqslant a$.

因此当 $n=k+1$ 时，$a_{k+1}\leqslant a$ 成立，故对任意的 $n\in N^*$，$a_n\leqslant a$ 成立.

综上所述，存在常数 M，使得对于任意的 $n\in N^*$，都有 $a_n<M$.

95. (1)解：$f(6)=13$.

(2)当 $n\geqslant 6$ 时，$f(n)=$

$$\begin{cases} n+2+\left(\frac{n}{2}+\frac{n}{3}\right) & n=6t \\ n+2+\left(\frac{n-1}{2}+\frac{n-1}{3}\right) & n=6t+1 \\ n+2+\left(\frac{n}{2}+\frac{n-2}{3}\right) & n=6t+2.\quad (t\in N^*) \\ n+2+\left(\frac{n-1}{2}+\frac{n}{3}\right) & n=6t+3 \\ n+2+\left(\frac{n}{2}+\frac{n-1}{3}\right) & n=6t+4 \\ n+2+\left(\frac{n-1}{2}+\frac{n-2}{3}\right) & n=6t+5 \end{cases}$$

下面用数学归纳法证明：

(i)当 $n=6$ 时，$f(6)=6+2+\frac{6}{2}+\frac{6}{3}=13$，结论成立；

(ii)假设 $n=k(k\geqslant 6)$ 时结论成立，那么 $n=k+1$ 时，s_{k+1} 在 s_k 的基础上新增加的元素在 $(1,k+1)$，$(2,k+1)$，$(3,k+1)$ 中产生，分以下情形讨论.

1)若 $k+1=6t$，则 $k=6(t-1)+5$，此时有 $f(k+1)=f(k)+3=k+2+\frac{k-1}{2}+\frac{k-2}{3}+3=(k+1)+2+\frac{k+1}{2}+\frac{k+1}{3}$. 结论成立.

2)若 $k+1=6t+1$，则 $k=6t$，此时有 $f(k+1)=f(k)+1=k+2+\frac{k}{2}+\frac{k}{3}+1=(k+1)+2+\frac{(k+1)-1}{2}+\frac{(k+1)-1}{3}$. 结论成立.

3)若 $k+1=6t+2$，则 $k=6t+1$，此时有 $f(k+1)=f(k)+2=k+2+\frac{k-1}{2}+\frac{k-1}{3}+2=(k+1)+2+\frac{(k+1)}{2}+\frac{(k+1)-2}{3}$. 结论成立.

4)若 $k+1=6t+3$，则 $k=6t+2$，此时有 $f(k+1)=f(k)+2=k+2+\frac{k}{2}+\frac{k-2}{3}+2=(k+1)+2+\frac{(k+1)-1}{2}+\frac{k+1}{3}$. 结论成立.

5)若 $k+1=6t+4$，则 $k=6t+3$，此时有 $f(k+1)=f(k)+2=k+2+\frac{k-1}{2}+\frac{k}{3}+2=(k+1)+2+\frac{(k+1)}{2}+\frac{(k+1)-1}{3}$. 结论成立.

6)若 $k+1=6t+5$，则 $k=6t+4$，此时有 $f(k+1)=f(k)+1=k+2+\frac{k}{2}+\frac{k-1}{3}+1=(k+1)+2+\frac{(k+1)-1}{2}+\frac{(k+1)-2}{3}$. 结论成立.

综上所述，结论对满足 $n\geqslant 6$ 的自然数 n 均成立.

参 考 文 献

[1][美]波利亚. 数学与猜想. 第一卷[M]. 李心灿, 等, 译. 北京: 科学出版社, 1985.

[2]王仲春, 等. 数学思维与数学方法论[M]. 北京: 高等教育出版社, 1989.

[3]华罗庚. 数学归纳法. 上海: 上海教育出版社, 1964.

[4]赵振威. 中学数学与逻辑[M]. 南京: 江苏人民出版社, 1978.

[5]洪波. 怎样应用数学归纳法[M]. 上海: 上海教育出版社, 1964.

[6]索明斯基. 数学归纳法[M]. 高徹, 译. 北京: 中国青年出版社, 1954.

[7]江志, 等. 高中数学竞赛二十二讲[M]. 郑州: 河南教育出版社, 1989.

[8]唐秀颖. 数学题解辞典(代数)[M]. 上海: 上海辞书出版社, 1985.

[9]北京市海淀区教师进修学校. 数学复习与题解(上册)[M]. 北京: 水利电力出版社, 1983.

[10]江志. 高中数学的技能与技巧[M]. 武汉: 中国地质大学出版社, 1991.

[11]严以诚. 中学数学习题选解[M]. 北京: 人民教育出版社, 1980.

[12]谢玉兰. 高中数学精编: 代数第二册[M]. 杭州: 浙江教育出版社, 1986.

[13]翟连林. 高中数学总结辅导[M]. 北京: 中国农业机械出版社, 1984.

[14]北京教育学院教学研究部. 高中数学总复习教学参考书[M]. 北京: 北京出版社, 1982.

后　记

这套书的写作启蒙于20世纪80年代，那时不少青年数学教师不会解数学难题，特别是高考中的数学难题，常常问及于我．回想自己学习数学的历程：我买的第一本数学课外参考书就是许莼舫先生编写的《几何定理和证题》，那是一本教你怎么做平面几何证明题的通俗易懂、深入浅出的好书．我把它从头至尾仔细地阅读了几遍，所有的题目都做了，并把较难的题目摘录到我的几何笔记本中（我有一个习惯，就是每碰到难题，做完之后分别摘录到代数或几何的笔记本中，至今我还保留着高中时的那两个笔记本）．尔后又阅读了《几何难题分类讲义》等之类的书，感到自己的解题能力有了很大的提高，甚至后来参加高考，数学没怎么复习，居然考了98分．所以，我想如果能编写一套教如何解题的书给这些青年教师阅读，那将是一件好事．当时，我的两个小孩都已上大学了，教学之余尚有时间从事这项工作，我1986年就起草了《反证法及其应用》的写作提纲（后来出版的《初等数学反证法及其应用》基本上是按那个提纲）．然而，天有不测风云，1987年下半年我被学校动员到教务处工作．那时有“三多”：会议多，比赛多，检查多．加之为生计，我又在江西省九江市广播电视大学和校外的高考补习班兼上了一些课，所以无暇顾及这项工作了．

2000年下半年，我完全退休，彻底摆脱了这些事务性的工作，于是心中又想起了这件事，还给自己写了一首打油诗：“九师从教二十年，立志独著空等闲．退休来还在职债，鞭挞老骥再向前．”2004年完成了《初等数学变换法及其应用》的初稿，其间因为帮孩子老二照顾小孩，写作停顿7年，直到2014年《初等数学构造法及其应用》才脱稿．2015年是我的金婚之年，2015年元月十九日我写下了如下感言：“先后奋战十一年，成就‘两书’金婚献．沤心沥血何惧苦，快马加鞭添新篇．”2016年这两本书问世．《初等数学反证法及其应用》也于2016年完稿，2017年出版．今天这套丛书的最后一本《初等数学归纳法及其应用》亦已脱稿，兴奋之余写下以上这些话，也算给大家一个交代吧！

在这里，首先要感谢中山大学出版社，特别是曾育林老师，正是她的精

心策划、认真编辑才使这套书得以问世．同时也要感谢中山大学出版社的营销人员，他(她)们不仅把这套书推广到当当网、京东网、淘宝网以及亚马逊书城营销，而且在北起哈尔滨南到广州、东起上海西至成都的全国不少大中城市书店销售．我也要感谢九江市新华书店为销售这套书所做的努力．

最后，我要感谢一些热心的读者给予我的鼓励．读者Z×××0(网名)说："这套书是非常适合孩子自学用的书，质量很好．能从一种方法的高度来重新认识中学数学的题目，很值得备考并且准备取得高分的学生阅读，也很有收藏价值，受益匪浅．"又说："对于研究型教师来说，这本书的确是不错的，案例详实，可操性强．"读者高…7(网名)说："这套书内容很好，讲解新颖．"有的读者还给作者讲了贴心话．例如，读者钱…过(网名)说："尽管作品没有名气，但确实作者是用心去创作了，主题明确．"

"四书"完成感言

改革初期著书梦，
事事缠身意难同．
退休重拾不倦笔，
数学王国孙悟空．

初心古稀"四书"愿，
无奈路曲不顺从．
奋起直追七年余，
杀青已是八旬翁．

作　者

2019. 7. 11 于顺德碧桂园